全国应用型高等院校土建类"十三五"规划教材

地基与基础

主编　孙武斌　焦同战

中国水利水电出版社
www.waterpub.com.cn
·北京·

内 容 提 要

本书以现行规范为主线,通过对基础理论的深入了解和对基本概念的正确应用,从而达到土力学与地基基础理论与实践的更好结合。章节内容包括绪论,土的物理性质及分类,地基中的应力计算,土的压缩性与地基沉降计算,土的抗剪强度与地基承载力,岩土工程勘察,土压力、边坡稳定与基坑支护,天然地基上的浅基础设计,桩基础设计,地基处理和区域性地基。

本书可作为应用型高等学校土木工程及相关专业的教学用书,也可供工程技术人员参考使用。

图书在版编目(CIP)数据

地基与基础 / 孙武斌,焦同战主编. -- 北京 : 中国水利水电出版社,2018.3(2021.8重印)
全国应用型高等院校土建类"十三五"规划教材
ISBN 978-7-5170-6354-4

Ⅰ. ①地… Ⅱ. ①孙… ②焦… Ⅲ. ①地基-高等学校-教材②基础(工程)-高等学校-教材 Ⅳ. ①TU47

中国版本图书馆CIP数据核字(2018)第046318号

书　　名	全国应用型高等院校土建类"十三五"规划教材 **地基与基础** DIJI YU JICHU
作　　者	主编　孙武斌　焦同战
出版发行	中国水利水电出版社 (北京市海淀区玉渊潭南路1号D座　100038) 网址：www. waterpub. com. cn E - mail：sales@waterpub. com. cn 电话：(010) 68367658(营销中心)
经　　售	北京科水图书销售中心(零售) 电话：(010) 88383994、63202643、68545874 全国各地新华书店和相关出版物销售网点
排　　版	中国水利水电出版社微机排版中心
印　　刷	北京市密东印刷有限公司
规　　格	184mm×260mm　16开本　18.5印张　439千字
版　　次	2018年3月第1版　2021年8月第2次印刷
印　　数	3001—6000册
定　　价	**48.00元**

凡购买我社图书,如有缺页、倒页、脱页的,本社营销中心负责调换

前言

FOREWORD

本书编写的基本原则是：设计与施工密切结合，以具体应用现行设计与施工技术规范与工程实践为主线，根据现行《建筑地基基础设计规范》（GB 50007—2011）、《岩土工程勘察规范》（GB 50021—2009）、《建筑抗震设计规范》（GB 50011—2010）和《建筑地基处理技术规范》（JGJ 79—2002）等技术规范或规程，通过对基础理论的深入了解和对基本概念的正确应用，从而达到土力学与地基基础理论与实践的更好结合。本书内容包括绪论、土的物理性质及分类、地基中的应力计算、土的压缩性与地基沉降计算、土的抗剪强度与地基承载力、岩土工程勘察、土压力、边坡稳定与基坑支护、天然地基上的浅基础设计、桩基础设计、地基处理和区域性地基。

本书由内蒙古建筑职业技术学院孙武斌、焦同战担任主编，内蒙古建筑职业技术学院梁美平、甄小丽担任副主编，内蒙古建筑职业技术学院张晨霞、杨素霞、赵琦武、张叶红，以及华北水利水电大学李明霞担任参编。具体编写分工如下：绪论、项目6、项目9由焦同战编写；项目1、项目10由孙武斌、张晨霞编写；项目2、项目3由杨素霞、李明霞编写；项目4由赵琦武编写；项目5和土工试验指导书由甄小丽编写；项目7由张叶红编写；项目8由梁美平编写。全书由内蒙古建筑职业技术学院建筑工程学院院长李仙兰主审。

在编写过程中引用了国内外许多专家、学者的相关资料，由于篇幅所限，文献目录不能一一列出，在此表示诚挚的谢意。

限于编者水平和能力，书中难免有疏漏之处，恳请读者批评指正。

编者

2017 年 9 月

目录

CONTENTS

绪　　论

项目要点

（1）土力学、地基、基础的概念。

（2）地基基础在建筑工程中的重要性。

（3）本课程的内容和学习要求。

（4）土力学的学科发展。

土力学、地基、基础虽然概念上是不同的，但是却相互关系密切。目前土力学的理论是指导工程建设的重要理论，是地基、基础建设的前提条件。

通过本项目的学习，了解土力学的一些基本概念，掌握土力学课程的特点、内容、学习要求及学习建议，了解学科的发展情况。

1. 土力学的基本概念

（1）土力学。工程地质学和土力学两者都是工程实用科学，是研究作为建筑物地基的岩土体的形成、存在及其工程性状，应用于解决地基基础的设计与施工的岩土工程领域。但两者的学科内涵不同，研究方法不同。工程地质学是从宏观的角度出发来研究岩土工程问题，而土力学是从微观的角度出发研究土的强度、变形、稳定性和渗透性的一门学科。

研究土的基本物理特性和在建筑物荷载作用下的应力、应变、强度、稳定性以及渗透性等规律的学科就是土力学（Soil Mechanics），将土力学与岩石力学统一于一个新的学科称为岩土力学（Geomechanics）。

土的定义（狭义）：岩石经过风化、剥蚀、搬运、沉积等物理、化学、生物作用，在地壳表面形成的各种松散堆积物，建筑工程上就称为土，广义的土包括岩石在内。由于土是一种自然地质形成的产物，性质复杂多变，与一般的建筑材料不同，因而与其他学科的研究方法有所不同，主要采用勘探与试验、原位观测与理论分析和工程实践相结合的方法解决工程实际问题。

（2）土的特点。

1）土是自然历史的组合体。土不是一下子就形成的，它经过了漫长的地质历史时期，并且是在各种复杂的自然因素（包括风、雨、雪、河流、海洋等对岩石的作用）和地质作用下才形成的，随着形成的时间、地点以及形成的方式不同，土的工程特性也有所不同（图 0.1）。沉积时间较长的土工程性质相对较好，形成时间较短的土工程性质相对较差；内陆沉积的土工程性质比沿海地区沉积的要好，所以在研究土的工程性质时应对土的成因类型等方面加以研究。

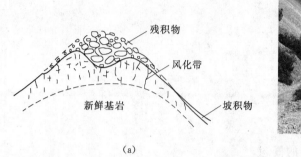

（a）　　　　　　　　　　　　　　　　　　　　　　　　　（b）

图 0.1　土的生成

（a）土的生成地质剖面图；（b）坡积物

2）土是多相系的组合体。工程中所研究的土并不只是土的颗粒，而主要研究的是松散堆积物的整体，这个整体是由不同的相系所组成的多相体系。矿物颗粒组成土的骨架，骨架间有孔隙，若孔隙中同时存在着水和气体，则土是三相的，土粒、水和气体分别称为土的固相、液相和气相。有时土是由四相所组成，即固相、液相、气相及有机质。固相是构成土的主要成分，当土颗粒之间的孔隙被水所充满时就形成了两相的饱和土；当土颗粒之间的孔隙中没有水时也形成了两相（固相、空气）土（干土）。

3）土是多矿物的组合体。一般情况下，土中含有 5～10 种或更多的矿物，包括原生矿物和次生矿物。矿物，一般是指：存在于地壳中的具有一定化学成分和物理性质的自然元素或化合物；原生矿物，一般是指岩浆在冷凝过程中所形成的矿物（如石英、长石、云母等）；次生矿物，一般是指原生矿物经化学风化等作用后而形成的新的矿物。

（3）基础。地基、基础和上部结构三部分是彼此联系、相互影响和共同作用的，设计时应根据场地的工程地质条件，综合考虑地基、基础和上部结构三部分的共同作用和施工条件，选取安全可靠、经济合理的施工方案。

建筑物向地基传递荷载的下部结构就是基础。基础依据埋置深浅分为以下两类。

1）浅基础。通常把埋深不大（一般浅于 5m），不需要采用特殊方法施工的基础统称为浅基础（如墙下条形基础、柱下扩展基础等）。

2）深基础。若浅层地基不良，需要基础埋置较深时，一般都需要用特殊的施工方法和装备来修建的基础称为深基础（如桩基础、沉井、沉箱、地下连续墙等）。

（4）地基。建筑物的全部荷载都由它下面的地层来承担，受建筑物影响的那一部分地层称为地基，如图 0.2 所示。地基按是否经过人工处理分为以下两种。

1）天然地基。基础直接砌筑在未经人工处理的天然土层土，这种地基就称为天然地基，多数支承建筑物的土层都可以采用天然地基。

2）人工地基。当天然地基的承载力或变形不能满足设计要求时，对地基要进行人工加固处理，经人工处理后的地基称为人工地基。

基础下的地基可能有若干层，直接与基础接触的第一层土，并承受压力的土层称为持力层，地基范围内持力层下部的所有土层称为下卧层。

建筑物的建造使地基中原有的应力状态发生变化，因此就必须研究在荷载作用下地基的变形和承载力问题，以便使地基基础的设计满足以下两个基本条件。

a. 地基应有足够的强度。要求作用于地基上的荷载（基底压力）不超过地基承载力，保证地基在防止整体破坏方面有足够的安全储备。

b. 控制基础的沉降不超过允许值，保证建筑物不因地基变形而损坏或影响其正常使用。

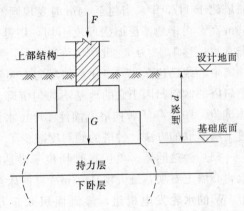

图 0.2　地基及基础示意图

除了满足上述两个基本条件外，还应该满足安全可靠、经济合理的原则。

建筑物是由地基、基础和上部结构组成的统一整体，既互相联系又互相制约。目前要把这三者完全统一起来进行设计尚有一定难度，但在处理地基基础问题时，应该从地基、基础和上部结构共同工作的整体概念出发，全面地加以考虑才能收到良好的效果。

2. 地基和基础的重要性

地基和基础是建筑物的根基，又属于地下隐蔽工程，它的勘察、设计和施工质量直接关系到建筑物的安危。实践表明，许多建筑物的工程质量事故往往发生在地基基础之上，而且，一旦事故发生，补救并非易事。此外，随着城市的发展，高层建筑越来越多，基础的埋置深度越来越大，因此，基础工程费用占建筑物总造价的比例越来越高。所以地基与基础在建筑工程中的重要性显而易见。工程实践中的地基基础事故屡见不鲜，以下实例可见一斑。

图 0.3　加拿大特朗斯康谷仓的地基事故

（1）强度问题。图 0.3 是建于 1913 年的加拿大特朗斯康谷仓地基破坏情况。该谷仓由 65 个圆柱形筒仓构成，高 31m，宽 23.5m，其下为钢筋混凝土筏板基础，由于事前不了解基础下埋藏有厚达 16m 的软黏土层，谷仓建成后初次储存谷物达 27000t 后，发现谷仓明显下沉，结果谷仓西侧突然陷入土中 7.3m，东侧上抬 1.5m，仓身倾斜近 27°。后查明谷仓基础底面单位面积压力超过

3

300kPa，而地基中的软黏土层极限承载力才约 250kPa，因此造成地基产生整体破坏并引发谷仓严重倾斜。该谷仓由于整体刚度极大，因此虽倾斜极为严重，但谷仓本身却完好无损。后于土仓基础之下做了 70 多个支承于下部基岩上的混凝土墩，使用了 388 个 50t 千斤顶以及支撑系统才把仓体逐渐扶正，但其位置比原来降低了近 4.0m。这是地基产生剪切破坏，建筑物丧失其稳定性的典型事故实例。

（2）变形问题。举世闻名的意大利比萨斜塔就是一个典型实例，如图 0.4 所示。比萨斜塔建于 1173 年，当建至 24m 时发现倾斜面被迫停工，100 年后建至塔顶，该塔共 8 层，55m 高。由于地基压缩层厚度不均，塔基的基础深度不够，再加上用大理石砌筑，塔身非常重，达 1.42 万 t。北侧沉降逾 1m，南侧下沉近 3m，沉降差达 1.8m，倾斜 5.8°，塔顶离中心线已达 5.27m。比萨斜塔向南倾斜，塔顶离开垂直线的水平距离已达 5.27m，比萨斜塔的倾斜归因于它的地基不均匀沉降。1590 年，伽利略在此塔上做了著名的自由落体试验。1932 年，曾向塔基灌注 1000t 水泥也未奏效。1997 年 2 月，开始经历两年半通过土壤萃取的方法，钟塔的倾斜度减少了 0.5°。2001 年 12 月塔正式向公众开放。

（3）渗透问题。美国提堂坝位于爱达荷州斯内克（Snake）河支流提堂（Teton）河上，心墙土石坝，最大坝高 93m（自河床至坝顶），水库总库容 3.6 亿 m^3，装有 1 台 1.6 万 kW 的水轮发电机组，灌溉面积 6.5 万 hm^2，兼有防洪作用。工程于 1971 年开工，1975 年 10 月大坝建成并开始蓄水。1976 年 6 月 5 日发生溃坝失事，如图 0.5 所示。1976 年 6 月 3 日发现右岸坝头坝脚下游 400m 和 460m 两处渗出清水，至 6 月 5 日大坝溃决。失事后，坝体 1/3 土料被冲走。提堂河和斯内克河下游 130km，面积 780km^2 的地区全部或局部遭受溃水泛滥。4 万 hm^2 农田被淹，冲毁铁路 52km，11 人死亡，25000 人无家可归。

图 0.4　意大利比萨斜塔　　　　图 0.5　美国提堂（Teton）大坝溃决

我国连云港码头的抛石棱体，1974 年发生多次滑坡。1998 年长江全流域特大洪水时，万里长江堤防经受了严峻的考验，一些地方的大堤垮塌，大堤地基发生严重管涌，洪水淹没了大片土地，人民生命财产遭受巨大的威胁。

（4）冻融问题。查龙水电站位于西藏自治区那曲县境内怒江上游的那曲河上，海拔高程 4250.00～4600.00m，水库总库容 1.38 亿 m³，装机 10.8MW，1995 年 8 月投入运行。主要水工建筑物由混凝土面板堆石坝、开敞式溢洪道、泄洪放空洞、有压引水隧洞、发电厂房及开关站等组成。查龙水电站位于高海拔地区，自然气候条件恶劣，年最冷月月平均气温为－13.8℃，极限最低气温达－41.2℃，年气温正负变化交替次数达 187 次，结冻厚度约 1m，加之严重缺氧、风沙大，混凝土结构极易产生冻融。查龙水电站枢纽工程完工 6 年时间，由于受到冻融、冲刷、施工及运行等因素的影响，溢洪道、泄洪放空洞的过水部位混凝土结构破损较为严重。

3. 课程的特点、内容、学习要求及学习建议

（1）课程特点。本课程是一门理论性和实践性都较强的课程，与其他结构工程的课程不同，它有以下几个特点。

1）土力学是以土的三相体系作为一个整体进行研究的，成分复杂，从坚硬的岩石到软弱的淤泥及淤泥质土，工程性质差异甚大，进行建筑物设计时必须掌握土的工程性质。

2）地基土质条件不以人的愿望来选择，一旦建筑物场地确定，就无选择的余地，有时场地位置稍有变化，土的性质就会相差很大。

3）地基和基础在地面以下，属于隐蔽工程，它的勘察、设计和施工质量直接影响建筑物的安全，一旦发生地基基础的质量事故，较难挽救处理。因此，它的技术要求高，不可以轻易处置。

4）本课程内容多，涉及范围广。本课程涉及工程地质学、土力学、结构设计和施工等几个学科领域，内容广泛，综合性强。

（2）学习内容。本课程学习主要有 10 个项目，绪论和项目 1 主要介绍了土力学的基本概念和土的物理性质与工程分类知识；项目 2～项目 4 是土力学的基本原理部分，要求理解土中应力分布规律及地基沉降计算方法，学会用规范的方法计算地基沉降，掌握土的抗剪强度定律、抗剪强度指标的测试方法与选用方法，了解土的极限平衡原理与条件，并学会确定地基承载力的规范方法。项目 5 要求了解岩土工程勘察的基本知识，掌握常用的勘察方法和勘察报告的阅读方法；项目 6 要求了解土压力的概念和产生条件，学会一般情况下的土压力计算方法，熟悉边坡稳定分析的基本方法和适用条件，熟悉基坑支护的设计理论及施工方法；项目 7～项目 10 为地基基础部分，包括浅基础设计、桩基础、区域性地基和地基处理的有关知识，要求能够运用土力学理论解决实际工程中经常遇到的一般性地基基础问题；土工试验部分有土工试验指导书列出相关试验的理论及方法。

（3）学习要求。本课程的学习内容包括理论、试验和经验。理论学习方面要掌握理论公式的意义和应用条件，明确理论的假定条件，掌握理论的适用范围；试验学习方面要了解土的物理性质和力学性质，重点掌握基本的土工试验技术，尽可能多动手操作，从实践中获取知识，积累经验；重视工程地质基本知识的学习，了解工程地质勘察的程序和方法，注意阅读和使用工程地质勘察资料能力的培养；经验在工程应用中是必不可少的，要不断从实践中总结经验，以便能切合实际地解决工程实际问题。

（4）学习建议。在学习本课程时，应充分认识到本学科的特点，学习理论知识要密切联系工程实际问题。学习时应突出重点、兼顾全面，学习过程中要善于总结、归纳，应该重视工程地质学的基本知识，培养阅读和使用工程地质勘察资料的能力；牢固掌握土的应

力、变形、强度和地基计算等土力学的基本原理，熟悉常见的基坑支护方法及其原理，从而能够应用这些基本概念和原理，结合有关建筑结构理论和施工知识，分析和解决地基基础问题。

4. 本学科发展概况

在建筑工程领域中，土力学与基础工程是个重要的学科，它既是一项古老的工程技术，又是一门年轻的应用科学。

本学科的发展经历了漫长的过程，是人类在长期的生产实践中发展起来的一门学科。18 世纪欧洲工业革命开始以后，随着资本主义工业化的发展，经很多学者的研究，初步奠定了土力学的理论基础。直到 1925 年，美国著名科学家、土力学奠基人太沙基归纳前人的成就，出版了《土力学》一书，比较系统地介绍了土力学的基本内容，土力学才成为一门独立的学科。在此以前，很多科学家也对土力学学科发展作出了突出贡献，库仑于 1773 年根据试验建立了库仑强度理论，随后还发展了库仑土压力理论。达西 1856 年研究了砂土的渗透性，发展了达西渗透公式。朗肯 1857 年研究了半无限体的极限平衡，随后发展了朗肯土压力理论。布辛涅斯克 1885 年求得了弹性半空间在竖向集中荷载作用下应力和变形的理论解答。弗伦纽斯 1922 年建立了极限平衡法，用于土坡稳定分析。这些理论的建立与发展为土力学学科的形成奠定了基础。同时这些理论与方法，直到今天，仍不失其理论与实用的价值。基础工程工艺更是早在史前人们的建筑活动中就出现了。例如，西安半坡村新石器时代遗址中的土台和石础，公元前 2 世纪修建的万里长城，后来修建的南北大运河、黄河大堤以及天坛、故宫和苏州虎丘塔、赵州桥等宏伟建筑，虽经历沧桑变迁，仍能留存至今。随着土力学学科的发展，以土力学作为理论基础的基础工程也得到了空前的发展。

20 世纪 60 年代后期，由于计算机的出现、计算方法的改进与测度技术的发展以及本构模型的建立等，迎来了土力学发展的新时期。现代土力学主要表现为"一个模型"（即本构模型）、"三个理论"（即非饱和土的固结理论、液化破坏理论和逐渐破坏理论）、"四个分支"（即理论土力学、计算土力学、实验土力学和应用土力学）。由于基础工程是处在地下的隐蔽工程，工程地质条件极其复杂且差异较大，虽然土力学与基础的理论与技术比以往有了突飞猛进的发展，但仍有许多问题值得研究与探索。

习　　题

0.1　土力学的研究对象、研究内容是什么？

0.2　试说明地基与基础的意义、作用和分类，并说明建筑物对地基与基础的要求。

0.3　什么是持力层？什么是下卧层？

0.4　联系本地区的实际说明学习本课程的重要性。

土的物理性质及分类

（1）土的三相组成、三相比例指标的工程意义及换算。

（2）无黏性土和黏性土的物理特征。

（3）地基土（岩）的分类。

土是由固体颗粒（又称固相）、水（液相）和气体（气相）所组成，故称为三相系。土中颗粒的大小、成分及三相之间的比例关系，反映出土的不同性质，如干湿、轻重、松紧及软硬等。土的这些物理性质与力学性质之间有着密切的联系。如土松且湿，则强度低而压缩性大；反之，则强度高而压缩性小。故土的物理性质是土的最基本性质。

本项目将分别阐明土的组成、土的基本物理性质指标及其有关特征，并利用这些指标及特征对地基土进行工程分类。

1.1 土 的 成 因

1.1.1 土的生成

土是岩石经风化、剥蚀、破碎、搬运、沉积等过程的产物，是由固体颗粒、水和气体组成的三相分散体系。在漫长的地质历史中，地壳岩石在相互交替的地质作用下风化、破碎为散碎体，在风、水和重力等作用下，被搬运到一个新的位置沉积下来形成"沉积土"。

风化作用与气温变化、雨雪、山洪、风、空气、生物活动等（也称为外力地质作用）密切相关，一般分为物理风化、化学风化和生物风化3种。由于气温变化，岩石胀缩开裂，崩解为碎块的属于物理风化，这种风化作用只改变颗粒的大小与形状，不改变矿物成分，形成的土颗粒较大，称为原生矿物；由于水溶液、大气等因素影响，使岩石的矿物成分不断溶解水化、氧化，碳酸盐化引起岩石破碎的属于化学风化，这种风化作用使岩石的矿物成分发生改变，土的颗粒变得很细，产生次生矿物；由于动物、植物的生长使岩石破碎的属于生物风化，这种风化作用具有物理风化和化学风化的双重作用。

在地质学中，把地质年代划分为五大代（太古代、元古代、古生代、中生代和新生代），每代又分若干纪，每纪又分若干世。上述"沉积土"基本是在离我们最近的新生代第四纪（Q）形成的，因此也把土称为第四纪沉积物。由于沉积的历史不长（表1.1），尚未胶结岩化，通常是松散软弱的多孔体，与岩石的性质有很大差别。根据不同的成因条件，主要的第四纪沉积物有残积物、坡积物、洪积物、冲积物、海洋沉积物、湖泊沉积物、冰川沉积物及风积物等。

表1.1 第四纪地质年代

纪	世		距今年代/万年
第四纪 Q	全新世	Q_4	2.5
	更新世	晚更新世 Q_3	15
		中更新世 Q_2	50
		早更新世 Q_1	100

1.1.2 土的结构和构造

1. 土的结构

土的结构是指土在生成过程中所形成土粒的空间排列及其连接形式，通常认为有单粒结构、蜂窝结构和絮状结构3种。

（1）单粒结构。单粒结构是由粗大土粒在水或空气中下沉而形成的。全部由砂粒及更粗土粒组成的土都具有单粒结构。因其颗粒较大，土粒间的分子吸引力相对很小，所以颗粒间几乎没有连接，至于未充满孔隙的水分只可能使其具有微弱的毛细水连接。单粒结构可以是疏松的，也可以是紧密的（图1.1）。

图1.1 土的单粒结构
(a) 松散；(b) 密实

呈紧密状单粒结构的土，由于其土粒排列紧密，在动荷载、静荷载作用下都不会产生较大的沉降，所以强度较大，压缩性较小，是较为良好的天然地基。

具有疏松单粒结构的土，其骨架是不稳定的，当受到震动及其他外力作用时，土粒易于发生移动，土中孔隙剧烈减少，引起土的很大变形。因此，这种土层如未经处理一般不宜作为建筑物的地基。

（2）蜂窝结构。蜂窝结构主要由粉粒（粒径在 0.005～0.075mm）组成的土的结构形式。据研究，粒径在 0.005～0.075mm 左右的土粒在水中沉积时，基本上是以单个土粒下沉，当碰上已沉积的土粒时，由于它们之间的相互引力大于其重力，因此，土粒就停留在最初的接触点上不再下沉，形成具有很大孔隙的蜂窝状结构（图1.2），具有松散、强度低、压缩性高等特性。

（3）絮状结构。絮状结构是由黏粒（粒径小于 0.005mm）集合体组成的结构形式。黏粒能够在水中长期悬浮，不因自重而下沉。当这些悬浮在水中的黏粒被带到电解质浓度较大的环境中（如海水），黏粒凝聚成絮状的集粒（黏粒集合体）而下沉，并相继和已沉积的絮状集粒接触，而形成类似蜂窝而孔隙很大的絮状结构（图 1.3），这类结构由于含有大量孔隙而具有高压缩性。

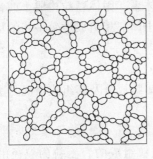

图 1.2　土的蜂窝结构

图 1.3　土的絮状结构

在上述三种结构中，以密实的单粒结构土的工程性质最好，后两种结构土，如因扰动破坏天然结构，则强度低、压缩性大，不可作为天然地基。

2. 土的构造

土的构造是指同一土层中成分和大小都相近的颗粒或颗粒集合体相互关系的特征，是从宏观的角度研究土的组成。一般可分为层状构造和裂隙构造。

（1）层状构造。土粒在沉积过程中，由于不同阶段沉积的物质成分、颗粒大小或颜色不同，沿竖向呈层状特征。常见的有水平层理构造［图 1.4（a）］和带有夹层、尖灭和透镜体等交错层理构造［图 1.4（b）］。

（2）裂隙构造。土体被许多不连续的小裂隙所分割，在裂隙中常充填有各种盐类的沉淀物。不少坚硬和硬塑状态的黏性土具有此种构造（图 1.5）。黄土具有特殊的柱状裂隙。裂隙破坏土的整体性，增大透水性，对工程不利。

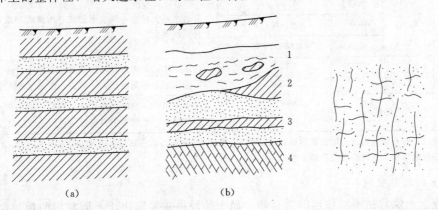

（a）　　　　　　　（b）

图 1.4　层状构造

（a）水平层理；（b）交错层理

1—淤泥夹黏土透镜体；2—黏土尖灭；

3—砂土夹黏土层；4—基岩

图 1.5　裂隙构造

此外，土中的包裹物（如腐殖物、贝壳、结核体）以及天然或人为的孔洞等构造特征也造成土的不均匀性。

1.2　土　的　组　成

土是由固体颗粒、水和气体组成的三相分散体系。固体颗粒构成土的骨架，是三相体系中的主体，水和气体填充土骨架之间的空隙，土体三相组成中每一相的特性及三相比例关系对土的性质有显著影响。

1.2.1　土的固体颗粒

土中固体颗粒（简称土粒）的大小和形状、矿物成分及其组成情况是决定土的物理力学性质的主要因素。

1. 粒组的划分

在自然界中存在的土，都是由大小不同的土粒组成的。土粒的粒径由粗到细逐渐变化时，土的性质相应地发生变化，如土的性质随着粒径的变细可塑性从无到有、黏性从无到有、透水性从大到小、毛细水从无到有等。工程中常把大小相近的土粒合并为组，称为粒组。根据《土的工程分类标准》（GB/T 50145—2007），将土粒划分为若干粒组，见表 1.2。

表 1.2　　　　　　　　　　　　　　　土粒粒组的划分

粒组	颗粒名称		粒径 d 的范围/mm	一　般　特　性
巨粒	漂石（块石）		$d>200$	透水性很大，无黏性，无毛细水
	卵石（碎石）		$60<d\leqslant200$	
粗粒	砾粒	粗砾	$20<d\leqslant60$	透水性大，无黏性，毛细水上升高度不超过粒径大小
		中砾	$5<d\leqslant20$	
		细砾	$2<d\leqslant5$	
	砂粒	粗砂	$0.5<d\leqslant2$	易透水，无黏性，遇水不膨胀，干燥时松散；毛细水上升高度不大
		中砂	$0.25<d\leqslant0.5$	
		细砂	$0.075<d\leqslant0.25$	
细粒	粉粒		$0.005<d\leqslant0.075$	透水性小，湿时稍有黏性，遇水膨胀小，干时稍有收缩；毛细水上升高度较大、较快，极易出现冻胀现象
	黏粒		$d\leqslant0.005$	透水性很小，湿时有黏性、可塑性，遇水膨胀大，干时收缩显著；毛细水上升高度大，但速度较慢

注　1. 漂石、卵石颗粒均呈一定的磨圆形状（圆形或亚圆形）；块石、碎石颗粒都带有棱角。
　　　2. 黏粒或称黏土粒，粉粒或称粉土粒。

2. 土的颗粒级配

工程上土常常是不同粒组的混合物，而土的性质主要取决于不同粒组的相对含量。土的颗粒级配（又称土的粒度成分）是指粒径大小不同土粒的搭配情况，通常以土中各个粒组的相对含量的百分比来表示。为了了解各粒组的相对含量，就需进行颗粒分析，颗粒分析的方法有筛分法、密度计法和移液管法。筛分法适用于粒径为 0.075～60mm 的土，粒径小于 0.075mm 的土用密度计法或移液管法。下面重点介绍筛分法。

根据《土工试验方法标准》（GB/T 50123—1999）规定，试验时，将烘干的均匀土样放入一套孔径不同的标准筛，标准筛分粗筛和细筛两种，粗筛的孔径为 60mm、40mm、20mm、10mm、5mm、2mm，细筛的孔径为 2.0mm、1.0mm、0.5mm、0.25mm、0.075mm，经筛析机上下震动，将土粒分开，称出留在每个筛上的土重，即可求出留在每个筛上土重的相对含量。

根据筛分试验结果，绘制图 1.6 所示半对数表达的颗粒级配曲线，横坐标代表粒径，以对数坐标表示；纵坐标表示小于（或大于）某粒径的土粒的累计百分含量。从级配曲线 a 和 b 中可以看出，曲线 a 所代表的土样含的土颗粒粒径范围广，粒径大小相差悬殊，曲线较平缓，级配良好；而曲线 b 所代表的土样含的土颗粒粒径范围窄，粒径大小差不多，土粒较均匀，级配不良。

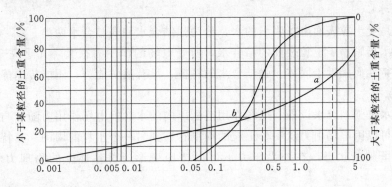

图 1.6 颗粒级配曲线

常用两个级配指标不均匀系数 C_u 和曲率系数 C_c 描述土的级配特征。

不均匀系数为
$$C_u = \frac{d_{60}}{d_{10}} \tag{1.1}$$

曲率系数为
$$C_c = \frac{d_{30}^2}{d_{10}d_{60}} \tag{1.2}$$

式中 d_{10}——有效粒径，小于某粒径的土粒质量占总质量的 10% 时相应的粒径；

d_{30}——中值粒径，小于某粒径的土粒质量占总质量的 30% 时相应的粒径；

d_{60}——限定粒径，小于某粒径的土粒质量占总质量的 60% 时相应的粒径。

如图 1.6 所示，曲线 a 的 C_u 值大于曲线 b 的 C_u 值。曲线 a 所代表的土样较试样 b 更不均匀，但级配良好，作为填方工程的土料时，比较容易获得较大的密实度。

不均匀系数 C_u 反映大小不同粒组的分布情况。C_u 越大，表示土粒大小的分布范围越广，其级配越良好。曲率系数 C_c 反映曲线的整体形状。《土的工程分类标准》（GB/T 50145—2007）规定，对于砂类或砾类土，当细粒含量小于 5%、级配 $C_u \geq 5$ 且 $C_c = 1\sim3$ 时，为级配良好的砂或砾；不能同时满足上述条件时，为级配不良的砂或砾。级配良好的土，其强度和稳定性较好，透水性和压缩性较小，是填方工程的良好用料。

3. 土粒的矿物成分

土粒的矿物成分取决于母岩的矿物成分及风化作用。粗大的土粒往往是岩石经物理风化作用形成的原生矿物，其矿物成分与母岩相同，常见的如石英、长石、云母等，一般砾石、砂等都属此类。这种矿物成分的性质较稳定，由其组成的土表现出无黏性、透水性较大、压缩性较低等性质。细小的土粒主要是岩石经化学风化作用形成的次生矿物，其矿物成分与母岩完全不同，如黏土矿物的蒙脱石、伊利石、高岭石等。次生矿物性质不稳定，具有较强的亲水性，遇水膨胀，脱水收缩。上述 3 种黏土矿物的亲水性依次减弱，蒙脱石最大，伊利石次之，高岭石最小。

1.2.2　土中的水

土中的水按其形态可分为液态水、固态水、气态水。固态水是指土中的水在温度降至 0℃以下时结成的冰。水结冰后体积会增大，使土体产生冻胀，破坏土的结构，冻土融化后使土体强度大大降低。气态水是指土中出现的水蒸气，一般对土的性质影响不大。液态水除结晶水紧紧吸附于固体颗粒的晶格内部外，还存在结合水和自由水两大类。

1. 结合水

结合水是受土粒表面电场吸引的水，分为强结合水和弱结合水两类。

强结合水指紧靠于土粒表面的结合水，所受电场的作用力很大，几乎完全固定排列，丧失液体的特性而接近于固体。强结合水的特征：没有溶解能力，不能传递静水压力，冰点为−78℃。

弱结合水是强结合水以外、电场作用范围以内的水，但电场作用力随着与土粒距离增大而减弱，可以因电场引力从一个土粒的周围转移到另一个土粒的周围。其特征不能传递静水压力，呈黏滞状态，在外界压力下可以挤压变形，对黏性土的物理力学性质影响较大。

2. 自由水

自由水是不受土粒电场吸引的水，其性质与普通水相同，分为重力水和毛细水两类。

重力水存在于地下水位以下的土孔隙中，它能在重力或压力差作用下流动，能传递水压力，对土粒有浮力作用。

毛细水存在于地下水位以上的土孔隙中，由于水和空气交界处弯液面上产生的表面张力作用，土中自由水从地下水位通过毛细管（土粒间的孔隙贯通，形成无数不规则的毛细管）逐渐上升，形成毛细水。毛细水按其与地下水有无联系可分为毛细悬挂水和毛细上升水。根据物理学可知，毛细管直径越小，毛细水的上升高度越高，故粉粒土中毛细水上升高度比砂类土高，在工程中要注意地基土湿润、冻胀及基础防潮。

1.2.3　土中的气体

土中的气体存在于土孔隙中未被水所占据的部位。在粗粒的沉积物中常见到与大气相连通的空气，受到外力作用时，容易从孔隙中挤出，它对土的力学性质影响不大。在细粒土中则常存在与大气隔绝的封闭气体，可能是空气、水气或天然气，使土在外力作用下的弹性变形增加，透水性减小，压缩性增大。

1.3　土的物理性质指标

1.2 节介绍了土的组成，特别是土颗粒的粒组和矿物成分，是从本质方面了解土性质的依据。但是为了对土的基本物理性质有所了解，还需要对土的三相——土粒（固相）、土中水（液相）和土中气（气相）的组成情况进行数量上的研究。

土的三相组成部分的质量和体积之间的比例关系，随着各种条件的变化而改变。例如，地下水位的升高或降低，都将改变土中水的含量；经过压实的土，其孔隙体积将减小。这些变化都可以通过相应指标的具体数字反映出来。反映土的干与湿、疏与密是评价土的工程性质最基本的物理性质指标。

表示土的三相组成比例关系的指标，称为土的三相比例指标，包括试验指标（土粒相对密度、含水量、土的密度）和换算指标（干密度、饱和密度、有效密度、孔隙比、孔隙率和饱和度）。

1.3.1　指标的定义

为了便于说明和计算，用图1.7所示的土的三相组成示意图来表示各部分之间的数量关系，图中符号的意义如下。

m_s——土粒质量；

m_w——土中水质量；

m_a——土中空气质量（由于空气较轻，常忽略不计）；

m——土的总质量，$m=m_s+m_w$；

V_s——土粒体积；

V_w——土中水体积；

V_a——土中气体积；

V_v——土中孔隙体积，$V_v=V_w+V_a$；

V——土的总体积，$V=V_s+V_w+V_a$。

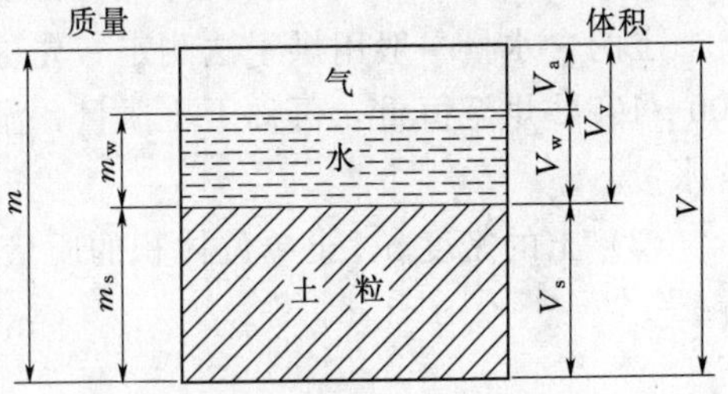

图1.7　土的三相组成示意图

1. 基本指标

基本指标土粒相对密度、含水量和密度3个指标可以由室内试验直接测得，故又称为土的试验指标。

（1）土粒相对密度（土粒相对密度）d_s。土粒质量与同体积的4℃时纯水的质量之比，称为土粒相对密度（无量纲），即

$$d_s=\frac{m_s}{V_s}\frac{1}{\rho_w}=\frac{\rho_s}{\rho_w} \tag{1.3}$$

式中　ρ_s——土粒密度，g/cm^3；

ρ_w——纯水在4℃时的密度（单位体积的质量），等于$1g/cm^3$或$1t/m^3$。

实用上，土粒相对密度在数值上就等于土粒密度，但含义不同。土粒相对密度决定于土的矿物成分，它的数值一般为2.6～2.8；有机质土为2.4～2.5；泥炭土为1.5～1.8。同一种类的土，其相对密度变化幅度很小。

土粒相对密度可在实验室内用比重瓶法测定。由于相对密度变化的幅度不大，通常可按经验数值选用，一般土粒相对密度参考值见表1.3。

（2）土的含水量ω。土中水的质量与土粒质量之比，称为土的含水量，以百分数计，即

表 1.3 土粒相对密度参考值

土的名称	砂 土	粉 土	黏 性 土	
			粉质黏土	黏 土
土粒相对密度	2.65~2.69	2.70~2.71	2.72~2.73	2.74~2.76

$$\omega = \frac{m_w}{m_s} \times 100\% \tag{1.4}$$

含水量 ω 是标志土的湿度的一个重要物理指标。含水量越大，说明土越湿。天然土层的含水量变化范围很大，它与土的种类、埋藏条件及其所处的自然地理环境等有关。一般干的粗砂土，其值接近于零；而饱和砂土，可达 40%；坚硬的黏性土的含水量约小于30%，而饱和状态的软黏性土（如淤泥），则可达 60% 或更大。一般说来，同一类土，当其含水量增大时，则其强度就降低，含水量是影响填土压实性的主要因素之一。

土的含水量一般用烘干法测定。先称小块原状土样的湿土质量，然后置于烘箱内维持100~105℃烘至恒重，再称干土质量，湿土、干土质量之差与干土质量的比值，就是土的含水量。

（3）土的密度 ρ。土单位体积的质量称为土的密度（单位为 g/cm³ 或 t/m³），即

$$\rho = \frac{m}{V} \tag{1.5}$$

天然状态下土的密度变化范围较大。一般黏性土 $\rho = 1.8 \sim 2.0$ g/cm³；砂土 $\rho = 1.6 \sim 2.0$ g/cm³；腐殖土 $\rho = 1.5 \sim 1.7$ g/cm³。

土的密度一般用"环刀法"测定，用一个圆环刀（刀刃向下）放在削平的原状土样面上，徐徐削去环刀外围的土，边削边压，使保持天然状态的土样压满环刀内，称得环刀内土样质量，求得它与环刀容积的比值，即为其密度。

土单位体积的重量称为土的重度，即

$$\gamma = \frac{W}{V} = \rho g \tag{1.6}$$

式中 γ——土的重度，kN/m³；

  W——土的重力，kN；

  g——重力加速度，可取 10N/kg。

天然状态下土的重度变化范围为 16~22kN/m³，$\gamma > 20$kN/m³ 的土一般是比较密实的，$\gamma < 18$kN/m³ 时一般较松软。

2. 换算指标

（1）土的干密度 ρ_d、饱和密度 ρ_{sat} 和有效密度 ρ'。

土单位体积中固体颗粒部分的质量，称为土的干密度 ρ_d，即

$$\rho_d = \frac{m_s}{V} \tag{1.7}$$

在工程上常把干密度作为评定土体紧密程度的标准，以控制填土工程的施工质量。干密度越大，土越密实，强度越高。

土孔隙中充满水时的单位体积质量，称为土的饱和密度 ρ_{sat}，即

$$\rho_{sat} = \frac{m_s + V_v \rho_w}{V} \qquad (1.8)$$

式中　ρ_w——水的密度。

在地下水位以下，单位土体积中土粒的质量扣除同体积水的质量后，即为单位土体积中土粒的有效质量，称为土的有效密度 ρ'，即

$$\rho' = \frac{m_s - V_s \rho_w}{V} \qquad (1.9)$$

在计算自重应力时，须采用土的重力密度，简称重度。土的湿重度 γ、干重度 γ_d、饱和重度 γ_{sat}、有效重度 γ' 分别按下列公式计算：$\gamma = \rho g$、$\gamma_d = \rho_d g$、$\gamma_{sat} = \rho_{sat} g$、$\gamma' = \rho' g$，式中 g 为重力加速度，各指标的单位为 kN/m^3。

（2）土的孔隙比 e 和孔隙率 n。

土的孔隙比是土中孔隙体积与土粒体积之比，即

$$e = \frac{V_v}{V_s} \qquad (1.10)$$

孔隙比用小数表示。它是一个重要的物理指标，可以用来评价天然土层的密实程度。一般 $e < 0.6$ 的土是密实的低压缩性土，$e > 1.0$ 的土是疏松的高压缩性土。

土的孔隙率是土中孔隙体积与总体积之比，以百分数表示，即

$$n = \frac{V_v}{V} \times 100\% \qquad (1.11)$$

（3）土的饱和度 S_r。土中被水充满的孔隙体积与孔隙总体积之比，称为土的饱和度，以百分率计，即

$$S_r = \frac{V_w}{V_v} \times 100\% \qquad (1.12)$$

砂土根据饱和度 S_r 的指标值分为稍湿、很湿与饱和 3 种湿度状态，其划分标准见表 1.4。

表 1.4　　　　　　　　砂土湿度状态的划分

砂土湿度状态	稍湿	很湿	饱和
饱和度 $S_r / \%$	$S_r \leqslant 50$	$50 < S_r \leqslant 80$	$S_r > 80$

1.3.2　指标的换算

上述土的三相比例指标中，土粒相对密度 d_s、含水量 ω 和密度 ρ 这 3 个指标是通过试验测定的。在测定这 3 个基本指标后，可以导得其余各个指标。

常用图 1.8 所示的三相图进行各指标间关系的推导，令 $V_s = 1$，则 $V_v = e$，$V = 1 + e$，$m_s = V_s d_s \rho_w = d_s \rho_w$，$m_w = \omega m_s = \omega d_s \rho_w$，$m = d_s(1+\omega)\rho_w$。

推导

$$\rho = \frac{m}{V} = \frac{d_s(1+\omega)\rho_w}{1+e}$$

$$\rho_d = \frac{m_s}{V} = \frac{d_s \rho_w}{1+e} = \frac{\rho}{1+\omega}$$

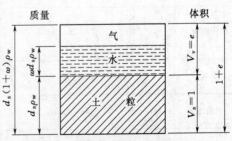

图 1.8　土的三相物理指标换算图

由上式：

$$e=\frac{\rho_w d_s}{\rho_d}-1=\frac{\rho_w d_s(1+\omega)}{\rho}-1$$

$$\rho_{sat}=\frac{m_s+V_v\rho_w}{V}=\frac{(d_s+e)\rho_w}{1+e}$$

$$\rho'=\frac{m_s-V_s\rho_w}{V}=\frac{m_s-(V-V_v)\rho_w}{V}$$

$$=\frac{m_s+V_v\rho_w-V\rho_w}{V}=\rho_{sat}-\rho_w$$

$$=\frac{(d_s-1)\rho_w}{1+e}$$

$$n=\frac{V_v}{V}=\frac{e}{1+e}$$

$$S_r=\frac{V_w}{V_v}=\frac{m_w}{V_v\rho_w}=\frac{\omega d_s}{e}$$

土的三相比例指标换算公式一并列于表 1.5 中。

表 1.5 土的三相比例指标换算公式

名　称	符号	三相比例表达式	常用换算公式	单位	常见的数值范围
土粒相对密度	d_s	$d_s=\dfrac{m_s}{V_s\rho_w}$	$d_s=\dfrac{S_r e}{\omega}$		黏性土：2.72～2.75 粉　土：2.70～2.71 砂类土：2.65～2.69
含水量	ω	$\omega=\dfrac{m_w}{m_s}\times100\%$	$\omega=\dfrac{S_r e}{d_s}$ $\omega=\dfrac{\rho}{\rho_d}-1$	%	20～60
密度	ρ	$\rho=\dfrac{m}{V}$	$\rho=\rho_d(1+\omega)$ $\rho=\dfrac{d_s(1+\omega)}{1+e}\rho_w$	g/cm³	1.6～2.0
干密度	ρ_d	$\rho_d=\dfrac{m_s}{V}$	$\rho_d=\dfrac{\rho}{1+\omega}$ $\rho_d=\dfrac{d_s}{1+e}\rho_w$	g/cm³	1.3～1.8
饱和密度	ρ_{sat}	$\rho_{sat}=\dfrac{m_s+V_v\rho_w}{V}$	$\rho_{sat}=\dfrac{d_s+e}{1+e}\rho_w$	g/cm³	1.8～2.3
有效密度	ρ'	$\rho'=\dfrac{m_s-V_s\rho_w}{V}$	$\rho'=\rho_{sat}-\rho_w$ $\rho'=\dfrac{d_s-1}{1+e}\rho_w$	g/cm³	0.8～1.3
重度	γ	$\gamma=\dfrac{m}{V}g=\rho g$	$\gamma=\dfrac{d_s(1+\omega)}{1+e}\gamma_w$	kN/m³	16～20
干重度	γ_d	$\gamma_d=\dfrac{m_s}{V}g=\rho_d g$	$\gamma_d=\dfrac{d_s}{1+e}\gamma_w$	kN/m³	13～18
饱和重度	γ_{sat}	$\gamma_{sat}=\dfrac{m_s+V_v\rho_w}{V}g=\rho_{sat}g$	$\gamma_{sat}=\dfrac{d_s+e}{1+e}\gamma_w$	kN/m³	18～23

名　称	符号	三相比例表达式	常用换算公式	单位	常见的数值范围
有效重度	γ'	$\gamma'=\dfrac{m_s-V_s\rho_w}{V}g=\rho'g$	$\gamma'=\dfrac{d_s-1}{1+e}\gamma_w$	kN/m³	8～13
孔隙比	e	$e=\dfrac{V_v}{V_s}$	$e=\dfrac{d_s\rho_w}{\rho_d}-1$ $e=\dfrac{d_s(1+\omega)\rho_w}{\rho}-1$		黏性土和粉土：0.40～1.20 砂类土：0.30～0.90
孔隙率	n	$n=\dfrac{V_v}{V}\times100\%$	$n=\dfrac{e}{1+e}$ $n=1-\dfrac{\rho_d}{d_s\rho_w}$	%	黏性土和粉土：30～60 砂类土：25～45
饱和度	S_r	$S_r=\dfrac{V_w}{V_v}\times100\%$	$S_r=\dfrac{\omega d_s}{e}$ $S_r=\dfrac{\omega\rho_d}{n\rho_w}$	%	0～100

【例 1.1】　某一原状土样，经试验测得的基本指标值如下：密度 $\rho=1.72\text{g/cm}^3$，含水量 $\omega=13.1\%$，土粒相对密度 $d_s=2.65$，试求孔隙比 e、孔隙率 n、饱和度 S_r、干密度 ρ_d、饱和密度 ρ_{sat} 以及有效密度 ρ'。

【解】

$$e=\frac{d_s(1+\omega)\rho_w}{\rho}-1=\frac{2.65\times(1+0.131)}{1.72}-1=0.74$$

$$n=\frac{e}{1+e}=\frac{0.74}{1+0.74}=42.6\%$$

$$S_r=\frac{\omega d_s}{e}=\frac{0.131\times2.65}{0.74}=46.95\%$$

$$\rho_d=\frac{\rho}{1+\omega}=\frac{1.72}{1+0.131}=1.52(\text{g/cm}^3)$$

$$\rho_{sat}=\frac{(d_s+e)\rho_w}{1+e}=\frac{2.65+0.74}{1+0.74}=1.95(\text{g/cm}^3)$$

$$\rho'=\rho_{sat}-\rho_w=1.95-1=0.95(\text{g/cm}^3)$$

1.4　无黏性土的密实度

无黏性土一般是指具有单粒结构的碎石土与砂土，土粒之间无黏结力，呈松散状态，它们的工程性质与其密实度有着密切的关系，呈密实状态时，强度较大，可作为良好的天然地基；呈松散状态时，则是不良地基。

1.4.1　碎石土的密实度

对于碎石土，因难以取样试验，为了更加准确地反映碎石土的密实程度，《建筑地基基础设计规范》（GB 50007—2011）规定，对于平均粒径不大于 50mm 且最大粒径不超过100mm 的卵石、碎石、圆砾、角砾，可采用重型圆锥动力触探锤击数来评价其密实度；对于平均粒径大于 50mm 或最大粒径大于 100mm 的碎石土，应按野外鉴别方法综合判定其密实度。

1. 以重型圆锥动力触探锤击数 $N_{63.5}$ 为标准

重型圆锥动力触探是用质量为 63.5kg 的落锤以 76cm 的落距把探头（探头为圆锥头，锥角 60°，锥底直径 7.4cm）打入碎石土中，记录探头贯入碎石土 10cm 的锤击数 $N_{63.5}$。根据重型圆锥动力触探锤击数 $N_{63.5}$ 可将碎石土划分为松散、稍密、中密和密实 4 种密实度，具体的划分标准见表 1.6。

表 1.6 碎石土密实度按 $N_{63.5}$ 分类

重型动力触探锤击数 $N_{63.5}$	密实度	重型动力触探锤击数 $N_{63.5}$	密实度
$N_{63.5} \leqslant 5$	松散	$10 < N_{63.5} \leqslant 20$	中密
$5 < N_{63.5} \leqslant 10$	稍密	$N_{63.5} > 20$	密实

注 表内 $N_{63.5}$ 为经综合修正后的平均值。

2. 碎石土密实度的野外鉴别

碎石土的密实度可根据野外鉴别方法划分为密实、中密、稍密、松散 4 种状态，其划分标准见表 1.7。

表 1.7 碎石土密实度野外鉴别方法

密实度	骨架颗粒含量和排列	可 挖 性	可 钻 性
密实	骨架颗粒含量大于总重的 70%，呈交错排列，连续接触	锹、镐挖掘困难，用撬棍方能松动，井壁一般较稳定	钻进极困难；冲击钻探时，钻杆、吊锤跳动剧烈；孔壁较稳定
中密	骨架颗粒含量等于总重的 60%～70%，呈交错排列，大部分接触	锹、镐可挖掘；井壁有掉块现象，从井壁取出大颗粒处，能保持颗粒凹面形状	钻进较困难；冲击钻探时，钻杆、吊锤跳动不剧烈；孔壁有坍塌现象
稍密	骨架颗粒含量等于总重的 55%～60%，排列混乱，大部分不接触	锹可以挖掘；井壁易坍塌；从井壁取出大颗粒后，砂土立即坍落	钻进较容易；冲击钻探时，钻杆稍有跳动；孔壁易坍塌
松散	骨架颗粒含量小于总重的 55%，排列十分混乱，绝大部分不接触	锹易挖掘，井壁极易坍塌	钻进很容易，冲击钻探时，钻杆无跳动；孔壁极易坍塌

1.4.2 砂土的密实度

确定砂土密实度的方法有多种，工程中以相对密实度 D_r、标准贯入试验锤击数 N 为标准来划分砂土的密实度。

1. 相对密实度 D_r

砂土的密实度通常采用相对密实度 D_r 来判别，其表达式为

$$D_r = \frac{e_{\max} - e}{e_{\max} - e_{\min}} \tag{1.13}$$

式中 e——砂土在天然状态下的孔隙比；

$e_{\max}$——砂土在最松散状态下的孔隙比，即最大孔隙比；

$e_{\min}$——砂土在最密实状态下的孔隙比，即最小孔隙比。

从式（1.13）可知，若无黏性土的天然孔隙比 e 接近于 $e_{\min}$，即相对密实度 D_r 接近于 1 时，土呈密实状态；当 e 接近于 $e_{\max}$ 时，即相对密实度 D_r 接近于 0，则呈松散状态。根据 D_r 值可把砂土的密实度状态划分为下列 3 种，即

$$0.67 < D_r \leqslant 1 \quad (密实的)$$
$$0.33 < D_r \leqslant 0.67 \quad (中密的)$$
$$0 \leqslant D_r \leqslant 0.33 \quad (松散的)$$

相对密实度试验适用于透水性良好的无黏性土，如纯砂、纯砾等。相对密实度是无黏性粗粒土密实度的指标，它对于土作为土工构筑物地基的稳定性，特别是在抗震稳定性方面具有重要的意义。

2. 标准贯入试验

相对密实度从理论上讲是判定砂土密实度的好方法，但由于天然状态的 e 值不易测准、测定 e_{max} 和 e_{min} 的误差较大等实际困难，故在应用上存在许多问题。因此，利用标准贯入试验方法来评价砂土的密实度得到了工程技术人员的广泛采用。标准贯入试验是用规定的锤（质量 63.5kg）和落距（76cm）把一标准贯入器（带有刃口的对开管，外径 50mm，内径 35mm）打入土中，并记录每贯入深度（30cm）所需的锤击数 N 的一种原位测试方法。砂土根据标准贯入试验的锤击数 N 分为松散、稍密、中密及密实 4 种密实度，其划分标准见表 1.8。

表 1.8 砂土密实度的划分

砂土密实度	松散	稍密	中密	密实
N	$\leqslant 10$	$10 < N \leqslant 15$	$15 < N \leqslant 30$	> 30

注 N 为系标准贯入试验锤击数。

1.5 黏性土的物理特征

1.5.1 黏性土的界限含水量

同一种黏性土随其含水量的不同，分别处于固态、半固态、可塑状态及流动状态。所谓可塑状态，就是当黏性土在某含水量范围内，可用外力塑成任何形状而不发生裂纹，并当外力移去后仍能保持既得的形状，土的这种性能称为塑性，是黏性土区别于砂土的重要特征。黏性土由一种状态转到另一种状态的分界含水量，称为界限含水量。它对黏性土的分类及工程性质的评价有重要意义。

1. 液限 ω_L

如图 1.9 所示，土由可塑状态转到流动状态的界限含水量称为液限（也称为塑性上限含水量或流限）。我国目前采用锥式液限仪（图 1.10）测定土的液限。将盛土杯中装满调匀的土样，刮平土面，将重 76g、锥角为 30° 的圆锥体放在试样表面的中心，锥体在自重作用下徐徐沉入土中，若经 5s 恰好沉入 10mm，测定此时杯内土样的含水量即为液限。

2. 塑限 ω_P

土由半固态转到可塑状态的界限含水量称为塑限（也称为塑性下限含水量）。

塑限采用搓条法测定。将直径

图 1.9 黏性土的物理状态与含水量关系

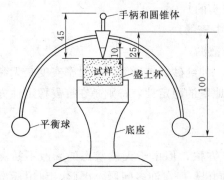

图 1.10 锥式液限仪（单位：mm）

小于 10mm 的土球放在毛玻璃板上，用手掌慢慢搓成直径为 3mm 的长细条时，正好产生断裂，此时土条的含水量就是塑限。

3. 缩限 ω_S

土由半固体状态不断蒸发水分，则体积逐渐缩小，直到体积不再缩小时土的界限含水量称为缩限。

缩限用蒸发皿法测定。

土的半固态与可塑状态的区别在于前者塑成任何形状后，产生裂纹，后者没有裂纹；流动状态与可塑状态的区别在于前者不能保持已有的形状，产生流动变形，而后者能保持既得的形状。

1.5.2 黏性土的塑性指数和液性指数

1. 塑性指数 I_P

塑性指数是指液限和塑限的差值（省去％符号），即土处在可塑状态的含水量变化范围，用符号 I_P 表示，即

$$I_P = \omega_L - \omega_P \tag{1.14}$$

显然，液限和塑限之差（或塑性指数）越大，土处于可塑状态的含水量范围也越大。塑性指数的大小与土中结合水的含量有关，即与土的颗粒组成、土粒的矿物成分等因素有关。从土的颗粒来说，土粒越细且细颗粒（黏粒）的含量越高，则其比表面积和可能的结合水含量越高，因而 I_P 也随之增大。从矿物成分来说，黏土矿物可能具有的结合水量大（其中尤以蒙脱石类为最大），因而 I_P 也大。

由于塑性指数在一定程度上综合反映了影响黏性土特征的各种重要因素，因此，在工程上常按塑性指数对黏性土进行分类。

《建筑地基基础设计规范》（GB 50007—2011）规定，黏性土按塑性指数 I_P 值可划分为黏土、粉质黏土。

2. 液性指数 I_L

液性指数是指黏性土的天然含水量和塑限的差值与塑性指数之比，用符号 I_L 表示，即

$$I_L = \frac{\omega - \omega_P}{\omega_L - \omega_P} = \frac{\omega - \omega_P}{I_P} \tag{1.15}$$

从式（1.15）中可见，当土的天然含水量 $\omega < \omega_P$ 时，$I_L < 0$，天然土处于坚硬状态；当 $\omega > \omega_L$ 时，$I_L > 1$，天然土处于流动状态；当 ω 在 ω_P 与 ω_L 之间时，即 I_L 在 0~1 之间时，则天然土处于可塑状态。因此可以利用液性指数 I_L 来表示黏性土所处的软硬状态。I_L 值越大，土质越软；反之，土质越硬。

《建筑地基基础设计规范》（GB 50007—2011）规定，黏性土根据液性指数值划分为坚硬、硬塑、可塑、软塑及流塑 5 种软硬状态，其划分标准见表 1.9。

表 1.9　　　　　　　　　　　　　黏性土软硬状态的划分

状态	坚硬	硬塑	可塑	软塑	流塑
液性指数	$I_L \leqslant 0$	$0 < I_L \leqslant 0.25$	$0.25 < I_L \leqslant 0.75$	$0.75 < I_L \leqslant 1.0$	$I_L > 1.0$

1.5.3　黏性土的灵敏度和触变性

1. 黏性土的灵敏度

天然状态下的黏性土通常都具有一定的结构，当受到外来因素的扰动时，土粒间的胶结物质以及土粒、离子、水分子所组成的平衡体系受到破坏，土的强度降低和压缩性增大。土的结构对强度的这种影响，一般用灵敏度来衡量。土的灵敏度是以原状土的强度与同一土经重塑（指在含水量不变条件下使土的结构彻底破坏）后的强度之比来表示的。重塑试样具有与原状试样相同的尺寸、密度和含水量。测定强度所用的常用方法有无侧限抗压强度试验和十字板抗剪强度试验，对于饱和黏性土的灵敏度 S_t 可按式（1.16）计算，即

$$S_t = \frac{q_u}{q_u'} \tag{1.16}$$

式中　q_u——原状试样的无侧限抗压强度，kPa；

　　　q_u'——重塑试样的无侧限抗压强度，kPa。

根据灵敏度可将饱和黏性土分为低灵敏度（$1 < S_t \leqslant 2$）、中灵敏度（$2 < S_t \leqslant 4$）和高灵敏度（$S_t > 4$）三类。土的灵敏度越高，其结构性越强，受扰动后土的强度降低就越多。所以在基础施工中应注意保护基槽，尽量减少对土结构的扰动。

为了防止基底土（特别是软土）受到浸水或其他原因的扰动，基坑（槽）挖好后应立即做垫层或浇筑基础；否则，挖土时应在基底标高以上保留 150~300mm 厚的土层，待基础施工时再行挖去。如用机械挖土，为防止基底土被扰动，结构被破坏，不应直接挖到坑（槽）底，应根据机械种类，在基底标高以上留出 200~300mm，待基础施工前用人工铲平修整。挖土不得挖至基坑（槽）的设计标高以下，如个别处超挖，应用与基土相同的土料填补，并夯实到要求的密实度。如用原土填补不能达到要求的密实度时，应用碎石类土填补，并仔细夯实。重要部位如被超挖时，可用低强度等级的混凝土填补。

2. 黏性土的触变性

饱和黏性土的结构受到扰动，导致强度降低，但当扰动停止后，土的强度又随时间而逐渐增大。这是由于土粒、离子和水分子体系随时间而逐渐趋于新的平衡状态的缘故。黏性土的这种抗剪强度随时间恢复的胶体化学性质称为土的触变性。例如，在黏性土中打桩时，桩侧土的结构受到破坏而强度降低，但在停止打桩以后，土的强度渐渐恢复，桩的承载力逐渐增加，这也是受土的触变性影响的结果。

1.6　地基土（岩）的分类

在天然地基中，土的种类很多，为了评价岩土的工程性质以及进行地基基础的设计与施工，必须根据岩土的主要特征，按工程性能近似的原则对岩土进行工程分类。《建筑地

基基础设计规范》（GB 50007—2011）把作为建筑地基的岩土分为岩石、碎石土、砂土、粉土、黏性土和人工填土六类。

1.6.1 岩石

岩石是指颗粒间牢固连接，呈整体或具有节理裂隙的岩体，其分类方法如下。

1. 岩石按坚硬程度分类

岩石的坚硬程度应根据岩块的饱和单轴抗压强度 f_{rk} 按表 1.10 分为坚硬岩、较硬岩、较软岩、软岩和极软岩。当缺乏饱和单轴抗压强度资料或不能进行该项试验时，可在现场通过观察定性划分，划分标准见表 1.11。

表 1.10　　　　　　　　　　　岩石坚硬程度划分

坚硬程度类别	坚硬岩	较硬岩	较软岩	软岩	极软岩
饱和单轴抗压强度标准值 f_{rk}/MPa	$f_{rk}>60$	$60\geqslant f_{rk}>30$	$30\geqslant f_{rk}>15$	$15\geqslant f_{rk}>5$	$f_{rk}\leqslant 5$

表 1.11　　　　　　　　　　岩石坚硬程度的定性划分

名　称		定 性 鉴 别	代 表 性 岩 石
硬质岩	坚硬岩	锤击声清脆，有回弹，振手，难击碎，基本无吸水反应	未风化—微风化的花岗岩、闪长岩、辉绿岩、玄武岩、安山岩、片麻岩、石英岩、硅质砾岩、石英砂岩、硅质石灰岩等
	较硬岩	锤击声较清脆，有轻微回弹，稍振手，较难击碎，有轻微吸水反应	(1) 微风化的坚硬岩 (2) 未风化—微风化的大理岩、板岩、石灰岩、白云岩、钙质砂岩等
软质岩	较软岩	锤击声不清脆，无回弹，较易击碎，浸水后指甲可刻出印痕	(1) 中风化的坚硬岩和较硬岩 (2) 未风化—微风化的凝灰岩、千枚岩、砂质泥岩、泥灰岩等
	软岩	锤击声哑，无回弹，有凹痕，易击碎，浸水后手可掰开	(1) 强风化的坚硬岩和较硬岩 (2) 中等风化—强风化的较软岩 (3) 未风化—微风化的页岩、泥质砂岩、泥岩等
极软岩		锤击声哑，无回弹，有较深凹痕，手可捏碎，浸水后可捏成团	(1) 全风化的各种岩石 (2) 各种半成岩

2. 岩体按完整程度分类

岩体的完整程度按表 1.12 划分为完整、较完整、较破碎、破碎和极破碎等五级。当缺乏试验数据时可按表 1.13 确定。

表 1.12　　　　　　　　　　　岩体完整程度划分

完整程度等级	完整	较完整	较破碎	破碎	极破碎
完整性指数	>0.75	$0.75\sim 0.55$	$0.55\sim 0.35$	$0.35\sim 0.15$	<0.15

注　完整性指数为岩体纵波波速与岩块纵波波速之比的平方。选定岩体、岩块测定波速时应有代表性。

表 1.13   岩 体 完 整 程 度 划 分

名称	结构面组数	控制性结构面平均间距/m	代表性结构类型
完整	1～2	＞1.0	整状结构
较完整	2～3	0.4～1.0	块状结构
较破碎	＞3	0.2～0.4	镶嵌状结构
破碎	＞3	＜0.2	碎裂状结构
极破碎	无序	—	散体状结构

1.6.2 碎石土

碎石土是粒径大于 2mm 的颗粒质量超过总质量 50% 的土。

碎石土根据粒组含量及颗粒形状分为漂石或块石、卵石或碎石、圆砾或角砾，其分类标准见表 1.14。

表 1.14   碎 石 土 的 分 类

土的名称	颗 粒 形 状	粒 组 含 量
漂石	圆形及亚圆形为主	粒径大于 200mm 的颗粒质量超过总质量的 50%
块石	棱角形为主	
卵石	圆形及亚圆形为主	粒径大于 20mm 的颗粒质量超过总质量的 50%
碎石	棱角形为主	
圆砾	圆形及亚圆形为主	粒径大于 2mm 的颗粒质量超过总质量的 50%
角砾	棱角形为主	

注 分类时应根据粒组含量栏从上到下以最先符合者确定。

1.6.3 砂土

砂土是指粒径大于 2mm 的颗粒质量不超过总质量的 50%、粒径大于 0.075mm 的颗粒质量超过总质量 50% 的土。

砂土按粒组含量分为砾砂、粗砂、中砂、细砂和粉砂，其分类标准见表 1.15。

表 1.15   砂 土 的 分 类

土的名称	粒 组 含 量	土的名称	粒 组 含 量
砾砂	粒径大于 2mm 的颗粒质量占总质量的 25%～50%	细砂	粒径大于 0.075mm 的颗粒质量超过总质量的 85%
粗砂	粒径大于 0.5mm 的颗粒质量超过总质量的 50%	粉砂	粒径大于 0.075mm 的颗粒质量超过总质量的 50%
中砂	粒径大于 0.25mm 的颗粒质量超过总质量的 50%		

注 分类时应根据粒组含量栏从上到下以最先符合者确定。

【例 1.2】 某土样的颗粒级配试验成果见表 1.16，试确定土的名称。

【解】 分析不同的颗粒粒径分别占总质量的百分数如下：大于 20mm 者占 6%；大于 10mm 者占 13%；大于 5mm 者占 18%；大于 2mm 者占 25%；大于 1mm 者占 33%；大于 0.5mm 者占 46%；大于 0.25mm 者占 71%；大于 0.1mm 者占 94%；大于 0.075mm 者占 97%。

表 1.16 颗粒级配试验成果表

筛孔直径/mm	20	10	5	2	1	0.5	0.25	0.1	0.075	底盘 <0.075	总计
留筛土重/g	176	198	153	185	226	366	708	652	86	84	2834
占全部土重的百分比/%	6	7	5	7	8	13	25	23	3	3	100
大于某筛孔径的土重百分比/%	6	13	18	25	33	46	71	94	97	100	
小于某筛孔径的土重百分比/%	94	87	82	75	67	54	29	6	3	0	

对照表 1.15 及表 1.16，本题粒组含量大于 20mm 的占 6%＜50%，不能作为碎石（卵石）；大于 2mm 的占 25%＜50%，不能作为角砾（圆砾）；符合粒径大于 2mm 的颗粒占总质量的 25%～50%，故该土定名为砾砂。

1.6.4 粉土

粉土是指粒径大于 0.075mm 的颗粒含量不超过全重 50%，且塑性指数 $I_P \leqslant 10$ 的土。

1.6.5 黏性土

黏性土是指塑性指数 $I_P > 10$ 的土。按塑性指数 I_P 的指标值分为黏土和粉质黏土，其分类标准见表 1.17。

表 1.17 黏性土按塑性指数分类

土的名称	粉质黏土	黏土
塑性指数	$10 < I_P \leqslant 17$	$I_P > 17$

注 塑性指数由相应于 76g 圆锥沉入土样中深度为 10mm 时测定的液限计算而得。

1.6.6 人工填土

人工填土是指由于人类活动而堆填的土，根据其组成和成因可分为素填土、压实填土、杂填土和冲填土。

素填土是指由碎石土、砂土、粉土、黏性土等组成的填土；经过压实或夯实的素填土为压实填土；杂填土为含有建筑垃圾、工业废料、生活垃圾等杂物的填土；冲填土为由水力冲填泥砂形成的填土。

除了上述六类土之外，还有一些特殊土，如淤泥、淤泥质土、泥炭质土、红黏土、次生红黏土、膨胀土和湿陷性黄土等，它们都具有特殊的性质。将在项目 10 专门介绍。

1.7 土 的 击 实 性

土作为填筑材料，如修筑道路、堤坝、机场跑道、运动场、建筑物地基及基础回填等，工程中经常遇到填土压实的问题。经过搬运，未经压实的填土原状结构已被破坏，孔隙、空洞较多，土质不均匀，压缩量大，强度低，抗水性能差。为改善填土的工程性质，提高土的强度，降低土的压缩性和渗透性，必须按一定的标准，采用重锤夯实、机械碾压或振动等方法将土压实到一定标准，以达到工程的质量标准。

研究土的击实性常用的有现场填筑试验和室内击实试验两种方法。前者是在现场选一试验地段，按设计要求和施工方法进行填土，并同时进行有关的测试工作，以查明填筑条件（包括土料、堆填方法、压实机械等）与填筑效果的关系。该方法能反映施工的实际情况，但需时间和费用较多，只在重大工程中进行。后者是近似地模拟现场填筑的一种半经验性的试验。试验时，在一定条件下用锤击法将土击实，以研究土在不同击实功下的击实性，以便获取设计数值，为工程设计提供初步的击实标准。该方法是目前研究填土击实性的重要方法。

1.7.1 土工击实试验

土工击实试验是研究土压实性能的基本方法，也是土木工程必须试验的项目之一。试验采用击实仪，即通过锤击使土密实，测定土样在一定击实功的作用下达到最大密度时的含水率（最优含水率）和此时的干密度（最大干密度）。

为了满足工程需要，必须制定土的压实标准。通常，工地压实质量控制采用压实度，计算式为

$$\lambda_c = \frac{\rho_d}{\rho_{dmax}} \tag{1.17}$$

式中　λ_c——压实度，%；

ρ_d——工地碾压的干密度，g/cm^3；

ρ_{dmax}——室内试验最大干密度，g/cm^3。

λ_c 越接近 100%，则压实质量越高。对于受力主层或者重要工程，λ_c 要求大些；对于非受力主层或次要工程，λ_c 值可小些。

1.7.2 土工击实试验曲线

室内击实试验，击实功瞬时作用于土，土的含水率基本不变。在同一击实功作用下，一定范围内增加含水率，土的干密度增大，但含水率增加到一定程度后，土的干密度就变小。根据这一规律可以得到在一定击实功作用下含水率 ω 与干密度 ρ_d 的关系。一般情况下，细粒土的试验曲线（图 1.11）呈抛物线形，曲线峰值点的干密度就是最大干密度 ρ_{dmax}，相应含水率为最优含水率 ω_0。而粗粒土的曲线没有细粒径土规则，有时还会出现双峰值。

曲线峰值为最大干密度与最佳含水率交叉点，因此，准确地确定该点是击实试验的关键。如曲线不能给出峰值，应进行补点试验。

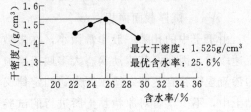

图 1.11　击实试验曲线

1.7.3 最优含水率估算

土工击实试验前，首先可从土的液、塑限值及筛分试验中估算最佳含水率和最大干密度。一般来说，土中含粉粒和黏粒越多，塑性指数越大，最优含水率越大。因此，一般无黏性土的最优含水率小于黏性土，最大干密度大于黏粒土。细粒土的最优含水率一般在塑限附近，为液限的 0.55～0.65 倍，而砂土的情况有些不同，视其含水状态而定。另外，还要注意击实试验中土的均匀性、重型和轻型的选择、干法和湿法等。

击实试验不但数据要真实可靠，而且作图要美观实用。通过试验求得最优含水率和最大干密度，了解土的压实特性，为工程设计提供数据，作为选择填土密度、施工方法、机械碾压或夯实次数以及压实工具等的主要依据。

1.8　土 的 渗 透 性

土作为水土建筑物的地基或直接把它用作水土建筑物的材料时，水就会在水头差作用下从水位较高的一侧透过土体的孔隙流向水位较低的一侧。

水在土体中渗透，一方面会造成水量损失，影响工程效益；另一方面将引起土体内部应力状态的变化，从而改变水土建筑物或地基的稳定条件，甚者还会发生破坏事故。此外，土的渗透性的强弱，对土体的固结、强度以及工程施工都有非常重要的影响。

1.8.1　达西定律

土的渗透性与什么有关呢？早在 1856 年，法国学者达西（Darcy）根据砂土渗透试验，发现水的渗透速度与试样两断面间的水头差成正比，而与相应的渗透路径成反比。于是他将渗透速度表示为

$$v = k\frac{h}{L} = ki \tag{1.18}$$

或渗流量表示为

$$q = vA = kiA \tag{1.19}$$

这就是著名的达西定律。

式中　v——渗透速度，m/s；

$\qquad h$——试样两端的水头差，m；

$\qquad L$——渗透路径，m；

$\qquad i$——水力梯度，无因次，$i = h/L$；

$\qquad k$——渗透系数，m/s，其物理意义是当水力梯度 $i = 1$ 时的渗透速度；

$\qquad q$——渗流量，m^3/s；

$\qquad A$——试样截面面积，m^2。

由于土中的孔隙一般非常微小，在多数情况下，水在孔隙中流动时的黏滞阻力很大、流速缓慢，因此，其流动状态大多属于层流（即水流线互相平行流动）范围。此时土中水的渗流规律符合达西定律，所以达西定律又称层流渗透定律。但是发生在黏性很强的致密黏土中，不少学者对原状黏土所进行的试验表明这类土的渗透特征也偏离达西定律，其 v–i 关系如图 1.12 所示。

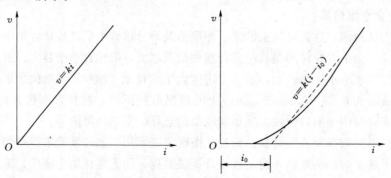

图 1.12　土的渗透速度 v 与水力梯度 i 的关系

由达西定律可知，当 $i=1$ 时，$v=k$，即土的渗透系数 k 就是水力梯度等于 1 时的渗透速度。k 值的大小反映了土渗透性的强弱，k 愈大，土的渗透性也愈大。土颗粒愈粗，k 值也愈大。k 值是土力学中一个较重要的力学指标，但不能由计算求出，只能通过试验直接测定。

渗透系数的测定可以分为现场试验和室内试验两大类。一般地讲，现场试验比室内试验得到的结果更准确可靠。因此，对于重要工程常需进行现场测定。现场试验常用野外井点抽水试验。室内试验测定土的渗透系数的方法较多，就原理来说可分为常水头试验和变水头试验两种。

1.8.2　测定渗透系数的室内试验

1. 常水头试验

常水头试验的原理如图 1.13（a）所示，适用于透水性较大的土（无黏性土），它在整个试验过程中水头保持不变。如果试样截面积为 A，长度为 L，试验时水头差为 h，用量筒和秒表测得在时间 t 内流经试样的水量 $Q(\mathrm{m}^3)$，则根据达西定理可得：

$$Q=qt=vAt=kiAt=k\frac{h}{L}At \tag{1.20}$$

因此，土的渗透系数为

$$k=\frac{QL}{Aht} \tag{1.21}$$

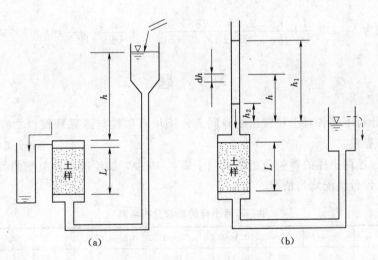

图 1.13　室内渗透试验
（a）常水头试验；（b）变水头试验

2. 变水头试验

变水头试验适用于透水性较差的黏性土。黏性土由于渗透系数很小，流经试样的水量很少，难以直接准确量测，因此采用变水头试验法。变水头试验法在整个试验过程中，水头是随时间而变化。试验装置如图 1.13（b）所示，试样一端与细玻璃管相连，在试验过程中测出某一段时间内细玻璃管水位的变化，就可根据达西定律，求出渗透系数 k。

设玻璃细管过水截面积为 a，土样截面积为 A，长度为 L，试验开始后任一时刻土样

的水头差为 h，经 Δt 时间，管内水位下落 Δh，则在 Δt 时间内流经试样的水量为

$$Q = -a\Delta h \tag{1.22}$$

经过推导即可得到土的渗透系数：

$$k = \frac{aL}{A(t_2-t_1)}\ln\left(\frac{h_1}{h_2}\right) \approx 2.3\frac{aL}{A(t_2-t_1)}\lg\frac{h_1}{h_2} \tag{1.23}$$

上式中的 a、L、A 为已知，试验时只要测出与时刻 t_2 和 t_1 对应的水头为 h_1 和 h_2，就可以求出土的渗透系数 k。各种土常见的渗透系数 k 值见表 1.18。

表 1.18　　　　　　　　　土的渗透系数 k 值范围

土的类型	渗透系数 $k/(\text{cm}\cdot\text{s}^{-1})$	土的类型	渗透系数 $k/(\text{cm}\cdot\text{s}^{-1})$
砾石、粗砂	$10^{-1}\sim10^{-2}$	粉土	$10^{-4}\sim10^{-6}$
中砂	$10^{-2}\sim10^{-3}$	粉质黏土	$10^{-6}\sim10^{-7}$
细砂、粉砂	$10^{-3}\sim10^{-4}$	黏土	$10^{-7}\sim10^{-10}$

【例 1.3】　某土样做变水头渗透试验，土样直径为 6.5cm，长度为 4.0cm，水头管直径为 1.0cm，开始水头为 120cm，经 20min 后，水头降了 12.5cm，求该土样的渗透系数。

【解】　土样的横截面积为 $A = \frac{1}{4}\pi D^2 = \frac{1}{4}\pi\times6.5^2 = 33.18(\text{cm}^2)$

水头管的横截面积为 $a = \frac{1}{4}\pi d^2 = \frac{\pi}{4}\times1.0^2 = 0.785(\text{cm}^2)$

渗透系数为 $k = 2.3\frac{aL}{At}\lg\frac{h_1}{h_2} = \frac{2.3\times0.785\times4.0}{33.18\times20\times60}\times\lg\frac{120}{120-12.5} = 8.67\times10^{-6}(\text{cm/s})$

习　题

1.1　试分析下列各对土粒粒组的异同点：①块石颗粒与圆砾颗粒；②碎石颗粒与粉粒；③砂粒与黏粒。

1.2　甲、乙两土样的颗粒分析结果列于表 1.19 中，试绘制颗粒级配曲线，并确定不均匀系数以及评价级配均匀情况。

表 1.19　　　　　　　　　甲、乙两土样的颗粒分析结果

粒径/mm		2~0.5	0.5~0.25	0.25~0.1	0.1~0.05	0.05~0.02	0.02~0.01	0.01~0.005	0.005~0.002	<0.002
相对含量 /%	甲土	24.3	14.2	20.2	14.8	10.5	6.0	4.1	2.9	3.0
	乙土			5.0	5.0	17.1	32.9	18.6	12.4	9.0

1.3　试比较下列各对土的三相比例指标在诸方面的异同点：①ρ 与 ρ_s；②ω 与 S_r；③e 与 n；④ρ_d 与 ρ'；⑤ρ 与 ρ_{sat}。

1.4　有一天然完全饱和的原状土样切满于容积为 60cm³ 的环刀内，称得总质量为 170.59g，经 105℃ 烘干至恒重为 150.28g，已知环刀质量为 41.36g，土粒相对密度为 2.74，试求该土样的密度、含水量、干密度及孔隙比。

1.5　某原状土样的密度为 1.85g/cm³、含水量为 34%、土粒相对密度为 2.71，试求

该土样的饱和密度、有效密度、饱和重度和有效重度。

1.6 某砂土土样的密度为 1.77g/cm^3，含水量为 9.8%，土粒相对密度为 2.67，烘干后测定最小孔隙比为 0.461，最大孔隙比为 0.943，试求孔隙比 e 和相对密实度 D_r，并评定该砂土的密实度。

1.7 某一完全饱和黏性土试样的含水量为 30%，土粒相对密度为 2.73，液限为 33%，塑限为 17%，试求孔隙比、干密度和饱和密度，并按塑性指数和液性指数分别定出该黏性土的分类名称和软硬状态。

1.8 某无黏性土样的颗粒分析结果列于表 1.20 中，试定出该土的名称。

表 1.20　　　　　　　　　　　无黏性土样的颗粒分析

粒径/mm	10~2	2~0.5	0.5~0.25	0.25~0.075	<0.075
相对含量/%	4.5	12.4	35.5	33.5	14.1

地 基 中 的 应 力 计 算

（1）地基土中自重应力的含义、计算方法及分布规律。

（2）地基土中基底压力、附加压力的含义及计算方法。

（3）附加应力的分布规律。

土像其他任何材料一样，受力后也会产生应力和变形。在地基上建造建筑物将使地基中原有的应力状态发生变化，引起地基变形。如果应力变化引起的变形量在允许范围以内，则不致对建筑物的使用和安全造成危害；当外荷载在土中引起的应力过大时，则不仅会使建筑物发生不能允许的过大沉降，甚至可能使土体发生整体破坏而失去稳定。因此，研究土体中的应力计算和分布规律是研究地基变形和稳定问题的依据。

土体中的应力按其产生的原因主要有两种，即由土体本身重量引起的自重应力和由外荷载引起的附加应力。本项目主要介绍自重应力、基底压力和附加应力的基本概念及其计算方法。

2.1 土体自重应力的计算

自重应力是指土体本身的有效重量产生的应力，在建筑物建造之前就存在于土中，使土体压密并具有一定的强度和刚度。研究地基自重应力的目的是为了确定土体的初始应力状态。

2.1.1 竖向自重应力

计算土的竖向自重应力时，假设地基为在水平方向及地面以下都是无限延伸的半无限弹性体。对于均质土，假设天然地面是一个无限大的水平面，所以在自重应力作用下地基土只产生竖向变形，而无侧向位移和剪切变形，因此可以认为土中任何垂直面及水平面上都不产生剪应力。取横截面的面积为 $A(\text{m}^2)$ 的土柱计算（图 2.1），设土的重度为 $\gamma(\text{kN/m}^3)$，地面以下 z 处土的自重压力为 $\gamma z A$，则

$$\sigma_{cz} = \frac{\gamma z A}{A} = \gamma z \qquad (2.1)$$

式中　σ_{cz}——深度 z 处土的竖向自重应力，kPa；

　　　z——从天然地面起算的土的深度，m；

　　　γ——土的天然重度，kN/m^3。

当在深度 z 范围内有多层土时，深度 z 处的自重应力为各土层自重应力之和，即

$$\sigma_{cz} = \gamma_1 h_1 + \gamma_2 h_2 + \cdots + \gamma_n h_n = \sum_{i=1}^{n} \gamma_i h_i \qquad (2.2)$$

式中　σ_{cz}——土中的自重应力，kPa；

　　　γ_i——第 i 层土的天然重度，kN/m^3；

　　　h_i——第 i 层土的厚度，m；

　　　n——从地面到深度 z 处的土层数。

从式（2.2）可知，土中自重应力 σ_{cz} 随深度呈线性增加。对均质土，呈三角形分布；对成层土，呈折线形分布，同一层土内仍为直线，在层面交界处有转折，如图 2.2 所示。

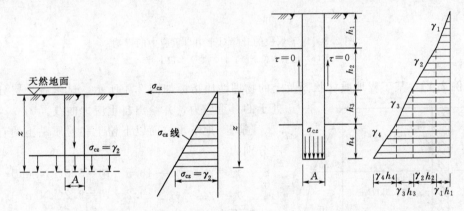

图 2.1　均质土竖向自重应力分布　　　图 2.2　成层土竖向自重应力分布

若计算应力点在地下水位以下，由于地下水位以下土体受到水的浮力作用，使土体的有效重量减少，故在计算土体的竖向自重应力时，对地下水位以下的土层应按土的有效重度 γ' 计算。

在地下水位以下，如埋藏有不透水层（如岩层或只含强结合水的坚硬黏土层）时，由于不透水层中不存在水的浮力，所以不透水层层面及层面以下的自重应力等于上覆土和水的总重。

2.1.2　水平自重应力

地基中除了存在作用于水平面上的竖向自重应力外，还存在作用于竖直面上的水平自重应力 σ_{cx} 和 σ_{cy}。把地基近似按弹性体分析，并将侧限条件代入，可推导得

$$\sigma_{cx} = \sigma_{cy} = k_0 \sigma_{cz} \qquad (2.3)$$

式中　k_0——土的静止侧压力系数，它是侧限条件下土中水平向应力与竖向应力之比，依土的种类、密度不同而异，可由试验确定。

2.1.3 地下水位变化对自重应力的影响

由于土的自重应力取决于土的有效重量，有效重量在地下水位以上用天然重度，在地下水位以下用有效重度。因此，地下水位的升降变化会引起自重应力的变化。如图 2.3 （a）所示，由于大量抽取地下水等原因，造成地下水位大幅度下降，使地基中原水位以下土体的有效自重应力增加，会造成地表下沉的严重后果。如图 2.3（b）所示，地下水位上升的情况一般发生在人工抬高蓄水水位的地区（如筑坝蓄水）或工业用水等大量渗入地下的地区。如果该地区土层具有遇水后土的性质发生变化（如湿陷性或膨胀性等）的特性，则地下水位的上升会导致一些工程问题，应引起足够的重视。

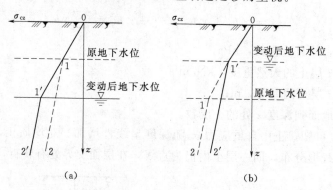

图 2.3 地下水位的升降对土中自重应力的影响
(a) 地下水位下降；(b) 地下水位上升

【例 2.1】 某工程地质柱状图及土的物理性质指标如图 2.4 所示。试求各土层分界面处土的自重应力，并绘出自重应力曲线。

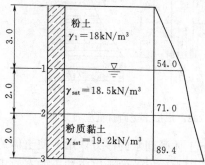

图 2.4 [例 2.1] 附图 (单位: m)

【解】 地下水位面以下粉土和粉质黏土的有效重度分别为

$$\gamma'_2 = \gamma_{2sat} - \gamma_w = 18.5 - 10 = 8.5 (kN/m^3)$$

$$\gamma'_3 = \gamma_{3sat} - \gamma_w = 19.2 - 10 = 9.2 (kN/m^3)$$

地下水位面处（$z = 3m$）

$$\sigma_{cz1} = \gamma_1 h_1 = 18 \times 3 = 54.0 (kPa)$$

粉土层底面处（$z = 5m$）

$$\sigma_{cz2} = \gamma_1 h_1 + \gamma'_2 h_2 = 54 + 8.5 \times 2 = 71.0 (kPa)$$

粉质黏土层底面处（$z = 7m$）

$$\sigma_{cz3} = \gamma_1 h_1 + \gamma'_2 h_2 + \gamma'_3 h_3 = 71 + 9.2 \times 2 = 89.4 (kPa)$$

据此绘出土的自重应力曲线如图 2.4 所示。

2.2 基底压力分布与简化计算

建筑物荷载通过基础传给地基，基础底面传递到地基表面的压力称为基底压力，而地基支承基础的反力称为地基反力。基底压力与地基反力是大小相等、方向相反的作用力与反作用力。基底压力是分析地基中应力、变形及稳定性的外荷载，地基反力则是计算基础结构内力的外荷载。因此，研究基底压力的分布规律和计算方法具有重要的工程意义。

2.2.1　基底压力的分布规律

精确地确定基底压力的分布形式是一个相当复杂的问题，它涉及地基与基础的相对刚度、荷载大小及其分布情况、基础埋深和地基土的性质等多种因素。

绝对柔性基础（如土坝、路基、钢板做成的储油罐底板等）的抗弯刚度 $EI=0$，在垂直荷载作用下没有抵抗弯曲变形的能力，基础随着地基一起变形，中部沉降大，两边沉降小，基底压力的分布与作用在基础上的荷载分布完全一致［图 2.5（a）］。如果要使柔性基础的各点沉降相同，则作用在基础上的荷载应是两边大而中部小［图 2.5（b）］。

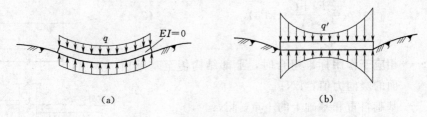

图 2.5　柔性基础的基底压力分布

绝对刚性基础的抗弯刚度 $EI=\infty$，在均布荷载作用下，基础只能保持平面下沉而不能弯曲，但对地基而言，均匀分布的基底压力将产生不均匀沉降，其结果是基础变形与地基变形不相适应［图 2.6（a）］。为使地基与基础的变形协调一致，基底压力的分布必是两边大而中部小。如果地基是完全弹性体，由弹性理论解得基底压力分布如图 2.6（b）所示，边缘处压力将为无穷大。

有限刚度基础是工程中最常见的情况，具有较大的抗弯刚度，但不是绝对刚性，可以稍微弯曲。由于绝对刚性和绝对柔性基础只是假定的理想情况，地基也不是完全弹性体，当基底两端的压力足够大，超过土的极限强度后，土体就会形成塑性区，所承受的压力不再增大，自行调整向中间转移。实测资料表明，当荷载较小时，基底压力分布接近弹性理论解［图 2.7（a）］；随着上部荷载的逐渐增大，基底压力转变为马鞍形分布［图 2.7（b）］、抛物线形分布［图 2.7（c）］；当荷载接近地基的破坏荷载时，压力图形为钟形分布［图 2.7（d）］。

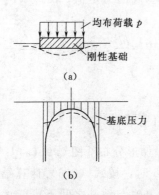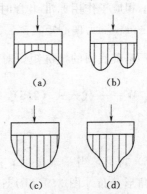

图 2.6　刚性基础的基底压力分布　　　图 2.7　荷载对基底压力的影响

2.2.2 基底压力的简化计算

从以上分析可见,基底压力分布形式是十分复杂的,但由于基底压力都是作用在地表面附近,其分布形式对地基应力的影响将随深度的增加而减少,而决定于荷载合力的大小和位置。因此,目前在工程实践中,对一般基础均采用简化方法,即假定基底压力按直线分布的材料力学公式计算。

1. 轴心荷载作用下的基底压力

如图 2.8 所示,作用在基础上的荷载,其合力通过基础底面形心时为轴心受压基础,基底压力均匀分布,数值按式(2.4)计算,即

$$p_k = \frac{F_k + G_k}{A} (kPa) \qquad (2.4)$$

$$G_k = \gamma_G A \bar{h}$$

式中 F_k——相应于作用标准组合时,上部结构传至基础顶面的竖向力值,kN;

G_k——基础自重和基础上的土重,kN;

γ_G——基础及其上回填土的平均重度,一般取 20kN/m³,但地下水位以下应取有效重度;

$\bar{h}$——基础平均高度,m,当室内外高差较大时,取平均值;

A——基底面积,m²;对矩形基础 $A = bl$,b 和 l 分别为基础的短边与长边;对荷载沿长度方向均匀分布的条形基础,取长度方向 $l = 1m$ 的截条,$A = b$(m),而 F_k 和 G_k 则为每延米的相应值(kN/m)。

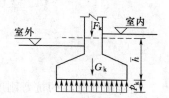

图 2.8 轴心受压基础
基底压力

2. 偏心荷载作用下的基底压力

如图 2.9 所示,常见的偏心荷载作用于矩形基础的一个主轴上,即单向偏心。设计时通常将基底长边 l 方向取为与偏心方向一致,则基底边缘压力为

$$p_{kmin}^{kmax} = \frac{F_k + G_k}{A} \pm \frac{M_k}{W} \qquad (2.5)$$

式中 p_{kmin}^{kmax}——相应于作用标准组合时,基底边缘处的最大、最小压力,kPa;

M_k——相应于作用标准组合时,作用在基底的力矩值;$M_k = (F_k + G_k)e$(kN·m),e 为偏心矩;

W——基础底面的抵抗矩,对矩形基础 $W = \dfrac{bl^2}{6}$,将偏心矩 $e = \dfrac{M}{F_k + G_k}$、$A = bl$、

$W = \dfrac{bl^2}{6}$ 代入式(2.5),得

$$p_{kmin}^{kmax} = \frac{F_k + G_k}{bl} \left(1 \pm \frac{6e}{l}\right) \qquad (2.6)$$

由式(2.6)可见,当 $e < l/6$ 时,基底压力呈梯形分布[图 2.9(a)];当 $e = l/6$ 时,基底压力呈三角形分布[图 2.9(b)];当 $e > l/6$ 时,按式(2.6)计算结果,p_{kmin} 为负值,即 $p_{kmin} < 0$[图 2.9(c)中虚线所示]。由于基底与地基之间不可能承受拉力,此时基底与地基局部脱开,使基底应力重新分布。根据偏心荷载与基础反力平衡的条件,荷载

合力 F_k+G_k 应通过三角形反力分布图的形心，由此可得

$$p_{kmax}=\frac{2(F_k+G_k)}{3ab} \quad (2.7)$$

其中

$$a=\frac{l}{2}-e$$

式中 a——单向偏心合力作用点至基底最大压力 p_{kmax} 边缘的距离，m；

b——基础底面宽度，m。

2.2.3 基底附加压力

由于修造建筑物，在地基中增加的压力称为附加压力。在基础建造前，基底处已存在土的自重应力，这部分自重应力引起的地基变形可以认为已经完成。由于基坑开挖使该自重应力卸荷，故引起地基附加应力和变形的压力应为基底压力扣除原先已存在的土的自重应力（图 2.10），即基底附加压力为

$$p_0=p_k-\sigma_{cd}=p_k-\gamma_m d \quad (2.8)$$

式中 p_0——基底平均附加压力，kPa；

σ_{cd}——基底处的自重应力，kPa；

d——基础埋深，一般从天然地面算起；$d=h_1+h_2+\cdots+h_n(m)$；

γ_m——基底标高以上土的加权平均重度，有

$$\gamma_m=\frac{\gamma_1 h_1+\gamma_2 h_2+\cdots+\gamma_n h_n}{h_1+h_2+\cdots+h_n}(kN/m^3)$$

地下水位以下取有效（浮）重度。

【例 2.2】 某基础底面尺寸 $l=3m$，$b=2m$，基础顶面作用轴心力 $F_k=450kN$，弯矩 $M_k=150kN\cdot m$，基础平均高度 $\overline{h}=1.2m$，试计算基底压力并绘出分布图（图 2.11）。

图 2.9 偏心受压基础基底压力

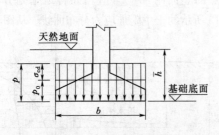

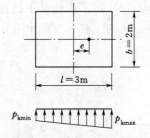

图 2.10 基底附加压力　　图 2.11 ［例 2.2］附图

【解】 基础自重及基础上回填土重为 $G_k=\gamma_G A\overline{h}=20\times3\times2\times1.2=144(kN)$

偏心距为

$$e=\frac{M_k}{F_k+G_k}=\frac{150}{450+144}=0.253(m)$$

基底压力为　　$p_{\substack{kmax \\ kmin}} = \dfrac{F_k + G_k}{bl}\left(1 \pm \dfrac{6e}{l}\right) = \dfrac{450 + 144}{2 \times 3}\left(1 \pm \dfrac{6 \times 0.253}{3}\right) = \dfrac{149.1}{48.9}(\text{kPa})$

基底压力分布如图 2.11 所示。

【例 2.3】 某轴心受压基础底面尺寸 $l = b = 2\text{m}$，基础顶面作用力 $F_k = 450\text{kN}$，基础平均高度 $\overline{h} = 1.5\text{m}$，已知地质剖面第一层为杂填土，厚 0.5m，$\gamma_1 = 16.8\text{kN/m}^3$；以下为黏土，$\gamma_2 = 18.5\text{kN/m}^3$，试计算基底压力和基底附加压力。

【解】 基础自重及基础上回填土重为 $G_k = \gamma_G A \overline{h} = 20 \times 2 \times 2 \times 1.5 = 120(\text{kN})$

基底压力为　　　　　　$p_k = \dfrac{F_k + G_k}{A} = \dfrac{450 + 120}{2 \times 2} = 142.5(\text{kPa})$

基底处土自重应力为

$$\sigma_{cd} = \gamma_1 z_1 + \gamma_2 z_2 = 16.8 \times 0.5 + 18.5 \times 1.0 = 26.9(\text{kPa})$$

基底附加压力为　　　$p_0 = p_k - \sigma_{cd} = 142.5 - 26.9 = 115.6(\text{kPa})$

2.3　竖向荷载作用下地基附加应力计算

地基附加应力是指由新增加建筑物荷载在地基中产生的应力。对一般天然土层来说，土的自重应力引起的压缩变形在地质历史上早已完成，不会再引起地基沉降。因此，引起地基变形与破坏的主要原因是附加应力。目前采用的计算方法是根据弹性理论推导的。

2.3.1　竖向集中力作用下的附加应力

竖向集中力 P 作用于半空间表面（图 2.12）在半空间内任一点 $M(x, y, z)$ 引起的应力和位移解，由法国的布辛奈斯克（J. Boussinesq）根据弹性理论求得。共有 6 个应力分量和 3 个位移分量，其中竖向应力表达式为

$$\sigma_z = \frac{3P}{2\pi}\frac{z^3}{R^5} = \frac{3P}{2\pi R^2}\cos^3\theta \qquad (2.9)$$

利用图 2.12 中的几何关系 $R = (r^2 + z^2)^{\frac{1}{2}}$，式（2.9）可改写为

$$\sigma_z = \frac{3P}{2\pi}\frac{z^3}{R^5} = \frac{3}{2\pi}\left[\frac{1}{1 + \left(\dfrac{r}{2}\right)^2}\right]^{5/2}\frac{P}{z^2} = \alpha\frac{P}{z^2} \qquad (2.10)$$

式中　α——集中力作用下竖向附加应力系数，可由表 2.1 查得。

利用式（2.10）可求出地基中任意点的竖向附加应力值。如将地基划分为许多网格，并求出各网格点上的 σ_z 值，可绘出图 2.13 所示的土中附加应力分布曲线。从图 2.13 中可见，

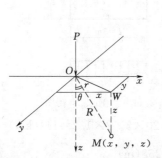

图 2.12　集中力作用土中 M 点的应力

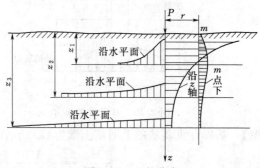

图 2.13　σ_z 的分布

表 2.1　　　　　　　　　　集中荷载作用下地基竖向附加应力系数 α

r/z	α	r/z	α	r/z	α	r/z	α	r/z	α
0	0.4775	0.50	0.2733	1.00	0.0844	1.50	0.0251	2.00	0.0085
0.05	0.4745	0.55	0.2466	1.05	0.0744	1.55	0.0224	2.20	0.0058
0.10	0.4657	0.60	0.2214	1.10	0.0658	1.60	0.0200	2.40	0.0040
0.15	0.4516	0.65	0.1978	1.15	0.0581	1.65	0.0179	2.60	0.0029
0.20	0.4329	0.70	0.1762	1.20	0.0513	1.70	0.0160	2.80	0.0021
0.25	0.4103	0.75	0.1565	1.25	0.0454	1.75	0.0144	3.00	0.0015
0.30	0.3849	0.80	0.1386	1.30	0.0402	1.80	0.0129	3.50	0.0007
0.35	0.3577	0.85	0.1226	1.35	0.0357	1.85	0.0116	4.00	0.0004
0.40	0.3294	0.90	0.1083	1.40	0.0317	1.90	0.0105	4.50	0.0002
0.45	0.3011	0.95	0.0956	1.45	0.0282	1.95	0.0095	5.00	0.0001

集中荷载产生的竖向附加应力 σ_z 在地基中的分布存在以下规律。

1. 在集中力 P 作用线上

在 P 作用线上，$r=0$ 的荷载轴线上，当 $z=0$ 时，$\sigma_z \rightarrow \infty$。随着深 z 增大，σ_z 逐渐减小。

2. 在 $r>0$ 的竖直线上

在 $r>0$ 的竖直线上，当 $z=0$ 时，$\sigma_z=0$；随着 z 的增加，σ_z 从零逐渐增大，至一定深度后又随着 z 的增加逐渐变小。

3. 在 z 为常数的平面上

在 z 为常数的平面上，σ_z 在集中力 P 作用线上最大，随着 r 增加而逐渐变小。随着深度 z 增加，这一分布趋势保持不变，但 σ_z 随 r 增加而降低的速率变缓。

若在空间将 σ_z 相同的点连接成曲面，可以得到图 2.14 所示的等值线，其空间曲面形状如泡状，所以也称为应力泡。

通过上述分析，可以建立起土中应力分布的概念：即集中力 P 在地基中引起的附加应力，在地基中向下、向四周无限扩散，并在扩散的过程中应力逐渐降低。此即应力扩散的概念，与杆件中应力的传递完全不同。

当地基表面作用几个集中力时，可分别算出各集中力在地基中引起的附加应力（图 2.15 中的 a 曲线、b 曲线），然后根据弹性体应力叠加原理求出附加应力的总和，如图 2.15 中 c 线所示。

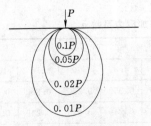

图 2.14　σ_z 的等值线

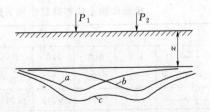

图 2.15　两个集中力作用下地基中 σ_z 的叠加

2.3.2 竖向均布矩形荷载作用下附加应力的计算

1. 均布矩形荷载角点下的附加应力

在地基表面有一短边为 b、长边为 l 的矩形面积，其上作用均布矩形荷载 P（图 2.16），须求角点下的附加应力。

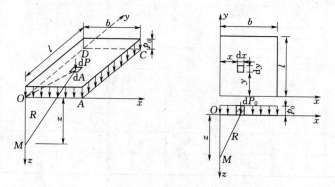

图 2.16 均布矩形荷载角点下的附加应力

设坐标原点 O 在荷载角点处，在矩形面积内取一微面积 $dxdy$，距离原点 O 为 x、y，微面积上的分布荷载以集中力 $dF = Pdxdy$ 代替，则在角点下任意深度 z 处的 O 点，由该集中力引起的竖向附加应力 $d\sigma_z$，可由式（2.11）计算得出，即

$$d\sigma_z = \frac{3dP_0}{2\pi}\frac{z^3}{R^5} = \frac{3P_0}{2\pi}\frac{z^3}{(x^2+y^2+z^2)^{5/2}}dxdy \tag{2.11}$$

将式（2.11）沿整个矩形荷载面 A 进行积分可得均布矩形荷载 P 在角点下 O 的附加应力为

$$\sigma_z = \int_0^l\int_0^b \frac{3p_0}{2\pi}\frac{z^3}{(x^2+y^2+z^2)^{5/2}}dxdy$$

$$= \frac{p_0}{2\pi}\left[\arctan\frac{m}{n\sqrt{m^2+n^2+1}} + \frac{mn}{\sqrt{m^2+n^2+1}}\left(\frac{1}{m^2+n^2}+\frac{1}{n^2+1}\right)\right] \tag{2.12}$$

其中

$$m = \frac{l}{b}, \ n = \frac{z}{b}$$

为计算方便，可将式（2.12）简写为

$$\sigma_z = \alpha_c p_0 \tag{2.13}$$

式中 α_c——均布矩形荷载角点下附加应力系数，简称角点附加应力系数，可按 l/b、z/b 查表 2.2（注意：b 为荷载面的短边边长）。

表 2.2　　　　　　矩形面积上均布荷载作用下角点的附加应力系数 α_c

z/b	l/b											
	1.0	1.2	1.4	1.6	1.8	2.0	3.0	4.0	5.0	6.0	10.0	条形
0	0.250	0.250	0.250	0.250	0.250	0.250	0.250	0.250	0.250	0.250	0.250	0.250
0.2	0.249	0.249	0.249	0.249	0.249	0.249	0.249	0.249	0.249	0.249	0.249	0.249
0.4	0.240	0.242	0.243	0.243	0.244	0.244	0.244	0.244	0.244	0.244	0.244	0.244

续表

z/b	l/b											条形
	1.0	1.2	1.4	1.6	1.8	2.0	3.0	4.0	5.0	6.0	10.0	
0.6	0.223	0.228	0.230	0.232	0.232	0.233	0.234	0.234	0.234	0.234	0.234	0.234
0.8	0.200	0.207	0.212	0.215	0.216	0.218	0.220	0.220	0.220	0.220	0.220	0.220
1.0	0.175	0.185	0.191	0.195	0.198	0.200	0.203	0.204	0.204	0.204	0.205	0.205
1.2	0.152	0.163	0.171	0.176	0.179	0.182	0.187	0.188	0.189	0.189	0.189	0.189
1.4	0.131	0.142	0.151	0.157	0.161	0.164	0.171	0.173	0.174	0.174	0.174	0.174
1.6	0.112	0.124	0.133	0.140	0.145	0.148	0.157	0.159	0.160	0.160	0.160	0.160
1.8	0.097	0.108	0.117	0.124	0.129	0.133	0.143	0.146	0.147	0.148	0.148	0.148
2.0	0.084	0.095	0.103	0.110	0.116	0.120	0.131	0.135	0.136	0.137	0.137	0.137
2.2	0.073	0.083	0.092	0.098	0.104	0.108	0.121	0.125	0.126	0.127	0.128	0.128
2.4	0.064	0.073	0.081	0.088	0.093	0.098	0.111	0.116	0.118	0.118	0.119	0.119
2.6	0.057	0.065	0.072	0.079	0.084	0.089	0.102	0.107	0.110	0.111	0.112	0.112
2.8	0.050	0.058	0.065	0.071	0.076	0.080	0.094	0.100	0.102	0.104	0.105	0.105
3.0	0.045	0.052	0.058	0.064	0.069	0.073	0.087	0.093	0.096	0.097	0.099	0.099
3.2	0.040	0.047	0.053	0.058	0.063	0.067	0.081	0.087	0.090	0.092	0.093	0.094
3.4	0.036	0.042	0.048	0.053	0.057	0.061	0.075	0.081	0.085	0.086	0.088	0.089
3.6	0.033	0.038	0.043	0.048	0.052	0.056	0.069	0.076	0.080	0.082	0.084	0.084
3.8	0.030	0.035	0.040	0.044	0.048	0.052	0.005	0.072	0.075	0.077	0.080	0.080
4.0	0.027	0.032	0.036	0.040	0.044	0.048	0.060	0.067	0.071	0.073	0.076	0.076
4.2	0.025	0.029	0.033	0.037	0.041	0.044	0.056	0.063	0.067	0.070	0.072	0.073
4.4	0.023	0.027	0.031	0.034	0.038	0.041	0.053	0.060	0.064	0.066	0.069	0.070
4.6	0.021	0.025	0.028	0.032	0.035	0.038	0.049	0.056	0.061	0.063	0.066	0.067
4.8	0.019	0.023	0.026	0.029	0.032	0.035	0.046	0.053	0.058	0.060	0.064	0.064
5.0	0.018	0.021	0.024	0.027	0.030	0.033	0.043	0.050	0.055	0.057	0.061	0.062
6.0	0.013	0.015	0.017	0.020	0.022	0.024	0.033	0.039	0.043	0.046	0.051	0.052
7.0	0.009	0.011	0.013	0.015	0.016	0.018	0.025	0.031	0.035	0.038	0.043	0.045
8.0	0.007	0.009	0.010	0.011	0.013	0.014	0.020	0.025	0.028	0.031	0.037	0.039
9.0	0.006	0.007	0.008	0.009	0.010	0.011	0.016	0.020	0.024	0.026	0.032	0.035
10.0	0.005	0.006	0.007	0.007	0.008	0.009	0.013	0.017	0.020	0.022	0.028	0.032
12.0	0.003	0.004	0.005	0.005	0.006	0.006	0.009	0.012	0.014	0.017	0.022	0.026
14.0	0.002	0.003	0.003	0.004	0.004	0.005	0.007	0.009	0.011	0.013	0.018	0.023
16.0	0.002	0.002	0.003	0.003	0.003	0.004	0.005	0.007	0.009	0.010	0.014	0.020
18.0	0.001	0.002	0.002	0.002	0.003	0.003	0.004	0.006	0.007	0.008	0.012	0.018
20.0	0.001	0.001	0.002	0.002	0.002	0.002	0.004	0.005	0.006	0.007	0.010	0.016
25.0	0.001	0.001	0.001	0.001	0.001	0.002	0.002	0.003	0.004	0.004	0.007	0.013
30.0	0.001	0.001	0.001	0.001	0.001	0.001	0.002	0.002	0.003	0.003	0.005	0.011
35.0	0	0	0.001	0.001	0.001	0.001	0.001	0.002	0.002	0.002	0.004	0.009
40.0	0	0	0	0	0.001	0.001	0.001	0.001	0.001	0.002	0.003	0.008

2. 均布矩形荷载任意点下的附加应力

对于均布矩形荷载下的附加应力计算点不位于角点下的情况，可利用式（2.13）以角点法求得。图 2.17 中列出计算点不位于角点下的 4 种情况（在图 2.17 中 O 点以下任意深度 z 处）。计算时，通过 O 点把荷载面分成若干个矩形面积，这样，O 点就必然是划分出的各个矩形的公共角点，然后再按式（2.13）计算每个矩形角点下同一深度 z 处的附加应力，并求其代数和。4 种情况的算式分别如下。

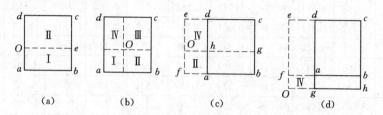

图 2.17　以角点法计算在均布矩形荷载作用下的附加应力
(a) 荷载面边缘；(b) 荷载面内；(c) 荷载面边缘外侧；(d) 荷载面角点外侧

（1）O 点在荷载面边缘，有

$$\sigma_z = (\alpha_{cI} + \alpha_{cII}) p_0 \tag{2.14a}$$

式中　α_{cI}、α_{cII}——分别表示相应于面积 I 和 II 的角点应力系数。

必须指出，查表 2.2 时所取用边长 l 应为任一矩形荷载面的长度，而 b 则为宽度，以下各种情况相同。

（2）O 点在荷载面内，有

$$\sigma_z = (\alpha_{cI} + \alpha_{cII} + \alpha_{cIII} + \alpha_{cIV}) p_0 \tag{2.14b}$$

如果 O 点位于荷载面中心，则 $\alpha_{cI} = \alpha_{cII} = \alpha_{cIII} = \alpha_{cIV}$，得 $\sigma_z = 4\alpha_{cI} p_0$，此即利用角点法求均布的矩形荷载面中心点下 σ_z 的解。

（3）O 点在荷载面边缘外侧，此时荷载面 $abcd$ 可看成是由 I（$OGBF$）与 II（$OHAF$）之差和 III（$OECG$）与 IV（$OEDH$）之差合成的，所以

$$\sigma_z = (\alpha_{cI} - \alpha_{cII} + \alpha_{cIII} - \alpha_{cIV}) p_0 \tag{2.14c}$$

（4）O 点在荷载面角点外侧，把荷载面看成由 I（$OHCE$）、II（$OHBF$）、III（$OGDE$）、IV（$OGAF$）代数和合成的，所以

$$\sigma_z = (\alpha_{cI} - \alpha_{cII} - \alpha_{cIII} + \alpha_{cIV}) p_0 \tag{2.14d}$$

【例 2.4】　已知某中心受压柱下基础底面尺寸为 2.5m×3m，土的重度 $\gamma = 18kN/m^3$，基底压力 p_k 为 147kPa，基础埋深 $d = 1.5m$，试用角点法求基础中心 O 点下不同深度的地基附加应力和边外 O' 点在 $z = 3m$ 深处的附加应力。

【解】　（1）计算基底附加压力，有

$$p_0 = p_k - \gamma d = 147 - 18 \times 1.5 = 120 (kPa)$$

（2）计算 O 点下的 σ_z。

通过 O 将基础分为 4 个相等的矩形。求小矩形 $OADE$ 的应力系数 α_{cI}。

$$\frac{l}{b} = \frac{1.5}{1.25} = 1.2$$

当 $z=0$m，$\dfrac{z}{b}=\dfrac{0}{1.25}=0$，$\alpha_{cI}=0.25$，有

$$\sigma_z=4\alpha_{cI}\cdot p_0=4\times0.25\times120=120(\text{kPa})$$

当 $z=1$m 时，$\dfrac{z}{b}=\dfrac{1}{1.25}=0.8$，$\alpha_{cI}=0.207$，有

$$\sigma_z=4\alpha_{cI}p_0=4\times0.207\times120=99.0(\text{kPa})$$

当 $z=2$m 时，$\dfrac{z}{b}=\dfrac{2}{1.25}=1.6$，$\alpha_{cI}=0.124$，有

$$\sigma_z=4\alpha_{cI}p_0=4\times0.124\times120=60.0(\text{kPa})$$

当 $z=3$m、4m、5m、6m 过程略，见表 2.3，附加应力分布如图 2.18 所示。

表 2.3　　　　　　　　　　　　　σ_z 计 算 表

l/b	z/m	z/b	α_{cI}	$\sigma_z=4\alpha_{cI}P_0$
	0	0	0.25	120
	1	0.8	0.207	99
	2	1.6	0.124	60
1.2	3	2.4	0.073	35
	4	3.2	0.047	23
	5	4.0	0.032	15
	6	4.8	0.023	11

（3）计算 O' 点下的 σ_z 应力系数。

通过 O' 点作矩形 $O'adf$ 和 $O'bcf$，其应力系数分别用 α_{cI}、α_{cII} 表示。

求 α_{cI}：$\dfrac{l}{b}=\dfrac{3}{1.5}=2$，$\dfrac{z}{b}=\dfrac{3}{1.5}=2$，$\alpha_{cI}=0.120$。

求 α_{cII}：$\dfrac{l}{b}=\dfrac{1.5}{0.5}=3$，$\dfrac{z}{b}=\dfrac{3}{0.5}=6$，$\alpha_{cII}=0.033$。

$$\sigma_z=2(\alpha_{cI}-\alpha_{cII})p_0$$
$$=2\times(0.120-0.033)\times120=21(\text{kPa})$$

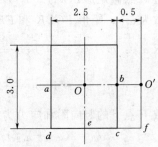

【例 2.5】　如图 2.19 所示，荷载面积 2m×1m，$p_0=100$kPa，求 A、E、O、F、G 各点下 $z=1$m 深度处的附加应力，并利用计算结果说明附加应力的扩散规律。

【解】　（1）A 点下的应力。

A 点是矩形 $ABCD$ 的角点，$m=\dfrac{l}{b}=\dfrac{2}{1}=2$，$n=\dfrac{z}{b}=1$，由表 2.2 查得 $\alpha_{cA}=0.200$，故 A 点下的竖向附加应力为

$$\sigma_{zA}=\alpha_{cA}p_0=0.200\times100=20.0(\text{kPa})$$

（2）E 点下的应力。

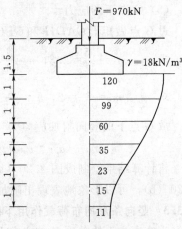

图 2.18　［例 2.4］附图（单位：m）

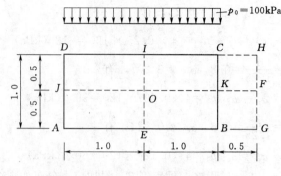

图 2.19 ［例 2.5］附图（单位：m）

过 E 点将矩形荷载面积分为两个相等小矩形 $EADI$ 和 $EBCI$。任一小矩形 $m=1$、$n=1$，由表 2.2 查得 $\alpha_{cE}=0.1752$，故 E 点下的竖向附加应力为

$$\sigma_{zE}=2\alpha_{cE}p_0=2\times0.175\times100=35.0(\text{kPa})$$

（3）O 点下的应力。

过 O 点将矩形荷载面积分为 4 个相等小矩形。任一小矩形 $m=1/0.5=2$，$n=1/0.5=2$，由表 2.2 查得 $\alpha_{cO}=0.120$，故 O 点下的竖向附加应力为

$$\sigma_{zO}=4\alpha_{cO}p_0=4\times0.120\times100=48.0(\text{kPa})$$

（4）F 点下的应力。

过 F 点做矩形 $FGAJ$、$FJDH$、$FKCH$ 和 $FGBK$。设矩形 $FGAJ$ 和 $FJDH$ 的角点应力系数为 α_{cI}；矩形 $FGBK$ 和 $FKCH$ 的角点应力系数为 α_{cII}。

求 α_{cI}：$m=\dfrac{2.5}{1.5}=5$，$n=\dfrac{1}{0.5}=2$，由表 2.4 查出 $\alpha_{cI}=0.136$。

求 α_{cII}：$m=\dfrac{0.5}{0.5}=1$，$n=\dfrac{1}{0.5}=2$，由表 2.4 查出 $\alpha_{cII}=0.084$。

故 F 点下的竖向附加应力为

$$\sigma_{zF}=2(\alpha_{cI}-\alpha_{cII})p_0=2\times(0.136-0.084)\times100=10.4(\text{kPa})$$

（5）G 点下的应力。

过 G 点做矩形 $GADH$ 和 $GBCH$，分别求出它们的角点应力系数为 α_{cI} 和 α_{cII}。

求 α_{cI}：$m=\dfrac{2.5}{1}=2.5$，$n=\dfrac{1}{1}=1$，由表查出 $\alpha_{cI}=0.2016$。

求 α_{cII}：$m=\dfrac{1}{0.5}=2$，$n=\dfrac{1}{0.5}=2$，由表查出 $\alpha_{cII}=0.1202$。

故 G 点下的竖向附加应力为

$$\sigma_{zG}=(\alpha_{cI}-\alpha_{cII})p_0=(0.2015-0.120)\times100=8.15(\text{kPa})$$

将计算结果绘制成图 2.20（a）；将点 O 和点 F 下不同深度的 σ_z 求出，并绘制成图 2.20（b），可以形象地表现出附加应力的分布规律。

2.3.3 竖向条形均布荷载作用下附加应力计算

当宽度为 b 的条形基础上作用均布荷载 p_0 时，取宽度 b 的中点作为坐标原点（图 2.21），地基内任意点 $M(x, z)$ 的竖向附加应力为

$$\sigma_z = \alpha_{sz} p_0 \tag{2.15}$$

式中　α_{sz}——条形均布荷载作用下竖向附加应力分布系数，由表2.4查取。

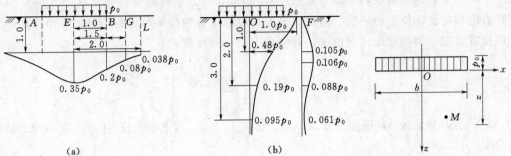

| (a) | (b) | |

图2.20　[例2.5] 计算结果（单位：m）　　　　图2.21　条形均布荷载作用下地基内某点附加应力

表2.4　　　　　　　　条形均布荷载作用下竖向附加应力分布系数 α_{sz}

x/b	x/b					
	0	0.25	0.50	1.00	1.50	2.00
z/b	α_{sz}	α_{sz}	α_{sz}	α_{sz}	α_{sz}	α_{sz}
0	1.00	1.00	0.50	0	0	0
0.25	0.96	0.90	0.50	0.02	0	0
0.50	0.82	0.74	0.48	0.08	0.02	0.01
0.75	0.67	0.61	0.45	0.15	0.04	0.02
1.00	0.55	0.51	0.41	0.19	0.07	0.03
1.25	0.46	0.44	0.37	0.20	0.10	0.04
1.50	0.40	0.38	0.33	0.21	0.11	0.06
1.75	0.35	0.34	0.30	0.21	0.13	0.07
2.00	0.31	0.31	0.28	0.20	0.14	0.08
3.00	0.21	0.21	0.20	0.17	0.13	0.10
4.00	0.16	0.16	0.15	0.14	0.12	0.10
5.00	0.13	0.13	0.12	0.12	0.11	0.09
6.00	0.11	0.10	0.12	0.10	0.10	—

2.3.4　有规则荷载分布和荷载面积下附加应力计算

　　大多数情况下，建筑物的基础是形状有规则的，分布荷载是均匀的。因此，就可以直接应用布西奈斯克的解进行积分，求得地基中任意一点的附加应力。根据分布荷载的面积可分成空间课题和平面课题两类。对于这两类课题，已知有积分的结果并制成表格使用。其中包括以下内容。

　　空间课题：矩形均布荷载角点下土中任意点竖向附加应力 σ_z；矩形三角形荷载角点下土中某竖向附加应力 σ_z；圆形均布荷载中心点下土中某点竖向附加应力 σ_z。

平面课题：条行均布荷载下竖向应力 σ_z，水平向应力 σ_x 和剪应力 τ_{xz}。

在空间课题和平面课题中，荷载分布强度 p_0（kN/m^2）表示，地基中的附加应力都是用一个相应的应力系数与荷载分布强度 p_0 相乘。应力系数都是荷载形状的几何尺寸和计算点的相应坐标位置的函数。因此，事先可以假定各种荷载形状的几何尺寸和计算点的相应位置，把应力系数值计算出来，并制成表格，见规范。

习　题

2.1　某场地的地质剖面如图 2.22 所示，试求 1、2、3、4 各点的自重应力，并绘出自重应力曲线。

2.2　已知均布受荷面积如图 2.23 所示，求深度 10m 处，A 点的竖向附加应力为中心 O 点的百分之几？

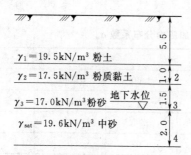

图 2.22　地质剖面（单位：m）

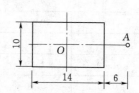

图 2.23　均布载荷面积（单位：m）

2.3　某构筑物基础如图 2.24 所示，在设计地面标高处作用有偏心荷载 680kN，偏心距 1.31m，基础埋深为 1.8m，底面尺寸为 4m×2m。试求基底平均压力 p 和边缘最大压力 p_{max}，并绘出沿偏心方向的基底压力分布图。

2.4　有相邻两荷载面 A 和 B，其尺寸、相对位置及所受荷载如图 2.25 所示，试考虑相邻荷载面的影响，求出 A 荷载面中心点以下深度 $z=2m$ 处的垂直向附加应力。

2.5　某建筑物为条形基础，宽 4m，见图 2.26，求基底下 $z=4m$ 的水平面上，沿宽度方向距中心垂线距离分别为 0、$B/4$、$B/2$、B 时，A、B、C、D 点的附加应力并绘出分布曲线。

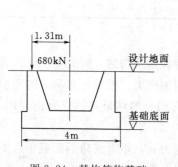

图 2.24　某构筑物基础

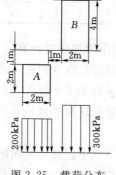

图 2.25　载荷分布

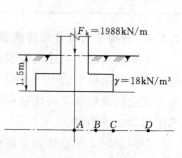

图 2.26　条形基础

土的压缩性与地基沉降计算

项目要点

(1) 土的压缩性基本概念、压缩性指标。

(2) 地基沉降计算方法及地基变形与时间的关系。

通过本项目的学习，应掌握土的压缩性指标的确定方法及工程应用，了解地基变形与时间的关系、地基变形类型及建筑物沉降观测方法。

在多数情况下，地基变形的主要原因是地基土在建筑物荷载下的压缩引起的。这种压缩变形称为沉降。由于建筑物荷载的差异和地基土的不均匀沉降，当地基不均匀沉降超过一定限度时，建筑物将出现倾斜、弯曲、墙身开裂甚至破坏。因此，在地基基础设计中，对地基的变形必须严格控制。为了计算变形，必须了解土的压缩性、压缩性指标及建筑物荷载引起地基最终稳定沉降量的计算。

3.1 土的压缩性

3.1.1 概述

地基土在压力作用下体积减小的特性称为土的压缩性。土体积压缩性包括 3 个方面：①土颗粒发生相对位移，土中水及气体从孔隙中排出，从而使土孔隙体积减小；②土颗粒本身的压缩；③土中水及封闭在土中的气体被压缩。一般情况下，土受到的压力常为 $100 \sim 600\text{kPa}$，这时土颗粒及水的压缩变形量不到全部土体压缩变形量的 $1/400$，可以忽略不计。因此，土的压缩变形主要是由于孔隙体积减小的缘故。

在荷载作用下，透水性大的饱和无黏性土，其压缩过程在短时间内就可以完成。相反地，透水性小的饱和黏性土，其压缩过程比砂土长得多。土的压缩随时间而增长的过程，称为土的固结。对于饱和黏性土来说，土的固结问题是十分重要的。

计算地基沉降时，必须取得土的压缩性指标，无论用室内试验还是原位试验来测定它，应该力求试验条件与土的天然状态及其在外荷载作用下的实际应力条件相符合。在一般工程中，常用不允许土样产生侧向变形（完全侧限条件）的室内压缩试验来测定土的压缩性指标，其试验条件虽未能符合土的实际工作情况，但有其实用价值。

3.1.2 压缩曲线和压缩性指标

1. 压缩试验和压缩曲线

为了了解土的孔隙比随压力变化的规律，可在室内用压缩仪进行压缩试验。试验的顺序大致如下：先用金属环刀切取原状土样，然后将土样连同环刀一起放入压缩仪内（图3.1），再分级加载。在每级荷载作用下压至变形"稳定"，测出土样稳定变形量后，再加下一级压力。每个土样一般按 $p=50\text{kPa}$、100kPa、200kPa、300kPa、400kPa 五级加载，根据每级荷载下的稳定变形量，可计算出相应压力 p 下的孔隙比 e。在压缩过程中，土样不能侧向膨胀，这种方法称为完全侧限压缩试验。

设土样的原始高度为 h_0［图3.2（a）］，土样的断面积为 A（即压缩仪容器的断面积），此时土样的原始孔隙比 e_0 和土颗粒体积 V_s 可用下面式（3.1）表示，即

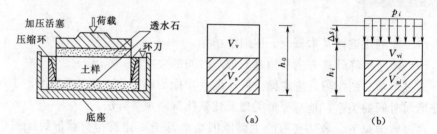

图3.1 压缩仪的压缩容器简图　　图3.2 压缩试验中土样的孔隙比变化
（a）加荷前；（b）加荷后

$$e_0=\frac{V_v}{V_s}=\frac{Ah_0-V_s}{V_s} \tag{3.1}$$

式中 V_v——土中孔隙体积。

则土粒体积为

$$V_s=\frac{Ah_0}{1+e_0} \tag{3.2}$$

压力增加至 p_i 时，土样的稳定变形量为 Δs_i，土样的高度 $h_i=h_0-\Delta s_i$［图3.2（b）］。此时，土样的孔隙比为 e_i，土颗粒体积为

$$V_{si}=\frac{A(h_0-\Delta s_i)}{1+e_i} \tag{3.3}$$

由于土样是在完全侧限条件下压缩，所以土样的截面积 A 不变。假定土颗粒是不可压缩的，故 $V_s=V_{si}$，即

$$\frac{Ah_0}{1+e_0}=\frac{A(h_0-\Delta s_i)}{1+e_i} \tag{3.4}$$

则

$$\Delta s_i=\frac{e_0-e_i}{1+e_0}h_0 \tag{3.5}$$

或

$$e_i = e_0 - \frac{\Delta s_i}{h_0}(1+e_0) \tag{3.6}$$

式中 $e_0 = (d_s \rho_w / \rho_d) - 1$，其中 d_s、ρ_w、ρ_d 分别为土粒的相对密度、水的密度和土样的初始干密度（即试验前土样的干密度）。

可见，根据某级荷载下的稳定变形量 Δs_i，按式（3.6）即可求出该级荷载下的孔隙比 e_i。然后以横坐标表示压力 p、纵坐标表示孔隙比 e，可绘出 $e\text{-}p$ 关系曲线，此曲线称为压缩曲线（图 3.3、图 3.4）。

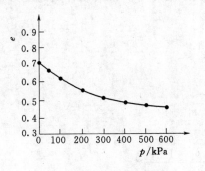

图 3.3 $e\text{-}p$ 关系曲线   图 3.4 土的压缩曲线

2. 压缩系数 a 和压缩模量 E_s

（1）压缩系数 a。从压缩曲线可见，在完全侧限压缩条件下，孔隙比 e 随压力的增加而减小。在压缩曲线上相应于压力 p 处的切线斜率 a，表示在压力 p 作用下土的压缩性，即

$$a = -\frac{de}{dp} \tag{3.7}$$

式中的负号表示随着压力 p 增加孔隙比 e 减小。当压力从 p_1 增至 p_2，孔隙比由 e_1 减至 e_2，在此区段内的压缩性可用割线 $M_1 M_2$ 的斜率表示（图 3.4）。设 $M_1 M_2$ 与横轴的夹角为 β，则

$$a = \tan\beta = \frac{\Delta e}{\Delta p} = \frac{e_1 - e_2}{p_2 - p_1} \tag{3.8}$$

a 称为压缩系数。《建筑地基基础设计规范》（GB 50007—2011）规定，p_1 和 p_2 的单位用 kPa 表示，a 的单位用 MPa^{-1} 表示，则式（3.8）可写为

$$a = 1000 \times \frac{e_1 - e_2}{p_2 - p_1} (\text{MPa}^{-1}) \tag{3.9}$$

从图 3.4 可见，a 大则表示在一定压力范围内孔隙比变化大，说明土的压缩性大。不同的土压缩性差异是很大的。就同一种土而言，压缩曲线的斜率也是变化的，当压力增加时，曲线的直线斜率 a 将减小。一般对研究土中实际压力变化范围内的压缩性，均以压力由原来的自重应力 p_1 增加到外荷载作用下的土中应力 p_2（自重应力与附加应力之和）时土体显示的压缩性为代表。在实际工程中土的压力变化范围常为 $p_1 = 100\text{kPa}$，$p_2 = 200\text{kPa}$。在此压力作用下土的压缩系数用 a_{1-2} 表示，利用 a_{1-2} 可评价土的压缩性高低。

当 $a_{1-2} < 0.1\text{MPa}^{-1}$ 时，属低压缩性土。

$0.1 \leqslant a_{1-2} < 0.5 \text{MPa}^{-1}$ 时，属中压缩性土。

$a_{1-2} \geqslant 0.5 \text{MPa}^{-1}$ 时，属高压缩性土。

（2）压缩模量 E_s。压缩模量是根据 $e-p$ 关系曲线求得又一个压缩性指标，在完全侧限条件下，土的竖向应力与竖向应变之比，称为压缩模量，即

$$E_s = \frac{\sigma_z}{\varepsilon_z} \tag{3.10}$$

在压缩试验过程中，在 p_1 作用下至变形稳定时，土样的高度为 h_1，此时土样的孔隙为 e_1。当压力增至 p_2，待土样变形稳定，其稳定变形量为 Δs，此时土样的高度为 h_2，相应的孔隙比为 e_2，根据式（3.5）可得

$$\Delta s = \frac{e_1 - e_2}{1 + e_1} h_1 \tag{3.11}$$

又因

$$\Delta \varepsilon = \frac{\Delta s}{h_1} = \frac{e_1 - e_2}{1 + e_1} \tag{3.12}$$

可得

$$E_s = \frac{\sigma_z}{\varepsilon_z} = \frac{\Delta p}{\dfrac{\Delta s}{h_1}} = \frac{p_2 - p_1}{\dfrac{e_1 - e_2}{1 + e_1}} = \frac{1 + e_1}{a} \tag{3.13}$$

式中　σ_z——土的竖向附加应力；

　　　ε_z——土的竖向应变增量；

　　　E_s——土的压缩模量。

土的压缩模量 E_s 是表示土压缩性高低的又一个指标。从式（3.13）可见，E_s 与 a 成反比，即 a 越大，E_s 越小，土越软弱。

一般 $E_s < 4\text{MPa}$ 属高压缩性土；$E_s = 4 \sim 15\text{MPa}$ 属中等压缩性土；$E_s > 15\text{MPa}$ 为低压缩性土。

在工程实际中，p_1 相当于地基土所受的自重应力，p_2 则相当于土自重与建筑物荷载在地基中产生的应力和。故 $p_2 - p_1$ 即是地基土所受到的附加应力 σ_z。为了便于应用，在确定 E_s 时，压力段也可按表 3.1 所列数值采用。

表 3.1　　　　　　　　　　　　　　　确定 E_s 的压力区段

土的自重应力＋附加应力/kPa	<100	100~200	>200
应力区段/kPa	50~100	100~200	200~300

3.1.3　变形模量 E_0

土体在无侧限条件下的竖向应力与竖向应变的比值，称为变形模量 E_0。变形模量 E_0 与材料力学中的杨氏弹性模量意义相似，仅因土的变形中有部分为不可恢复的塑性变形，所以称为变形模量。

变形模量与压缩模量 E_s 之间的关系为

$$E_0 = \beta E_s \tag{3.14}$$

式中　β——与土的泊松比有关的系数，即

$$\beta = 1 - \frac{2\mu^2}{1-\mu} \tag{3.15}$$

由于土的泊松比变化范围一般为 $0 \sim 0.5$，所以 $\beta \leqslant 1.0$。即由式（3.14）有 $E_s \geqslant E_0$。然而土的变形性质不能完全由线弹性常数来概括，因而由不同的试验方法所测得 E_s 和 E_0 之间的关系，往往不符合式（3.14）。对硬土，其 E_s 可能较 E_0 大数倍，而对软土 E_s 与 E_0 则比较接近。

地基变形模量通常通过现场（原位）载荷试验测得地基沉降（土的压缩变形）与压力之间的关系（p-s 曲线），利用弹性力学公式来反推土的变形模量。

3.2 地基最终沉降量计算

地基最终沉降量是指地基变形稳定后地基底面的沉降量。地基最终沉降量的计算方法有多种，本节仅介绍建筑工程中常用的分层总和法和《建筑地基基础设计规范》（GB 50007—2011)所推荐的方法。

3.2.1 分层总和法

分层总和法是在地基沉降计算范围内将地基划分为若干层，计算各分层的压缩量，最后求其总和的方法。

1. 基本假设

在采用分层总和法计算地基最终沉降量时，通常有以下两点假定。

（1）地基是均质、各向同性的半无限线性变性体，因而可按弹性理论计算土中应力。

（2）在压力作用下，地基土不产生侧向变形，因此可采用侧限条件下的压缩性指标。为了弥补由于忽略地基土侧向变形而对计算结果造成的误差，通常取基底中心点下的附加应力进行计算，以基底中点的沉降代表基础的平均沉降。

2. 计算公式

现取地基中心点下截面为 A 的小柱进行分析，如图 3.5 所示，在基底下 z_i 深度处取一土层，其厚度为 h_i。施工前，该土层仅受到自重应力作用，自重应力平均值为 $p_{1i} =$

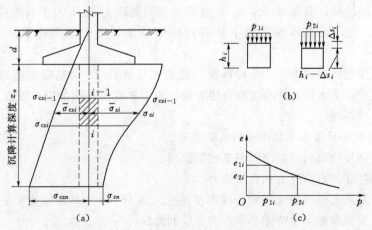

图 3.5 地基最终沉降量计算的分层总和法

$\bar{\sigma}_{czi}$，施工结束时，土中增加了附加应力，附加应力平均值为 $\Delta p_i = \bar{\sigma}_{zi}$。此时，该土层受到的总压力为 $p_{2i} = \bar{\sigma}_{czi} + \bar{\sigma}_{zi}$。由施工前后土中应力变化，即由 p_{1i} 增至 p_{2i}，引起的该层变形量可利用式（3.11）计算，即

$$\Delta s = \frac{e_1 - e_2}{1 + e_1} h_1$$

由式（3.11）得

$$e_{1i} - e_{2i} = a_i(p_{2i} - p_{1i}) = a_i \Delta p_i$$

则有

$$\Delta s_i = \frac{a_i \Delta p_i}{1 + e_{1i}} h_i = \frac{a_i}{1 + e_{1i}} \bar{\sigma}_{zi} h_i = \frac{\bar{\sigma}_{zi}}{E_{si}} h_i \qquad (3.16)$$

式中　Δs_i——第 i 层土的沉降量，mm；

　　　h_i——第 i 层土的厚度，m；

　　　e_{1i}——由第 i 层的自重应力平均值 $\bar{\sigma}_{czi}$ 从土的压缩曲线上得到的相应孔隙比；

　　　e_{2i}——由第 i 层的自重应力平均值 $\bar{\sigma}_{czi}$ 与附加应力平均值 $\bar{\sigma}_{zi}$ 之和从土的压缩曲线上得到的相应孔隙比。

　　　a_i——第 i 层土的压缩系数，MPa^{-1}；

　　　E_{si}——第 i 层土的侧限压缩模量，MPa；

　　　$\bar{\sigma}_{zi}$——第 i 层土的平均附加应力。

e_{1i} 和 e_{2i} 值根据 p_{1i} 和 p_{2i} 从压缩曲线上查取。地基最终沉降量应为各分层变形量的总和 s，即

$$s = \Delta s_1 + s_2 + \cdots + \Delta s_n = \sum_{i=1}^{n} \Delta s_i \qquad (3.17)$$

即

$$s = \sum_{i=1}^{n} \frac{e_{1i} - e_{2i}}{1 + e_{1i}} h_i = \sum_{i=1}^{n} \frac{\bar{\sigma}_{zi}}{E_{si}} h_i \qquad (3.18)$$

式中　s——地基最终沉降量，mm。

由于土中附加应力随深度的增加而逐渐减小，达到一定深度后，土层的压缩变形可忽略不计。设地基沉降计算深度 z_n，z_n 一般取地基附加应力 σ_{zn} 不大于自重应力 σ_{czn} 的 0.2（$\sigma_{zn}/\sigma_{czn} \leqslant 0.2$）处，若在该深度以下还有高压缩性土，则应继续向下算至（$\sigma_{zn}/\sigma_{czn} \leqslant 0.1$）处。

沉降计算深度范围内地基的分层厚度一般取 $h_i \leqslant 0.4b$（b 为基础宽度），对压缩性不同的天然土层和地下水位面等均应取分层界面。由于基底附近附加应力数值大且深度变化大，分层厚度可小些。

3. 分层总和法计算基础沉降量的具体步骤

（1）按比例尺绘出地基剖面图和基础剖面图。

（2）计算基底的附加应力和自重应力。

（3）将压缩层范围内各土层划分成厚度为 $h_i \leqslant 0.4b$（b 为基础宽度）的若干薄土层，不同性质的土层面和地下水位面必须作为分层的界面。

（4）计算并绘出自重应力和附加应力分布图（各分层的分界面应标明应力值）。

（5）确定地基压缩层厚度，一般取对应（$\sigma_{zn}/\sigma_{czn} \leqslant 0.2$）处的地基深度 z_n 作为压缩层计算深度的下限，当在该深度下有高压缩性土层时取（$\sigma_{zn}/\sigma_{czn} \leqslant 0.1$）对应深度。

（6）按式（3.16）计算各分层的压缩量。

（7）按式（3.17）或式（3.18）计算出基础总沉降量。

【例 3.1】 某框架结构，柱基础底面为正方形，边长 $l=b=4m$，基础埋深 $d=1.0m$。上部结构传至基础顶面的荷载 $F_k=1440kN$。地基为粉质黏土，土的天然重度 $\gamma=16.0kN/m^3$，土的天然孔隙比 $e=0.97$，地下水位深 3.4m，地下水位以下土的饱和重度 $\gamma_{sat}=18.2kN/m^3$。土的压缩系数，地下水位以上 $a_1=0.3MPa^{-1}$，地下水位以下 $a_2=0.25MPa^{-1}$。试计算柱基中点的沉降量。

【解】（1）绘制柱基剖面图与地基土的剖面图，如图 3.6 所示。

（2）计算地基中的自重应力。

基础底面：

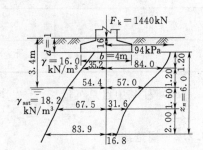

$$\sigma_{cd}=\gamma d=16.0 \times 1.0=16.0(kPa)$$

地下水位处：

$$\sigma_{cw}=\gamma h_w=16.0 \times 3.4=54.4(kPa)$$

地面下 2b 处：

$$\sigma_{c8}=\sigma_{cw}+\gamma'(8-h_w)=54.4+8.2 \times 4.6=92.1(kPa)$$

（3）基础底面接触压力 p_k。

图 3.6　地基应力分布

设基底以上基础和回填土的平均重度 $\gamma_G=20kN/m^3$，则

$$p_k=\frac{F_k}{lb}+\gamma_G d=\frac{1440}{4 \times 4}+20 \times 1.0=110.0(kPa)$$

（4）基础底面附加应力。

$$p_0=\sigma-\gamma_m d=110.0-16.0=94.0(kPa)$$

（5）地基中的附加应力。

基础底面为正方形，用角点法计算，分成相等的四小块，计算边长 $l=b=2.0m$。附加应力 $\sigma_z=4K_c p_0$，其中应力系数 α_c 查表 2.2，计算结果见表 3.2。

表 3.2　　　　　　　　　　　　　计　算　结　果

深度 z/m	l/b	z/b	应力系数 α_c	附加应力 σ_z
0	1.0	0	0.2500	94.0
1.2	1.0	0.6	0.2229	84.0
2.4	1.0	1.2	0.1516	57.0
4.0	1.0	2.0	0.0840	31.6
6.0	1.0	3.0	0.0447	16.8

（6）地基受压层深度 z_n。

由图 3.6 中自重应力分布与附加应力分布两条曲线，找出 $\sigma_z \leqslant 0.2\sigma_{cz}$ 的深度 z。

当深度 $z=6.0m$ 时，$\sigma_z=16.8kPa$，$\sigma_{cz}=83.9kPa$，$\sigma_z \approx 0.2\sigma_{cz}$。故受压层深度 $z_n=6.0m$。

（7）地基沉降计算分层。

计算分层的厚度 $h_i \leqslant 0.4b = 1.6\text{m}$。地下水位以上 2.4m 分两层，每层 1.2m；第三层取至 1.6m；第四层因附加压力很小，可取至 2.0m。

（8）按式（3.18）计算地基沉降量，计算结果见表 3.3。

表 3.3　　　　　　　　　　　计　算　结　果

土层编号	土层厚度 h_i/m	土的压缩系数 a/MPa^{-1}	孔隙比 e_1	平均附加应力 $\bar{\sigma}_z/\text{kPa}$	沉降量 s_i/mm
1	1.2	0.30	0.97	$\dfrac{94+84}{2}=89.0$	16.3
2	1.2	0.30	0.97	$\dfrac{84+57}{2}=70.5$	12.9
3	1.6	0.25	0.97	$\dfrac{57+31.6}{2}=44.3$	9.0
4	2.0	0.25	0.97	$\dfrac{31.6+16.8}{2}=24.2$	6.1

（9）柱基中点总沉量。

$$s = \sum s_i = 16.3 + 12.9 + 9.0 + 6.1 = 44.3\,(\text{mm})$$

3.2.2　规范法

规范法是根据分层总和法基本公式导出的一种沉降量计算的简化方法，由于分层总和法式（3.16）可知，计算单层沉降量为 $\Delta s_i = \bar{\sigma}_{zi} h_i / E_{si}$，从图 3.7 中可看出，$\bar{\sigma}_{zi} h_i$ 即为 i 层土附加应力图形面积，即

$$\bar{\sigma}_{zi} h_i = A_{cdfe} = A_{abfe} - A_{abdc} \qquad (3.19)$$

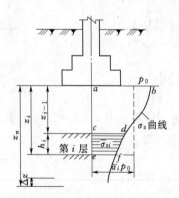

图 3.7　平均附加应力系数的意义

式中　A_{cdfe}——$cdfe$ 附加应力图形面积；

A_{abfe}——$abfe$ 附加应力图形面积；

A_{abdc}——$abdc$ 附加应力图形面积。

令 $\bar{\sigma}_z = \bar{\alpha}_i p_0$，则 $A_{abfe} = \bar{\alpha}_i p_0 z_i$，$A_{abdc} = \bar{\alpha}_{i-1} p_0 z_{i-1}$。

即用深度范围内平均附加应力与深度乘积所得矩形面积替代曲边梯形面积，即

$$\bar{\alpha}_i = \frac{A_{abfe}}{z_i p_0}$$

$$\bar{\alpha}_{i-1} = \frac{A_{abdc}}{z_{i-1} p_0}$$

将 $\bar{\alpha}$ 制成表格，以供查用。

由以上公式可求得地基总变形量为

$$s' = \sum_{i=1}^{n} \Delta s_i = \sum_{i=1}^{n} \frac{p_0}{E_{si}} (\bar{\alpha}_i z_i - \bar{\alpha}_{i-1} z_{i-1}) \qquad (3.20)$$

在总结我国建筑工程中大量观测资料基础上，对式（3.20）计算结果进行修正，引入沉降计算经验系数 ψ_s，得

$$s = \psi_s s' = \psi_s \sum_{i=1}^{n} \Delta s_i = \sum_{i=1}^{n} \frac{p_0}{E_{si}} (\bar{\alpha}_{iz_i} - \bar{\alpha}_{i-1} z_{i-1}) \qquad (3.21)$$

式中 ψ_s——沉降计算经验系数，根据地区沉降观测资料及经验确定，也可采用表 3.4 的数值；

   n——地基变形计算深度范围内所划分的土层数；

   p_0——对应于荷载效应准永久组合时的基础底面的附加应力，kPa；

   E_{si}——基础底面下的第 i 层土的压缩模量，MPa，应取土的自重压力至自重压力与附加压力和的压力段计算；

z_i、z_{i-1}——基础底面至第 i 层土、第 $i-1$ 层土底面的距离，m；

$\bar{\alpha}_i$、$\bar{\alpha}_{i-1}$——基础底面计算点至第 i 层土、第 $i-1$ 层土底面范围内平均附加应力系数，由表 3.6 查取。

表 3.4   沉降计算经验系数 ψ_s

$\overline{E}_s/\text{MPa}$ 基底附加应力	2.5	4.0	7.0	15.0	20.0
$p_0 \geqslant f_{ak}$	1.4	1.3	1.0	0.4	0.2
$p_0 \leqslant 0.75 f_{ak}$	1.1	1.0	0.7	0.4	0.2

注 1. f_{ak} 为地基承载力特征值，见项目 4。

  2. $\overline{E}_s$ 为沉降计算深度范围内压缩模量的当量值，可按下式计算，即

$$\overline{E}_s = \frac{\sum A_i}{\sum \dfrac{A_i}{E_{si}}}$$

  式中 A_i——第 i 层土附加应力系数沿土层厚度的积分值；

     E_{si}——相应于 i 层土层的压缩模量。

规范法地基变形计算深度 z_n 应符合下列要求，即

$$\Delta s_n' \leqslant 0.025 \sum_{i=1}^{n} \Delta s_i' \tag{3.22}$$

式中 $\Delta s_i'$——在计算深度范围内，第 i 层土的计算变形值；

   $\Delta s_n'$——在由计算深度向上取厚度为 Δz，见图 3.7，并按表 3.5 确定。

表 3.5 Δz 取 值 表

b/m	$b \leqslant 2$	$2 < b \leqslant 4$	$4 < b \leqslant 8$	$8 < b$
$\Delta z/\text{m}$	0.3	0.6	0.8	1.0

如按式（3.22）所确定的沉降计算深度下仍有较软土层时，尚应向下继续计算，直到软土层中 Δz 厚的土层计算沉降量满足式（3.22）要求为止。

当无相邻荷载影响，基础宽度在 1~30m 范围内时，基础中点的地基变形计算深度可按式（3.23）计算，即

$$z_n = b(2.5 - 0.4\ln b) \tag{3.23}$$

式中 b——基础宽度，m。

在沉降计算深度范围内存在基岩时，z_n 可取至基岩表面；当存在较厚的坚硬黏性土层，其孔隙比小于 0.5，压缩模量大于 50MPa，或存在较厚的密实砂卵石层，其压缩模量大于 80MPa 时，z_n 可取至该层表面。计算地基变形时，应考虑相邻荷载的影响，其值可

按应力叠加原理，采用角点法计算。

《建筑地基基础设计规范》（GB 50007—2011）对计算层厚的划分未作规定，从理论上讲，计算层划分越薄，计算精度越高，计算量越大。大量的计算结果表明，由分层厚度增大而引起的误差很小。因此，用规范法计算地基最终沉降量，可采用天然土层作为计算层，只有当天然土层厚度很大时，再划分计算层才有必要。

讨论：

（1）分层总和法在计算中假定地基土无侧向变形，这只有当基础面较大，可压缩土层较薄时，才较符合上述假设。在一般情况下，将使计算结果偏小。另外，计算中采用基础中心点下土的附加应力（它大于基础任何其他点下的附加应力），并把基础中心点的沉降作为整个基础的平均沉降，又会使计算结果偏大。这两个相反的因素在一定程度上能相互抵消一部分，但其误差难以估计。再加上许多其他因素造成的误差，如室内侧限压缩试验成果对地基土实际性状描述的准确性、土层非均匀对附加应力的影响、上部结构对基础沉降的调整作用等，使得分层总和法计算结果与实际沉降往往并不相符。因此，规范法中引入经验数 ψ_s 对各种因素造成的沉降计算误差进行修正，以使计算结果更接近实际值。

（2）分层总和法中附加应力计算应考虑土体在自重作用下的固结程度，若地基土在其自重作用下尚未达到压缩稳定，即未完全固结，则附加力中还应包括土本身的自重作用。此外，有相邻荷载作用时，应将相应荷载在沉降计算点各深度处引起的应力叠加到附加应力中去。

现将按《建筑地基基础设计规范》（GB 50007—2011）方法计算基础沉降量的步骤总结如下。

（1）计算基底附加应力。

（2）将地基土按压缩性分层（即按 E_s 分层）。

（3）按式（3.20）计算各分层的压缩量。

（4）确定压缩层厚度。

（5）计算基础总沉降量。

矩形面积上均布荷载作用下角点的平均附加应力系数可见表 3.6。

表 3.6　　　　矩形面积上均布荷载作用下角点的平均附加应力系数 $\bar{\alpha}$

l/b z/b	1.0	1.2	1.4	1.6	1.8	2.0	2.4	2.8	3.2	3.6	4.0	5.0	10.0
0	0.2500	0.2500	0.2500	0.2500	0.2500	0.2500	0.2500	0.2500	0.2500	0.2500	0.2500	0.2500	0.2500
0.2	0.2496	0.2497	0.2497	0.2498	0.2498	0.2498	0.2498	0.2498	0.2498	0.2498	0.2498	0.2498	0.2498
0.4	0.2474	0.2497	0.2481	0.2483	0.2483	0.2484	0.2485	0.2485	0.2485	0.2485	0.2485	0.2485	0.2485
0.6	0.2423	0.2437	0.2444	0.2448	0.2451	0.2452	0.2454	0.2455	0.2455	0.2455	0.2455	0.2455	0.2456
0.8	0.2346	0.2372	0.2387	0.2395	0.2400	0.2403	0.2407	0.2408	0.2409	0.2409	0.2410	0.2410	0.2410
1.0	0.2252	0.2291	0.2313	0.2326	0.2335	0.2340	0.2346	0.2349	0.2351	0.2352	0.2352	0.2353	0.2353
1.2	0.2149	0.2199	0.2229	0.2248	0.2260	0.2268	0.2278	0.2282	0.2285	0.2286	0.2287	0.2288	0.2289
1.4	0.2043	0.2102	0.2140	0.2164	0.2190	0.2191	0.2204	0.2211	0.2215	0.2217	0.2218	0.2220	0.2221

续表

l/b z/b	1.0	1.2	1.4	1.6	1.8	2.0	2.4	2.8	3.2	3.6	4.0	5.0	10.0
1.6	0.1939	0.2006	0.2049	0.2079	0.2099	0.2113	0.2130	0.2138	0.2143	0.2146	0.2148	0.2150	0.2152
1.8	0.1840	0.1912	0.1960	0.1994	0.2018	0.2034	0.2055	0.2066	0.2073	0.2077	0.2079	0.2082	0.2084
2.0	0.1746	0.1822	0.1875	0.1912	0.1938	0.1958	0.1982	0.1996	0.2004	0.2009	0.2012	0.2015	0.2018
2.2	0.1659	0.1737	0.1793	0.1833	0.1862	0.1833	0.1911	0.1927	0.1937	0.1943	0.1947	0.1952	0.1955
2.4	0.1578	0.1657	0.1715	0.1757	0.1789	0.1812	0.1843	0.1862	0.1873	0.1880	0.1885	0.1890	0.1895
2.6	0.1503	0.1583	0.1642	0.1686	0.1719	0.1745	0.1779	0.1799	0.1812	0.1820	0.1825	0.1832	0.1838
2.8	0.1433	0.1514	0.1574	0.1619	0.1654	0.1680	0.1717	0.1739	0.1753	0.1763	0.1769	0.1777	0.1784
3.0	0.1369	0.1449	0.1510	0.1556	0.1592	0.1619	0.1658	0.1682	0.1698	0.1708	0.1715	0.1725	0.1733
3.2	0.1310	0.1390	0.1450	0.1497	0.1533	0.1562	0.1602	0.1628	0.1645	0.1657	0.1664	0.1675	0.1685
3.4	0.1256	0.1334	0.1394	0.1441	0.1478	0.1508	0.1550	0.15777	0.1595	0.1607	0.1616	0.1628	0.1639
3.6	0.1205	0.1282	0.1342	0.1389	0.1427	0.1456	0.1500	0.1528	0.1548	0.1561	0.1570	0.1583	0.1595
3.8	0.1158	0.1234	0.1293	0.1340	0.1378	0.1408	0.1452	0.1482	0.1502	0.1516	0.1526	0.1541	0.1554
4.0	0.1114	0.1189	0.1248	0.1294	0.1332	0.1362	0.1408	0.1438	0.1459	0.1474	0.1485	0.1500	0.1516
4.2	0.1073	0.1147	0.1205	0.1251	0.1289	0.1319	0.1365	0.1396	0.1418	0.1434	0.1445	0.1462	0.1479
4.4	0.1035	0.1107	0.1164	0.1210	0.1248	0.1279	0.1325	0.1357	0.1379	0.1396	0.1404	0.1425	0.1444
4.6	0.1000	0.1070	0.1127	0.1172	0.1209	0.1240	0.1287	0.1319	0.1342	0.1359	0.1371	0.1390	0.1410
4.8	0.0967	0.1036	0.1091	0.1136	0.1173	0.1204	0.1250	0.1283	0.1307	0.1324	0.1337	0.1357	0.1379
5.0	0.0935	0.1003	0.1057	0.1102	0.1139	0.1169	0.1216	0.1249	0.1273	0.1291	0.1304	0.1325	0.1348
5.2	0.0906	0.0972	0.1026	0.1070	0.1106	0.1136	0.1183	0.1271	0.1241	0.1259	0.1273	0.1295	0.1320
5.4	0.0878	0.0943	0.0996	0.1039	0.1075	0.1105	0.1152	0.1186	0.1211	0.1229	0.1243	0.1265	0.1292
5.6	0.0852	0.0916	0.0968	0.1010	0.1046	0.1076	0.1122	0.1156	0.1181	0.1200	0.1215	0.1238	0.1266
5.8	0.0828	0.0890	0.0941	0.0983	0.1018	0.1047	0.1094	0.1128	0.1153	0.1172	0.1187	0.1211	0.1240
6.0	0.0805	0.0866	0.0916	0.0957	0.0991	0.1021	0.1067	0.1101	0.1126	0.1146	0.1161	0.1185	0.1216
6.2	0.0783	0.0842	0.0891	0.0932	0.0966	0.0995	0.1041	0.1075	0.1101	0.1120	0.1136	0.1161	0.1193
6.4	0.0762	0.0820	0.0869	0.0909	0.0942	0.0971	0.1016	0.1050	0.1076	0.1096	0.1111	0.1137	0.1171
6.6	0.0742	0.0799	0.0847	0.0886	0.0919	0.0948	0.0993	0.1027	0.1053	0.1073	0.1088	0.1114	0.1149
6.8	0.0723	0.0799	0.0826	0.0865	0.0898	0.0926	0.0970	0.1004	0.1030	0.1050	0.1066	0.1092	0.1129
7.0	0.0705	0.0761	0.0806	0.0844	0.0877	0.0904	0.0949	0.0982	0.1008	0.1028	0.1044	0.1071	0.1109
7.2	0.0688	0.0742	0.0787	0.0825	0.0857	0.0884	0.0928	0.0962	0.0987	0.1008	0.1023	0.1051	0.1090
7.4	0.0672	0.0725	0.0769	0.0806	0.0838	0.0865	0.0908	0.0942	0.0967	0.0988	0.1004	0.1031	0.1071
7.6	0.0656	0.0709	0.0752	0.0789	0.0820	0.0846	0.0889	0.0922	0.0948	0.0968	0.0984	0.1012	0.1054
7.8	0.0642	0.0693	0.0736	0.0771	0.0802	0.0828	0.0871	0.0904	0.0929	0.0950	0.0966	0.0994	0.1036
8.0	0.0627	0.0678	0.0720	0.0755	0.0785	0.0811	0.0853	0.0886	0.0912	0.0932	0.0948	0.0976	0.1020
8.2	0.0614	0.0663	0.0705	0.0739	0.0769	0.0795	0.0837	0.0869	0.0894	0.0914	0.0931	0.0959	0.1004

z/b \ l/b	1.0	1.2	1.4	1.6	1.8	2.0	2.4	2.8	3.2	3.6	4.0	5.0	10.0
8.4	0.0601	0.0649	0.0690	0.0724	0.0754	0.0779	0.0820	0.0852	0.0878	0.0898	0.0914	0.0943	0.0988
8.6	0.0588	0.0636	0.0676	0.0710	0.0739	0.0764	0.0855	0.0836	0.0862	0.0882	0.0898	0.0927	0.0973
8.8	0.0576	0.0623	0.0663	0.0696	0.0724	0.0749	0.0790	0.0821	0.0846	0.0866	0.0882	0.0912	0.0959
9.2	0.0554	0.0599	0.0637	0.0670	0.0697	0.0721	0.0761	0.0792	0.0817	0.0837	0.0853	0.0882	0.0931
9.6	0.0533	0.0577	0.0614	0.0645	0.0672	0.0696	0.0734	0.0765	0.0789	0.0809	0.0825	0.0855	0.0905
10.0	0.0514	0.0556	0.0592	0.0622	0.0649	0.0672	0.0710	0.0739	0.0763	0.0783	0.0799	0.0829	0.0880
10.4	0.0496	0.0533	0.0572	0.0601	0.0627	0.0649	0.0686	0.0716	0.0739	0.0759	0.0775	0.0804	0.0857
10.8	0.0479	0.0519	0.0553	0.0581	0.0606	0.0628	0.0664	0.0693	0.0717	0.0736	0.0751	0.0781	0.0834
11.2	0.0463	0.0502	0.0535	0.0563	0.0587	0.0606	0.0644	0.0672	0.0695	0.0714	0.0730	0.0759	0.0813
11.6	0.0448	0.0486	0.0518	0.0545	0.0569	0.0590	0.0625	0.0652	0.0675	0.0694	0.0709	0.0738	0.0793
12.0	0.0435	0.0471	0.0502	0.0529	0.0552	0.0573	0.0606	0.0634	0.0656	0.0674	0.0690	0.0719	0.0774
12.8	0.0409	0.0444	0.0474	0.0499	0.0521	0.0541	0.0573	0.0599	0.0621	0.0639	0.0654	0.0682	0.0739
13.6	0.0387	0.0420	0.0448	0.0472	0.0493	0.0512	0.0543	0.0568	0.0589	0.0607	0.0621	0.0649	0.0707
14.4	0.0367	0.0398	0.0425	0.0448	0.0468	0.0486	0.0516	0.0540	0.0561	0.0577	0.0592	0.0619	0.0677
15.2	0.0349	0.0379	0.0404	0.0426	0.0446	0.0463	0.0492	0.0515	0.0535	0.0551	0.0565	0.0592	0.0650
16.0	0.0332	0.0361	0.0385	0.0407	0.0425	0.0442	0.0492	0.0469	0.0511	0.0527	0.0540	0.0567	0.0625
18.0	0.0297	0.0323	0.0345	0.0364	0.0381	0.0396	0.0422	0.0442	0.0460	0.0475	0.0487	0.0512	0.0570
20.0	0.0269	0.0292	0.0312	0.0330	0.0345	0.0359	0.0383	0.0402	0.0418	0.0432	0.0444	0.0468	0.0524

【例 3.2】 建筑物荷载、基础尺寸和地基土的分布与性质同 [例 3.1]。地基土的平均压缩模量：地下水位以上 $E_{s1}=5.5\text{MPa}$，地下水位以下 $E_{s2}=6.5\text{MPa}$。地基承载力特征值 $f_{ak}=94\text{kPa}$。试用规范推荐法计算柱基中点的沉降量。

【解】 (1) 确定地基受压层计算深度 z_n，根据已知条件按式 (3.23) 计算，即

$$z_n=b(2.5-0.4\ln b)=4.0\times(2.5-0.4\times\ln 4)=7.8(\text{m})$$

(2) 柱基中点沉降量，由式 (3.21) 计算，各个参数的确定如下。

ψ_s：沉降经验系数，可查表 3.4，由于地基为两层土，应计算加权平均 $\overline{E_s}$ 值。

P_0：基础底面处的附加应力，由 [例 3.1] 已知 $p_0=94\text{kPa}$。

z_1、z_2：由图 3.8 可知，$z_1=2.4\text{m}$，$z_2=7.8\text{m}$。

$\overline{\alpha}_0$、$\overline{\alpha}_1$、$\overline{\alpha}_2$：$l/b=2.0/2.0=1.0$，$z/b=2.4/2.0=1.2$，查表 3.6 得 $\overline{\alpha}_1=0.8596$，$l/b=2.0/2.0=1.0$，$z/b=7.8/2.0=3.9$，查表 3.6 得知 $\overline{\alpha}_2=0.4544$。

当 $l/b=2.0/2.0=1.0$，$z/b=0/2.0=0$，查表 3.6 得 $\overline{\alpha}_0=1.00$。

$\overline{E}_s$ 当量值即加权平均值计算式为

$$\overline{E}_s=\frac{A_1+A_2}{\dfrac{A_1}{E_{s1}}+\dfrac{A_2}{E_{s2}}}$$

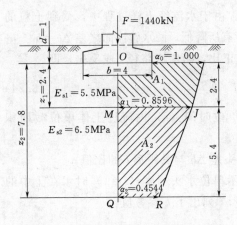

图 3.8　[例 3.2]附图（单位：m）

式中，

$$A_1 = A_{OKJM} = \frac{1+0.8596}{2} \times 2.4 = 2.23(\text{m}^2)$$

如图 3.8 所示，有

$$A_2 = A_{MJRQ} = \frac{0.8596+0.4544}{2} \times 5.4 = 3.55(\text{m}^2)$$

如图 3.8 所示。

则

$$\overline{E}_s = \frac{A_1+A_2}{\dfrac{A_1}{E_{s1}}+\dfrac{A_2}{E_{s2}}} = \frac{2.23+3.55}{\dfrac{2.23}{5.5}+\dfrac{3.55}{6.5}} \approx 6.0 \times 10^3(\text{kPa})$$

由此查表 3.4 可得 $\psi_s = 1.1$。

将以上数值代入式（3.21），可得

$$
\begin{aligned}
s &= \psi_s s' = \psi_s \sum_{i=1}^{n} \frac{P_0}{E_{si}}(z_i \overline{\alpha}_i - z_{i-1}\overline{\alpha}_{i-1}) \\
&= \psi_s\left[\frac{P_0}{E_{s1}}(z_1 \overline{\alpha}_1) + \frac{P_0}{E_{s2}}(z_2 \overline{\alpha}_2 - z_1 \overline{\alpha}_1)\right] \\
&= \left[1.1 \times 94 \times \left(\frac{2.4 \times 0.8596}{5.5} + \frac{7.8 \times 0.4544 - 2.4 \times 0.8596}{6.5}\right)\right] \\
&= 62(\text{mm})
\end{aligned}
$$

3.3　地基沉降与时间的关系

建筑物修建在碎石土和砂土地基上时，由于土的透水性强、压缩性低，沉降很快就能完成，一般在施工完毕时即能沉降稳定。而建造在黏性土地基上，特别是在饱和黏性土地基，其固结变形往往要延续几年甚至几十年时间才能完成。土的压缩性越高、渗透性越小，达到沉降稳定所需要的时间越长。

因而，对于建造在饱和黏性土地基上的建筑物，设计时不仅需计算基础的最终沉降，有时还需知道地基沉降与时间的关系，以便安排施工顺序，控制施工速度及采取必要的建筑措施，以消除沉降可能带来的不利后果。

3.3.1　土的渗透性

土的渗透性是指土体的透水性能，是决定地基沉降与时间关系的关键因素。

1. 达西定律

地下水沿着颗粒之间的空隙流动，土体被水透过的性质称为土的渗透性。渗透性的大小决定着水在土中流动的快慢程度，也就决定着地基的变形速率。

为研究水在土中的渗透规律，可用图 3.9 所示的装置进行试验，A、B 为两根测压管，两管的

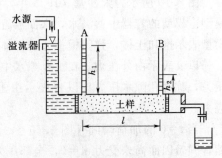

图 3.9　砂土渗透试验示意图

57

水平距离为 l。水从左侧流经土样后,从右端流出。由于水流经土样过程中,受到土粒的阻力,能量有所减小,因此,B 管的水头高度较 A 管有所降低,两水管液面之差 $\Delta h=h_1-h_2$ 称为水头差,试验证明,水的渗透速度与水头差成正比,与渗流路径 l 成反比,即

$$v=k\frac{\Delta h}{l}=ki \tag{3.24}$$

式中　v——水在土中的渗透速度,mm/s,即在单位时间(s)内流过土体单位截面积(mm^2)的水量;

i——水头梯度,$i=\Delta h/l$,即土中两点的水头差 Δh 与其距离 l 的比值;

k——土的渗透系数,mm/s 或 m/yr,即表示单位水头梯度($i=1$)时水在土中的渗透系数。其值可通过试验确定,表 3.7 列出了 k 参考值。

式(3.24)为达西定律。

表 3.7　　　　　　　　　　常 见 土 的 渗 透 系 数

土的名称	渗透系数 k/mm	土的名称	渗透系数 k/mm
致密黏土	$<10^{-6}$	粉砂土、细砂土	$10^{-2}\sim10^{-3}$
粉质黏土	$10^{-5}\sim10^{-6}$	中砂土	$1\sim10^{-2}$
粉土、裂隙黏土	$10^{-3}\sim10^{-5}$	粗砂土、砾石土	$1\sim10^{-3}$

2. 影响土渗透性的因素

(1) 土粒的大小和级配。土粒越大,组成越均匀,则渗透性越强。级配良好时,如砂土中粉粒和黏粒增多,其渗透性会大大降低。

(2) 土的孔隙比。孔隙比越小,土中孔隙相对越小,渗透性也越小。

(3) 水的温度。同样条件下,水的温度越高,其渗透性越好。影响渗透性的是水的动力黏度,水温越高,动力黏度就越低。

(4) 土中封闭气体含量。土中封闭气泡越多,土的渗透性越小。

3.3.2　有效应力原理

土的压缩性原理揭示了饱和土的压缩主要是由于土在外荷作用下孔隙体积减小所引起的。饱和土孔隙中的自由水的挤出速度,主要取决于土的渗透和土的厚度。土的渗透性越低或土层越厚,孔隙水挤出所需的时间就越长。这种与自由水的渗透速度有关的饱和土固结过程称为渗透固结。可用一简单的力学模型来说明这一过程。

图 3.10 所示为太沙基(1923 年)建立的模拟饱和土体中某点的渗透固结过程的弹簧模型。模型的容器中盛满水,水面放置一个带有排水孔的活塞,下端用一弹簧支承。整个模型表示饱和土体,弹簧模拟土的固体颗粒骨架,容器内的水表示土中的自由水。

以 u 表示由外压力 σ 在土孔隙水中所引起的超静水压力,即土体中由孔隙水所传递的压力,称为孔隙水压力。以 σ' 表示由土骨架所传递的压力,称为有效压力,即粒间接触应力。

当 $t=0$ 的加荷瞬间 [图 3.10 (a)],容器中的水来不及排出,由于水被视为不可压缩,弹簧因而尚未受力 $\sigma'=0$,全部压力由水所承担,即 $u=\sigma$。u 可根据测压管量得水柱高 h 而算出 $u=\gamma_w h$。

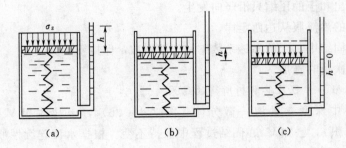

图 3.10　土骨架与水分担应力变化的模型

当 $t>0$ 时，如图 3.10（b）所示，孔隙水在 u 作用下开始排出，活塞下降，弹簧受到压缩，因而 $\sigma'>0$，测压管中水柱高 $h<\dfrac{\sigma}{\gamma_{\mathrm{w}}}$。此时，$u=\gamma_{\mathrm{w}}h<\sigma$。随着容器中水的不断排出，$u$ 不断减小，σ' 不断增大。

当水从孔隙中充分排出、弹簧变形稳定时，弹簧内的应力与所加压力 σ 相等而处于平衡状态，此时活塞不再下降，$u=0$ 时，外压力 σ 全部由土骨架承担，即 $\sigma'=\sigma$，表示饱和土的渗透固结完成［图 3.10（c）］。

因此，由上述模型演示可知，饱和土的渗透固结过程就是孔隙水压力向有效应力转化的过程，则在任一时刻，有效应力 σ' 和孔隙水压力 u 之和始终应等于饱和土体中的总应力 σ，即

$$\sigma=\sigma'+u \tag{3.25}$$

式（3.25）即为著名的饱和土体的有效应力原理。在渗透固结过程中，伴随着孔隙水压力逐渐消散，有效应力在逐渐增长，土的体积也就逐渐减小，强度随之提高。

3.3.3　饱和土的一维固结理论

在可压缩层厚为 H 的饱和土层上面施加无限均布荷载 p_0［图 3.11（a）］，这时土中附加应力沿深度均匀分布，土层只在与外荷作用方向相一致的竖直方向发生渗流和变形，类似于土的室内侧限压缩试验的情况。这一过程称为一维渗透固结。

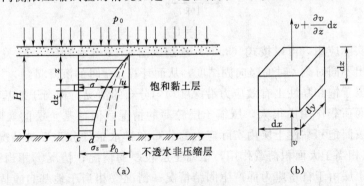

图 3.11　饱和黏性层的固结

1. 一维渗透固结理论的基本假定

（1）土层是均质的、完全饱和的。

（2）土粒和水是不可压缩的。

（3）水的渗出和土的压缩只沿竖向发生。

（4）土中水的渗流服从达西定律。

（5）在渗透固结中，土的渗透系数 k 和压缩系数 a 保持不变。

（6）外荷一次瞬时施加。

2. 一维固结微分方程及其解析所得的结果

从压缩土层中深度 z 处取一微分体［图 3.10（b）］，土粒体积 $V_v = [e/(1+e)]$ $\mathrm{d}x\mathrm{d}y\mathrm{d}z$，孔隙体积 e，已知 V_v 在固结过程中保持不变。根据水流连续性原理、达西定律和有效应力原理，可建立固结微分方程并得结果为

$$C_v = \frac{k(1+e)}{a\gamma_w} \tag{3.26}$$

式中　C_v——土的竖向固结系数，$\mathrm{m^2/yr}$ 或 $\mathrm{cm^2/yr}$；

　　　e——渗透固结前土的孔隙比；

　　　γ_w——水的重度，$\mathrm{kN/m^3}$；

　　　a——土的压缩系数；

　　　k——土的渗透系数，$\mathrm{m/s}$ 或 $\mathrm{m/yr}$。

饱和土的渗透固结微分方程，可根据不同的初始条件和边界条件求得，即

$$T_v = \frac{C_v t}{H^2} \tag{3.27}$$

式中　T_v——竖向固结的时间因数，无量纲；

　　　H——压缩土层中最长的渗透路径（排水距离），m，当土层为单面排水时，H 取
　　　　　　土层厚度，双面排水时取土层厚度的一半；

　　　t——固结的时间，yr。

固结度

$$U_t = 1 - \frac{8}{\pi^2} \sum_{m=1}^{m=\infty} \frac{1}{m^2} \mathrm{e}^{-\frac{m^2\pi^2}{4}T_v} \tag{3.28}$$

$$s = \frac{a}{1+e_1}\sigma_z H \tag{3.29}$$

$$s_t = U_s \tag{3.30}$$

为了方便实际应用，可以按式（3.28）绘制成图 3.12 所示的 U_t - T_v 关系曲线。根据该曲线可以求出不同时刻 t 时的竖向固结度，从而计算出 t 时的沉降量。

以上讨论限于饱和黏性土有效应力沿深度均匀分布的情况，相当于地基自重作用下的固结已完成，而荷载作用面很大，压缩土层较薄的情况。但地基土层的实际情况多种多样，实用上，按照饱和黏性土层内实际应力的分布和排水条件分为 5 种情况（图 3.12 左上角）。情况①相当于大面积荷载作用，压缩土层较厚的情况；情况②相当于大面积新近沉积或新填的土层由于自重应力而产生固结情况；情况③相当于地基自重固结还未稳定，就在上面修建建筑物，自重应力与附加应力叠加后的受力情况；情况④相当于自重固结已完成，而基础底面积小，压缩土层很厚，在土层底面处应力已接近于零的情况；情况⑤与情况④相似，但压缩层面和底面的附加应力为零的情况。用 $\alpha = \sigma_{za}/\sigma_{zp}$，$\sigma_{za}$ 与 σ_{zp} 分别为压缩层顶面和底面的附加应力。应用时，根据 α 值查取 U_t 值。上述各种情况只适用于单面

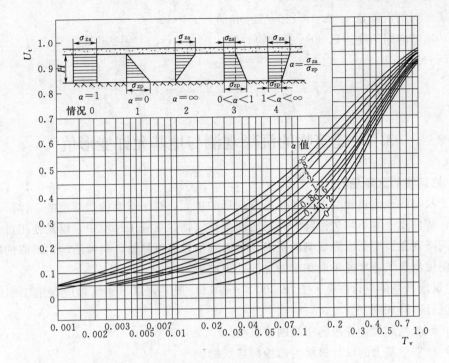

图 3.12　U_t-T_v 关系曲线

排水。如属双面排水（压缩层上下都可排水），可按 $\alpha=1$ 查图，而最大渗透距离 H 取压缩土层厚度的一半。

【例 3.3】　某饱和黏土层，厚度为 6m，在自重应力作用下已固结完毕，孔隙比 $e_0=0.8$，压缩系数 $a=0.3\text{MPa}^{-1}$，渗透系数 $k=0.016\text{m/yr}$，底面系坚硬不透水土层。其表面在均匀荷载作用下所产生的附加应力如图 3.13 所示。求：①一年后地基的沉降量；②地基的固结度达 80% 所需的时间。

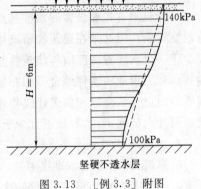

图 3.13　[例 3.3] 附图

【解】　（1）求 $t=1$ 年时的沉降量。地基平均附加应力

$$\sigma_z=\frac{140+100}{2}=120(\text{kPa})$$

地基最终沉降量

$$s=\frac{a}{1+e_1}\sigma_z H=\frac{0.3}{1+0.8}\times120\times10^{-3}\times6\times10^3=120\ (\text{mm})$$

$$C_v=\frac{k(1+e_0)}{a\gamma_w}=\frac{0.016\times(1+0.8)}{0.3\times10^{-3}\times10}=9.6(\text{m}^2/\text{yr})$$

$$T_v=\frac{C_v t}{H^2}=\frac{9.6\times1}{6^2}=0.27$$

土层上、下表面附加应力之比 $a=140/100=1.4$，查图 3.12，得固结度 $U=0.6$

$t=1$ 年时的沉降量 $s=0.6\times120=72(\text{mm})$。

（2）地基的固结度达到 80% 所需的时间。根据 $a=1.4$ 固结度 $U=0.8$ 查图 3.12 得 $T_v=0.55$，则

$$t=\frac{T_v H^2}{C_v}=\frac{0.55\times6^2}{9.6}=2.06(\text{yr})$$

3.4 建筑物的沉降观测与地基允许变形值

3.4.1 建筑物的沉降观测

为了及时发现建筑物变形并防止有害变形的扩大，对于重要的、新型的、体形复杂的建筑物，或使用上对不均匀沉降有严格限制的建筑物，在施工过程中，以及使用过程中需要进行沉降观测。根据沉降观测的资料，可以预估最终沉降量，判断不均匀沉降的发展趋势，以便控制施工速度或采取相应的加固处理措施。

《建筑地基基础设计规范》（GB 50007—2011）规定，以下建筑物应在施工期间及使用期间进行沉降观测。

（1）地基基础设计等级为甲级的建筑物。

（2）软弱地基上的设计等级为乙级的建筑物。

（3）加层、扩建建筑物。

（4）受邻近深基坑开挖施工影响或受场地地下水等环境因素变化影响的建筑物。

（5）处理地基上的建筑物。

（6）采用新型基础或新型结构的建筑物。

1. 沉降观测点的布置

沉降观测首先要设置好水准基点，其位置必须稳定、可靠，妥善保护。埋设地点宜靠近观测对象，但必须在建筑物所产生的压力影响范围以外。在一个观测区内，水准基点不应少于 3 个，埋置深度应与建筑物基础的埋深相适应。其次应根据建筑物的平面形状，结构特点和工程地质条件综合考虑布置观测点，一般设置在建筑物四周的角点、转角处、纵横墙的中点、沉降缝和新老建筑物连接处的两侧，或地质条件有明显变化的地方（具体位置由设计人员确定），数量不宜少于 6 点。观测点的间距一般为 8～12m。

2. 沉降观测的技术要求

沉降观测采用精密水准仪测量，观测的精度为 0.01mm。沉降观测应从浇捣基础后立即开始，民用建筑每增高一层观测一次，工业建筑应在不同荷载阶段分别进行观测，施工期间的观测不应少于 4 次。建筑物竣工后应逐渐加大观测时间间隔，第一年不少于 3～5 次，第二年不少于 2 次，以后每年 1 次，直到下沉稳定为止。稳定标准为半年的沉降量不超过 2mm。在正常情况下，沉降速率应逐渐减慢，如沉降速率减少到 0.05mm/d 以下时，可认为沉降趋于稳定，这种沉降称为减速沉降。如出现等速沉降，就有导致地基丧失稳定的危险。当出现加速沉降时，表示地基已丧失稳定，应及时采取措施，防止发生工程事故。

3. 沉降观测资料的整理

沉降观测的测量数据，应在每次观测后立即进行整理，计算观测点高程的变化和每个

观测点在观测间隔时间内的沉降增量以及累计沉降量。同时应绘制各种图件，包括每个观测点的沉降—时间变化过程曲线，建筑物沉降展开图和建筑物的倾斜及沉降差的时间过程曲线。根据这些图件可以分析判断建筑物的变形状况及其变化发展趋势。

3.4.2　地基允许变形值

1. 地基变形分类

不同类型的建筑物，对地基变形的适应性是不同的。因此，应用前述公式验算地基变形时，要考虑不同建筑物采用不同的地基变形特征来进行比较与控制。

《建筑地基基础设计规范》（GB 50007—2011）将地基变形依其特征分为以下 4 种。

（1）沉降量：指单独基础中心的沉降值（图 3.14）。

对于单层排架结构柱基和高耸结构基础须计算沉降量，并使其小于允许沉降值。

（2）沉降差：指两相邻单独基础沉降量之差（图 3.15）。

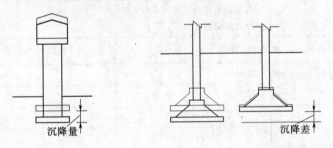

图 3.14　基础沉降量　　　　　图 3.15　基础沉降差

对于建筑物地基不均匀，有相邻荷载影响和荷载差异较大的框架结构、单层排架结构，需验算基础沉降差，并把它控制在允许值以内。

（3）倾斜：指单独基础在倾斜方向上两端点的沉降差与其距离之比（图 3.16）。

当地基不均匀或有相邻荷载影响的多层和高层建筑基础及高耸结构基础，须验算基础的倾斜。

（4）局部倾斜：指砌体承重结构沿纵墙 $6\sim10$m 内基础两点的沉降差与其距离之比（图 3.17）。

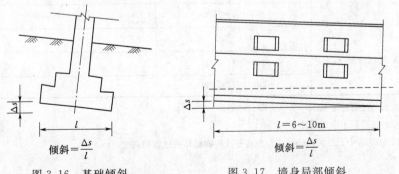

图 3.16　基础倾斜　　　　　图 3.17　墙身局部倾斜

根据调查分析，砌体结构墙身开裂，大多数情况下都是由于墙身局部倾斜超过允许值所致。所以，当地基不均匀、荷载差异较大、建筑体型复杂时，就需要验算墙身的倾斜。

2. 地基变形允许值

一般建筑物的地基允许变形值可按表3.8的规定采用。表中数值是根据大量常见建筑物系统沉降观测资料统计分析得出的。对于表中未包括的其他建筑物的地基允许变形值，可根据上部结构对地基变形的适应性和使用上的要求确定。

表 3.8   建筑物的地基变形允许值

变 形 特 征		地基土类别	
		中、低压缩性土	高压缩性土
砌体承重结构基础的局部倾斜		0.002	0.003
工业与民用建筑相邻柱基的沉降差	框架结构	$0.002l$	$0.003l$
	砌体墙填充的边排柱	$0.0007l$	$0.001l$
	当基础不均匀沉降时不产生附加应力的结构	$0.005l$	$0.005l$
单层排架结构（柱距为6m）柱基的沉降量/mm		(120)	200
桥式吊车轨面的倾斜（按不调整轨道考虑）	纵向	0.004	
	横向	0.003	
多层和高层建筑的整体倾斜	$H_g \leqslant 24$	0.004	
	$24 < H_g \leqslant 60$	0.003	
	$60 < H_g \leqslant 100$	0.0025	
	$H_g > 100$	0.002	
休形简单的高层建筑基础的平均沉降量/mm		200	
高耸结构基础的倾斜	$H_g \leqslant 20$	0.008	
	$20 < H_g \leqslant 50$	0.006	
	$50 < H_g \leqslant 100$	0.005	
	$100 < H_g \leqslant 150$	0.004	
	$150 < H_g \leqslant 200$	0.003	
	$200 < H_g \leqslant 250$	0.002	
高耸结构基础的沉降量/mm	$H_g \leqslant 100$	400	
	$100 < H_g \leqslant 200$	300	
	$200 < H_g \leqslant 250$	200	

注 1. 本表数值为建筑物地基实际最终变形允许值。

     2. 有括号者仅适用于中压缩性土。

     3. l 为相邻柱基的中心距离，mm；H_g 为自室外地面起算的建筑物高度，m。

习　　题

3.1　某土样的侧限压缩试验结果见表3.9。

表 3.9 　　　　　　　　　　　某土样侧限压缩试验结果

p/MPa	0	0.05	0.1	0.2	0.3	0.4
e	0.93	0.85	0.8	0.73	0.67	0.65

要求：

（1）绘制压缩曲线，求压缩系数并评价土的压缩性。

（2）当土自重应力为 0.05MPa，土自重应力和附加应力之和为 0.2MPa 时，求土压缩模量 E_s。

3.2　某独立柱基础如图 3.18 所示，基础底面尺寸为 3.2m×2.3m，基础埋深 $d=$ 1.5m，作用于基础上的荷载 $F_k=1050$kN，试用《建筑地基基础设计规范》（GB 50007—2011）法计算基础最终沉降量。

3.3　某工程矩形基础，基底为 3.6m×2m，埋深为 1m，地面以上荷重 $F_k=950$kN；地基为均匀粉质黏土，$\gamma=16$kN/m³，$e_1=1.0$，地基承载力标准值 $f_{ak}=135$kPa，压缩系数 $a=0.04×10^{-2}$kPa^{-1}。试用《建筑地基基础设计规范》（GB 50007—2011）法计算基础的最终沉降量。

3.4　某基础中点下的附加应力分布如图 3.19 所示，地基为厚 $H=10$m 的饱和黏土层，顶部有一薄透水砂层，底部为密实透水砂层，假设此密实砂层不会发生变形。黏土层初始孔隙比 $e_1=0.86$，压缩系数 $a=0.25$MPa^{-1}，渗透系数 $k=0.019$m/d。试计算：①1年后基础沉降量；②沉降量达 100mm 所需的时间。

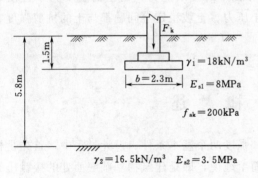

图 3.18　某独立柱基础

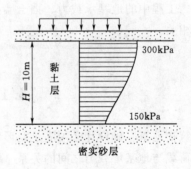

图 3.19　附加应力分布

土的抗剪强度与地基承载力

项目要点

（1）土的抗剪强度的库仑定律与抗剪强度指标的测定方法及影响因素。

（2）土的极限平衡理论及临塑荷载、临界荷载、极限荷载的概念。

（3）地基土变形的三个阶段及地基承载力确定的基本方法。

土的抗剪强度是指土体抵抗剪切破坏的极限能力，是土的重要力学性质之一。工程中的地基承载力、挡土墙土压力、土坡稳定等问题都与土的抗剪强度直接相关。

4.1 概　　述

建筑物地基基础设计必须满足变形和强度两个基本条件。设计过程中，首先是根据上部结构荷载与地基承载力之间的关系（简单地说，即是建筑物基础底面处的接触压力应不大于地基承载力）来确定基础的埋置深度和平面尺寸以保证地基土不丧失稳定性。这是承载力设计的主要目的。在此前提下还要控制建筑物的沉降在允许的范围以内，使结构不致因过大的沉降或不均匀沉降而出现开裂、倾斜等现象，保证建筑物和管网等配套设施能够正常工作。

强度和变形是两个不同的控制标准，任何安全等级的建筑物都必须进行承载力的设计计算，都必须满足地基的承载力和稳定性的要求；在满足地基的承载力和稳定性的前提下，还必须满足变形要求。以上两个要求不可互相替代，承载力要求是先决条件，但并不是所有的建筑物都必须进行沉降验算，根据工程经验，对某些特定的建筑物，强度起着控制性作用，只要强度条件满足，变形条件也能同时得到满足，因此就不必进行沉降验算。关于地基的变形计算已在项目 3 中介绍，本项目将主要介绍地基的承载力和稳定问题，它包括土的抗剪强度以及地基基础设计时的地基承载力的计算问题。

当地基受到荷载作用后，土中各点将产生法向应力与剪应力，若某点的剪应力达到该点的抗剪强度，土即沿着剪应力作用方向产生相对滑动，此时称该点为剪切破坏。若荷载继续增加，则剪应力达到抗剪强度的区域（塑性区）越来越大，最后形成连续的滑动面，一部分土体相对另一部分土体产生滑动，基础因此产生很大的沉降或倾斜，整个地基达到剪切破坏，此时称地基丧失了稳定性（图 4.1）。因此，土的强度问题实质上就是抗剪强度问题。

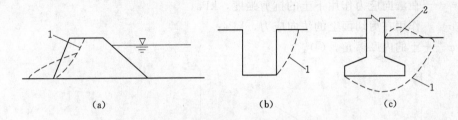

图 4.1　地基失稳示意图
(a) 土坝；(b) 基坑；(c) 柱基
1—滑裂面；2—地面隆起

土的抗剪强度是指在外力作用下，土体内部产生剪应力时，土对剪切破坏的极限抵抗能力。土的抗剪强度主要应用于地基承载力的计算和地基稳定性分析、边坡稳定性分析、挡土墙及地下结构物上的土压力计算等。

4.2　土 的 抗 剪 强 度

4.2.1　抗剪强度

1. 库仑定律

土的抗剪强度和其他材料的抗剪强度一样，可以通过试验的方法测定，但土的抗剪强度与之不同的是，工程实际中地基土体因自然条件、受力过程及状态等诸多因素的影响，试验时必须模拟实际受荷过程，所以土的抗剪强度并非是一个定值。不同类型的土其抗剪强度不同，即使同一类土，在不同条件下的抗剪强度也不相同。

测定土的抗剪强度的方法很多，最简单的方法是直接剪切试验，简称直剪试验。试验用直剪仪进行（分应变控制式和应力控制式两种，应变式直剪仪应用较为普遍）。图 4.2 所示为应变式直剪仪示意图，该仪器主要部分由固定的上盒和活动的下盒组成。试验前，用销钉把上下盒固定成一完整的剪切盒，将环刀内土样推入，土样上下各放一块透水石。

试验时，先通过加压板施加竖向力 F，然后拨出销钉。在下盒上匀速施加一水平力 T，此时土样在上下盒之间固定的水平面上受剪，直到破坏。从而可以直接测得破坏面上的水平力 T，若试样的水平截面积为 A，则竖向压应力为 $\sigma = F/A$，此时，土的抗剪强度（土

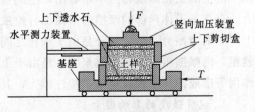

图 4.2　直剪仪工作原理示意图

样破坏时对此推力的极限抵抗能力）为 $\tau_f = T/A$。

试验时，一般用 4～6 个物理状态相同的试样，使它们在不同的竖向压力作用下剪切破坏，同时可测得相应的最大破坏剪应力即抗剪强度。以测得的 σ 为横坐标，以 τ_f 为纵坐标，绘制抗剪强度 τ_f 与法向应力 σ 之间的关系曲线，如图 4.3 所示。若土样为砂土，其曲线为一条通过坐标原点并与横坐标成 φ 角的直线 [图 4.3 (a)]，其方程为

$$\tau_f = \sigma\tan\varphi \tag{4.1a}$$

式中　τ_f——在法向应力作用下土的抗剪强度，kPa；

　　　　σ——作用在剪切面上的法向应力，kPa；

　　　　φ——土的内摩擦角，(°)。

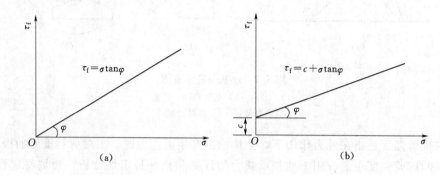

图 4.3　抗剪强度曲线
(a) 砂性土；(b) 黏性土

对于黏性土和粉土，τ_f 与 σ 之间基本上也成直线关系，但这条直线不通过原点，而与纵轴形成一截距 c [图 4.3 (b)]，其方程为

$$\tau_f = c + \sigma\tan\varphi \tag{4.1b}$$

式中　c——土的黏聚力，kPa。

其余符号意义同前。

式 (4.1) 是库仑 (Coulomb) 于 1773 年提出的，故称为库仑定律或土的抗剪强度定律。

2. 抗剪强度的构成因素

式 (4.1a) 和式 (4.1b) 中的 c 和 φ 称为土的抗剪强度指标（或参数）。在一定条件下 c 和 φ 是常数，它们是构成土的抗剪强度的基本要素，c（c 为土的黏聚力）和 φ（φ 为土的内摩擦角，$\tan\varphi$ 为土的内摩擦系数）的大小反映了土的抗剪强度的高低。

由土的三相组成特点不难看出，土的抗剪强度的构成有两个方面，即内摩擦力与黏聚力。存在于土体内部的摩擦力由两部分组成：一部分是剪切面上颗粒与颗粒之间在粗糙面上产生的摩擦力；另一部分是由于颗粒之间的相互嵌入和互锁作用产生的咬合力。土颗粒越粗，内摩擦角 φ 越大。黏聚力 c 是由于土粒之间的胶结作用、结合水膜以及水分子引力作用等形成的。土颗粒越细，塑性越大，其黏聚力也越大。

3. 抗剪强度的影响因素

影响土的抗剪强度的因素很多，主要包括图 4.4 所示的几个方面。

摩擦力 { 滑动摩擦　咬合摩擦 } 影响因素 { 土的原始密度　剪切面上的法向总应力　土粒的形状　土粒表面的粗糙程度　土粒级配 }

黏聚力 { 土粒之间的胶结作用　颗粒之间分子引力 } 影响因素 { 黏粒含量　矿物成分　含水率　土的结构 }

图 4.4　影响土的抗剪强度的因素

4.2.2　摩尔-库仑强度理论

根据前述项目 2 内容可知，建筑物地基在建筑物荷载作用下，其内任意一点都将产生应力。土的强度问题就是抗剪强度问题，因而，在研究土的应力和强度问题时，常采用最大剪应力理论，该理论认为，材料的剪切破坏主要是由于土中某一截面上的剪应力达到极限值所致，但材料达到破坏时的抗剪强度也与该截面上的正应力有关。

当土中某点的剪应力小于土的抗剪强度时，土体不会发生剪切破坏，即土体处于稳定状态；当土中剪应力等于土的抗剪强度时，土体达到临界状态，称为极限平衡状态，此时土中大小主应力与土的抗剪强度指标之间的关系称为土的极限平衡条件；当土中剪应力大于土的抗剪强度时，土体中这样的点从理论上讲处于破坏状态（实际上这种应力状态并不存在，因这时该点已产生塑性变形和应力重分布）。

1. 土中某点的应力状态

现以平面应力状态为例进行研究。设想一无限长条形荷载作用于弹性半无限体的表面上，根据弹性理论，这属于平面变形问题。垂直于基础长度方向的任意横截面上，其应力状态如图 4.5 所示。由材料力学可知，地基中任意一点 M（用微元体表示）皆为平面应力状态，其上作用的应力为正应力 σ_x、σ_z 和剪应力 τ_{xz}。该点上大、小主应力 σ_1、σ_3 为

$$\frac{\sigma_1}{\sigma_3} = \frac{\sigma_x + \sigma_z}{2} \pm \sqrt{\left(\frac{\sigma_x - \sigma_z}{2}\right)^2 + \tau_{xz}^2} \tag{4.2}$$

当主应力已知时，任意斜截面上的正应力 σ 与剪应力 τ 的大小可用摩尔圆来表示，如图 4.6 所示。例如，圆周上的 A 点表示与水平线成 α 角的斜截面，A 点的两个坐标表示该斜截面上的正应力 σ 与剪应力 τ。

$$\sigma = \frac{\sigma_1 + \sigma_3}{2} + \frac{\sigma_1 - \sigma_3}{2}\cos 2\alpha \tag{4.3}$$

$$\tau = \frac{\sigma_1 - \sigma_3}{2}\sin 2\alpha \tag{4.4}$$

在 σ_1、σ_3 已知的情况下，mn 斜面上的正应力 σ 与剪应力 τ 仅与该面的倾角 α 有关。摩尔应力圆上点的纵、横坐标可以表示土中任一点的应力状态。

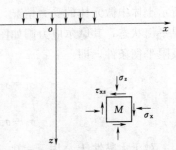

图 4.5　土中某点应力状态

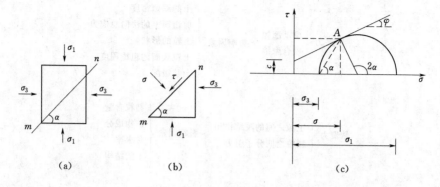

图 4.6 土中任意点的应力状态

（a）单元体上的应力；（b）隔离体上的应力；（c）摩尔应力圆

2. 土的极限平衡条件

为了建立实用的土的极限平衡条件，将土体中某点应力状态的应力圆和土的抗剪强度与法向应力关系曲线即抗剪强度线绘于同一直角坐标系中（图 4.7），对它们之间的关系进行比较，就可以判断土体在这一点上是否达到极限平衡状态。

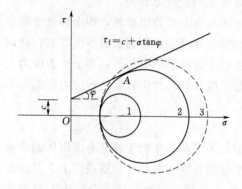

图 4.7 摩尔应力圆与抗剪强度线间的关系

（1）摩尔应力圆位于抗剪强度线下方（圆1），说明这个应力圆所表示的土中这一点在任何方向的平面上其剪应力都小于土的抗剪强度，因此该点不会发生剪切破坏，处于弹性平衡状态。

（2）摩尔应力圆与抗剪强度线相切（圆2），切点为 A，说明应力圆上 A 点所代表的平面上的剪应力刚好等于土的抗剪强度，该点处于极限平衡状态。这个应力圆称为极限应力圆。

（3）抗剪强度线与摩尔应力圆相割（圆3），说明土中过这一点的某些平面上的剪应力已经超过了土的抗剪强度，从理论上讲该点早已破坏，因而这种应力状态是不会存在的，实际上在这些点位上已产生塑性流动和应力重新分布，故圆3用虚线表示。

根据摩尔应力圆与抗剪强度线的几何关系，可建立极限平衡条件方程式。图 4.8（a）所示土体中微元体的受力情况，mn 为破裂面，它与大主应力作用面呈 α_{cr} 角。该点处于极限平衡状态，其摩尔应力圆如图 4.8（b）所示。根据 $\triangle AO'D$ 的边角关系，得到黏性土的极限平衡条件，即

$$\sigma_1 = \sigma_3 \tan^2\left(45° + \frac{\varphi}{2}\right) + 2c\tan\left(45° + \frac{\varphi}{2}\right) \tag{4.5}$$

$$\sigma_3 = \sigma_1 \tan^2\left(45° - \frac{\varphi}{2}\right) - 2c\tan\left(45° - \frac{\varphi}{2}\right) \tag{4.6}$$

对于无黏性土，因 $c = 0$，由式（4.5）和式（4.6）可得无黏性土的极限平衡条件，即

$$\sigma_1 = \sigma_3 \tan^2\left(45° + \frac{\varphi}{2}\right) \tag{4.7}$$

$$\sigma_3 = \sigma_1 \tan^2\left(45° - \frac{\varphi}{2}\right) \tag{4.8}$$

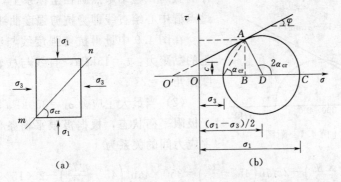

图 4.8　土中某点达到极限平衡状态时的摩尔应力圆

(a) 单元体上的应力；(b) 极限状态摩尔应力圆

上式是用于判断土体达到极限平衡状态时的最大与最小主应力之间的关系，而不是任何应力条件下的恒等式。这一表达式是土的强度理论的基本关系式，在讨论分析地基承载力和土压力问题时应用。

在图 4.8 (b) 所示的 $\Delta AO'D$ 中，由内外角之间的关系可知

$$2\alpha_{cr} = 90° + \varphi$$

即某点处于极限平衡状态时，破裂面与最大主应力作用面所成角度（称为破裂角）为

$$\alpha_{cr} = 45° + \frac{\varphi}{2} \tag{4.9}$$

综合上述分析，关于土的强度理论可归纳出以下几点结论。

(1) 土的强度破坏是由于土中某点剪切面上的剪应力达到和超过了土的抗剪强度所致。

(2) 土中某点达到剪切破坏状态的应力条件必须是法向应力和剪应力的某种组合，符合库仑定律的破坏准则，而不是以最大剪应力 τ_{max} 达到了抗剪强度 τ_f 作为判断依据，即剪切破坏面并不一定发生在最大剪应力的作用面上，而是在与大主应力作用面成某一夹角 $\alpha_{cr} = 45° + \frac{\varphi}{2}$ 的平面上。

(3) 当土体处于极限平衡状态时，土中该点的极限应力圆与抗剪强度线相切，一组极限应力圆的公切线即为土的强度包线。强度包线与纵坐标的截距为土的黏聚力，与横坐标夹角为土的内摩擦角。

(4) 根据土的极限平衡条件，在已测得抗剪强度指标的条件下，已知大、小主应力中的任何一个，即可求得另一个；或在已知抗剪强度指标与大、小主应力的情况下，判断土体的平衡状态；也可利用这一关系求出土体中已发生剪切破坏面的位置。

【例 4.1】　已知一组直剪试验结果，在施加的法向应力分别为 100kPa、200kPa、300kPa、400kPa 时，测得相应的抗剪强度分别为 67kPa、119kPa、162kPa、215kPa。试

作图求该土的抗剪强度指标 c、φ 值。若作用在此土中某点的最大与最小主应力分别为 350kPa 和 100kPa，问该点处于何种状态？

【解】 （1）以法向应力 σ 为横坐标，抗剪强度 τ_f 为纵坐标，σ、τ_f 取相同比例，将土样的直剪试验结果点画在坐标系上，如图 4.9 所示，过点群中心绘直线即为抗剪强度曲线。

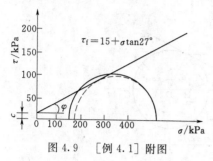

图 4.9　[例 4.1] 附图

在图 4.9 中量得抗剪强度线与纵轴截距值即为土的黏聚力：$c = 15\text{kPa}$，直线与横轴的倾角即为内摩擦角 $\varphi = 27°$。

（2）当最大主应力 $\sigma_1 = 350\text{kPa}$ 时，如果土体处于极限平衡状态，根据极限平衡条件其最大与最小主应力间的关系为

$$\sigma_{3极} = \sigma_1 \tan^2\left(45° - \frac{\varphi}{2}\right) - 2c\tan\left(45° - \frac{\varphi}{2}\right) = 350 \times \tan^2\left(45° - \frac{27°}{2}\right) - 2 \times 15 \times \tan\left(45° - \frac{27°}{2}\right)$$
$$= 113.05(\text{kPa})$$

$\sigma_{3极} > \sigma_{3实} = 100\text{kPa}$，说明该点处于破坏状态。

4.3 土的剪切试验

土的抗剪强度指标 c、φ 值是土的重要力学指标，在确定地基土的承载力、挡土墙的土压力以及验算土坡的稳定性等问题时都要用到土的抗剪强度指标。因此，正确地测定和选择土的抗剪强度指标是土工试验与设计计算中十分重要的问题。

土的抗剪强度指标通过土工试验确定。试验方法分为室内土工试验和现场原位测试两种。室内试验常用的方法有直接剪切试验、三轴剪切试验；现场原位测试的方法有十字板剪切试验和大型直剪试验。

下面分别介绍工程上常用的土的抗剪强度试验方法。

4.3.1　不同排水条件的试验方法与适用条件

同一种土在不同排水条件下进行试验，可以得出不同的抗剪强度指标，即土的抗剪强度在很大程度上取决于试验方法，根据试验时的排水条件可分为以下 3 种试验方法。

1. 不固结不排水剪试验（Unconsolidation Undrained Shear Test，UU）（对于直接剪切试验时称为快剪试验）

这种试验方法是在整个试验过程中都不让土样排水固结，简称不排水剪试验。在后述的三轴剪切试验中，自始至终关闭排水阀门，无论在周围压力 σ_3 作用下还是随后施加竖向压力，剪切时都不使土样排水，因而在试验过程中土样的含水量保持不变。直剪试验时，在试样的上下两面均贴以蜡纸或将上下两块透水石换成不透水的金属板，因而施加的是总应力 σ，不能测定孔隙水压力 u 的变化。

不排水剪试验是模拟建筑场地土体来不及固结排水就较快加载的情况。在实际工作中，对渗透性较差，排水条件不良，建筑物施工速度快的地基土或斜坡稳定性验算时，可以采用这种试验条件来测定土的抗剪强度指标。

2. 固结不排水剪试验（Consolidation Undrained Shear Test，CU）（对于直接剪切试验时称为固结快剪试验）

三轴试验时，先使试样在周围压力作用下充分排水，然后关闭排水阀门，在不排水条件下施加压力至土样剪切破坏。直剪试验时，施加竖向压力并使试样充分排水固结后，再快速施加水平力，使试样在施加水平力过程中来不及排水。

固结不排水剪试验是模拟建筑场地土体在自重或正常载荷作用下已达到充分固结，而后遇到突然施加载荷的情况。对一般建筑物地基的稳定性验算以及预计建筑物施工期间能够排水固结，但在竣工后将施加大量活载荷（如料仓、油罐等）或可能有突然活荷载（如风力等）的情况，就应用固结不排水剪试验的指标。

3. 固结排水剪试验（Consolidation Drained Shear Test，CD）（对于直接剪切试验时称为慢剪试验）

试验时，在周围压力作用下持续足够的时间使土样充分排水，孔隙水压力降为零后才施加竖向压力。施加速率仍很缓慢，不使孔隙水压力增量出现，即在应力变化过程中孔隙水压力始终处于零的固结状态。故在试样破坏时，由于孔隙水压力充分消散，此时总应力法和有效应力法表达的抗剪强度指标也一致。

固结排水剪试验是模拟地基土体已充分固结后开始缓慢施加载荷的情况。在实际工程中，对土的排水条件良好（如黏土层中夹砂层）、地基土透水性较好（低塑性黏性土）以及加荷速率慢时可选用。但因工程的正常施工速度不易使孔隙水压力完全消散，试验过程既费时又费力，因而较少采用。

4.3.2　直接剪切试验

直接剪切试验的仪器称为直剪仪，可分为应变控制式和应力控制式两种，前者以等应变速率使试样产生剪切位移直至剪切破坏，后者是分级施加水平剪应力并测定相应的剪切位移。目前我国采用较多的是应变控制式直剪仪，其试验原理已在本项目 4.2 节中叙述（具体操作程序与要求参见《土工试验方法标准》（GB 50123—1999））。由于直剪仪构造简单、土样制备和试验操作方便，现仍被一般工程所采用。

按固结排水条件，直剪试验指标对应有 3 种。

(1) 快剪试验：试样在 3～5min 剪破，指标用 c_q、φ_q 表示。

(2) 固结快剪试验：指标用 c_{cq}、φ_{cq} 表示。

(3) 慢剪试验：指标用 c_s、φ_s 表示。

直接剪切试验已有上百年的历史，由于仪器简单、操作方便，至今在工程实践中仍被广泛应用。但该试验存在着以下不足。

(1) 不能控制试样排水条件，不能量测试验过程中试件内孔隙水压力的变化。

(2) 试件内的应力状态复杂，剪切面上受力不均匀，试件先在边缘剪破，在边缘处发生应力集中现象。

(3) 在剪切过程中，应变分布不均匀，受剪面减小，计算土的抗剪强度时未能考虑。

(4) 人为限定上、下盒的接触面为剪切面，该面未必是试样的最薄弱面。

4.3.3　三轴压缩试验

三轴压缩试验是直接量测试样在不同恒定周围压力下的抗压强度，然后利用摩尔-库

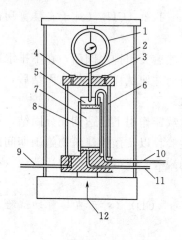

图 4.10 三轴剪切仪

1—量力环；2—活塞；3—进水孔；4—排水孔；5—试样帽；6—受压室；7—试样；8—乳胶膜；9—接周围压力控制系统；10—接排水管；11—接孔隙水压力系统；12—接轴向加压系统

仑破坏理论间接推求土的抗剪强度。它是较为完善的一种方法，适用于细粒土和粒径小于 20mm 的粗粒土。

三轴仪的压力室见图 4.10。它是一个由金属上盖、底座和透明有机玻璃圆筒组成的密闭容器。试样为圆柱形，高度与直径之比一般采用 2～2.5。试样用乳胶封裹，避免压力室的水进入试样。试样上、下两端可根据试验要求放置透水石或不透水板。试验中试样的排水情况可由排水阀控制。试样底部与孔隙水压力量测系统连接，可根据需要测定试验中试样的孔隙水压力值。

三轴剪切试验的原理是在圆柱形土样上施加轴向主应力 σ_1 与水平向主应力 σ_3（也称为围压）。保持其中之一不变（一般是 σ_3），改变另一个，使土样的剪应力逐渐加大，直至剪坏，由此求得抗剪强度。

三轴剪切试验通常至少需要 3～4 个土样在不同的 σ_3 作用下进行剪切，得到 3～4 个不同的极限应力圆，绘出各应力圆的公切线，即为土的抗剪强度包线。由此求得抗剪强度指标 c、φ，如图 4.11 所示。

按照试样的固结排水情况，常规的三轴试验有 3 种方法。

1. 不固结不排水剪（UU）

不固结不排水剪，简称不排水剪。试验时，先施加周围压力 σ_3，然后施加轴向力（$\sigma_1-\sigma_3$）。在整个试验中，排水阀始终关闭，不允许试样排水，试样的

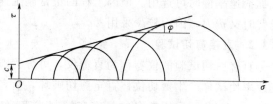

图 4.11 土的抗剪强度包线

含水量保持不变。适用于实际工程条件相当于饱和黏性土中快速加荷时的应力情况。

2. 固结不排水剪（CU）

试验时先施加 σ_3，打开排水阀，使试样排水固结。排水终止，固结完成，关闭排水阀。然后施加 $\sigma_1-\sigma_3$ 直至试样破坏。在试验过程中，如需量测孔隙水压力，就可打开孔压量测系统的阀门。适用于实际工程条件相当于正常固结土层在竣工时、使用阶段受大量或快速活荷载作用以及新增的荷载作用等的应力情况。

3. 固结排水剪（CD）

固结排水剪简称排水剪。在 σ_3 和 $\sigma_1-\sigma_3$ 施加的过程中，打开排水阀，让试样排水固结，放慢 $\sigma_1-\sigma_3$ 加荷速率，并使试样在孔隙水压力为零的情况下达到破坏。

三轴试验的主要特点是能严格地控制试样的排水条件，量测试样中孔隙水压力，定量地获得土中有效应力的变化情况，而且试样中的应力分布比较均匀，故三轴试验结果比直剪试验结果更加可靠、准确。但该试验仪器复杂，操作技术要求高，且试样制备也较麻烦；同时试件所受的应力是轴对称的，试验应力状态与实际有所差异。为此，现代的土工实验室发展了平面应变试验仪、真三轴试验仪、空心圆柱扭剪试验等，以便更好地模拟土

的不同应力状态，更准确地测定土的强度。

4.3.4　无侧限抗压强度试验

无侧限抗压强度试验实际上是三轴试验的一种特殊情况。试验中，对试样不施加周围应力 $\sigma_3(\sigma_3=0)$，仅施加轴向力 σ_1 试样剪切破坏的轴向力以 q_u 表示，即 $\sigma_3=0$，$\sigma_1=q_u$，此时给出一个通过坐标原点的极限应力圆（图 4.12），q_u 称为无侧限抗压强度。对饱和软黏土，可认为 $\varphi=0$，因此抗剪强度线为一水平线，$c_u=q_u/2$。所以，可根据无侧限抗压强度试验测得的抗压强度推求饱和土的不固结不排水抗剪强度 c_u，即

$$\tau_f=c_u=\frac{q_u}{2}$$

必须注意，由于取样过程中土样受到扰动，原位应力被释放，用这种土样测得的不排水强度并不完全代表土样的原位不排水强度。一般来说，它低于原位不排水强度。

4.3.5　十字板剪切试验

十字板剪切仪是一种使用方便的原位测试仪器，通常用以测定饱和黏性土的原位不排水强度，特别适用于均匀饱和软黏土。

现场十字板剪切仪主要由板头、扭力装置和量测装置三部分组成。板头是两片正交的金属板，厚 2mm，刃口成 60°，如图 4.13 所示。试验通常在钻孔内进行。先将钻孔钻至测试深度以上 75cm 左右。清孔底后，将十字板头压入土中至测试深度，然后通过安放在地面上的施加扭力装置，旋转钻杆以扭转十字板头，这时，板内土体与其周围土体发生剪切，直至剪破为止。测出其相应的最大扭矩，根据力矩平衡关系，推算圆柱形土样的抗剪强度。

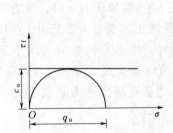

图 4.12　无侧限试验极限应力圆

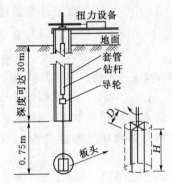

图 4.13　十字板剪切试验装置示意图

假定土的 $\varphi=0$，且剪应力在剪切面均匀分布，则抗剪强度 τ 与扭矩 M 的关系为

$$M_{max}=\pi\tau_f\left(\frac{D^2H}{2}+\frac{D^3}{6}\right) \tag{4.10}$$

式中　D、H——十字板板头的直径与高。

由式（4.10）整理可得

$$\tau_f=\frac{2M_{max}}{\pi D^2H\left(1+\dfrac{D}{3H}\right)} \tag{4.11}$$

十字板剪切试验所得结果相当于不排水抗剪强度。

土的抗剪强度指标 c 和 φ 是研究土的抗剪强度的关键问题。但是对于同一种土，用同一台仪器做试验，如果用的试验方法不同，特别是排水条件不同，测得的结果往往差别很大，有时甚至相差悬殊，这是土区别于其他材料的一个重要特点。如果不理解土在剪切过程中的性状以及测得的指标意义，在工程应用中，可能导致地基或土工建筑破坏，造成工程事故。因此，阐明土的剪切性状以及各类指标的物理意义，对正确选用土的抗剪强度指标非常重要。

4.4　地基承载力及其确定

在设计地基基础时，必须知道地基承载力特征值。地基承载力特征值是指由载荷试验测定的地基土压力变形曲线线性变形段内规定的变形所对应的压力值（其最大值为比例界限值）。地基承载力特征值可由载荷试验或其他原位测试、公式计算，并结合工程实践经验等方法综合确定。

4.4.1　浅层平板载荷试验确定地基承载力

为了确定地基承载力，由现场载荷试验及由试验记录所绘制的 $p\text{-}s$ 曲线，现在进一步研究压力 p 和沉降 s 之间的关系（图 4.14）。

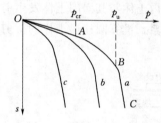

图 4.14　载荷试验 $p\text{-}s$ 曲线

1. 地基变形的 3 个阶段

现场平板载荷试验时，地基在局部荷载作用下，从开始施加荷载并逐渐增加至地基发生破坏，地基的变形大致经过以下 3 个阶段。

（1）直线变形阶段（压密阶段）。相应于 $p\text{-}s$ 曲线的 OA 段，当基底压力 $p \leqslant p_{cr}$（临塑压力）时，压力与变形基本成直线关系。在这一阶段土的变形主要是由土的压实、孔隙体积减小引起的。此时土中各点的剪应力均小于土的抗剪强度，土体处于弹性平衡状态。因此这一阶段称为压密阶段，如图 4.15（a）所示。把土中即将出现剪切破坏（塑性变形）点时即 A 点的基底压力称为临塑压力（或比例极限）。

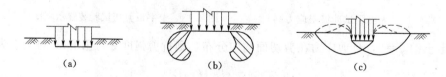

图 4.15　地基塑性区发展示意图

(a) 直线变形阶段；(b) 局部剪切阶段；(c) 地基失稳阶段

（2）局部剪切阶段（塑性变形阶段）。相应于 $p\text{-}s$ 曲线的 ab 段，当 $p_{cr} < p < p_u$ 时，荷载与变形的关系不再是线性关系，曲线的斜率逐渐增大，曲线向下弯曲。其原因是地基土在局部区域内发生剪切破坏，如图 4.15（b）所示，土体出现塑性变形区。随着

荷载的增加，塑性变形区的范围逐步扩大，土体沉降量显著增大。所以这一阶段是地基由稳定状态向不稳定状态发展的过渡性阶段。B 点所对应的荷载称为极限荷载，用 p_u 表示。

（3）失稳阶段（完全破坏阶段）。相应于 $p-s$ 曲线的 bc 段，当荷载继续增加至 $p \geqslant p_u$ 时，地基变形突然增大，说明地基中的塑性变形区已经形成与地面贯通的连续滑动面。土向基础的一侧或两侧挤出，地面隆起，地基丧失整体稳定性而破坏，基础也随之突然下陷，如图 4.15（c）所示。

2. 地基破坏的 3 种形式

通过原位载荷试验和室内模型试验，可以发现地基发生破坏时的一些特征，如地基中滑动面的形式、荷载与沉降曲线的特点、基础两侧地面的变形情况和基础的位移方式等。地基主要有 3 种破坏形式，即整体剪切破坏、局部剪切破坏、冲剪破坏。

（1）整体剪切破坏。如图 4.16（a）所示，其破坏特征如下。

1）$p-s$ 曲线上有两个明显的转折点，可以区分地基变形的 3 个阶段。

2）地基内产生塑性变形区，随着荷载的增加，塑性变形区发展，并出现与地面贯通的连续滑动面。

3）达到极限荷载后，地基土向两侧挤出，基础急剧下沉，并可能向一侧倾斜，基础两侧地面明显隆起，如图 4.16（a）所示。

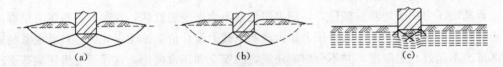

图 4.16 地基破坏的 3 种形式
(a) 整体剪切破坏；(b) 局部剪切破坏；(c) 冲剪破坏

（2）局部剪切破坏。如图 4.16（b）所示，其破坏特征如下。

1）$p-s$ 曲线的转折点不明显，没有明显的直线段。

2）塑性变形区只在地基中的局部区域出现，不延伸到地面。

3）达到极限荷载后，基础两侧地面微微隆起，如图 4.16（b）所示。

（3）冲剪破坏。如图 4.16（c）所示，其破坏特征如下。

1）$p-s$ 曲线没有明显的转折点。

2）地基不出现明显的连续滑动面，土体发生垂直剪切破坏。

3）荷载达到极限荷载后，基础两侧地面不隆起，而是下陷，基础"切入"土中，如图 4.16（c）所示。

地基发生何种破坏形式，主要与土体的压缩性有关。一般整体剪切破坏常发生在压缩性较低、较硬土的地基中，如密实的砂土地基和坚硬的黏性土地基等；而在压缩性较高的软土地基中，如中密砂土、松砂和软黏土地基等，可能发生局部剪切破坏，也可能发生冲剪破坏。此外，地基的破坏形式还与受荷情况、基础的宽度、形状和埋深等因素有关。当基础埋深较大，无论是砂性土还是黏性土地基，最常见的破坏形式是局部剪切破坏。

3. 浅层平板载荷试验确定地基承载力

由试验结果可绘制 $p\text{-}s$ 关系曲线，推断出地基的极限荷载与承载力特征值。规范规定在某一级荷载作用下，如果出现下列情况之一时土体被认为已经达到了破坏状态，此时即可终止加荷。

(1) 荷载板周围的土有明显侧向挤出。

(2) 荷载 p 增加很小，但沉降量 s 却急剧增大，荷载-沉降（$p\text{-}s$）曲线出现陡降段。

(3) 在某一级荷载下，24h 内沉降速率不能达到稳定标准。

(4) 沉降量与承压板宽度或直径之比（s/b）不小于 0.06。

当满足前 3 种情况之一时，其对应的前一级荷载定为极限荷载。

承载力特征值按载荷试验 $p\text{-}s$ 关系曲线确定，标准应符合下列要求。

(1) 当 $p\text{-}s$ 曲线上有比例界限时，取该比例界限所对应的荷载值。

(2) 当极限荷载小于对应比例界限的荷载值的 2 倍时，取极限荷载值的一半。

(3) 当不能按上述两款要求确定时，当压板面积为 $0.25\sim0.50\text{m}^2$ 时，可取 $s/b=0.01\sim0.015$ 所对应的荷载，但其值不应大于最大加载量的一半。

(4) 同一土层参加统计的试验点不应少于三点，当试验实测值的极差不超过其平均值的 30% 时，取此平均值作为该土层的地基承载力特征值 f_{ak}。

4.4.2 理论公式确定地基承载力

若基底压力小于地基临塑压力，则表明地基不会出现塑性区，这时，地基将有足够的安全储备。实践证明，采用临塑压力作为地基承载力设计值是偏于保守的。只要地基的塑性区范围不超过一定限度，并不会影响建筑物的安全和正常使用。这样，可采用地基土出现一定深度的塑性区的基底压力作为地基承载力特征值。

当偏心距 e 不大于 0.033 倍基础底面宽度时，通过试验和统计得到土的抗剪强度指标标准值后，可按式（4.12）计算地基土承载力特征值，即

$$f_a = M_b\gamma b + M_d\gamma_m d + M_c c_k \tag{4.12}$$

式中　　 f_a——由土的抗剪强度指标标准值确定的地基承载力特征值，kPa；

　　　　 γ——基础底面以下土的重度，地下水位以下取有效重度，kN/m^3；

　　　　 γ_m——基础底面以上土的加权平均重度，地下水位以下取有效重度，kN/m^3；

M_b、M_d、M_c——承载力系数，按表 4.1 确定；

　　　　 b——基底宽度，m，当基底宽度大于 6m 时，按 6m 考虑；对于砂土小于 3m 时，按 3m 考虑；

　　　　 c_k——基底下一倍基础底面短边宽深度内土的黏聚力标准值，kPa；

　　　　 d——基础埋置深度，m，一般自室外地面标高算起。在填方整平地区，可自填土地面标高算起，但填土在上部结构施工后完成时，应从天然地面标高算起。对于地下室，如采用箱形基础或筏基时，基础埋置深度自室外地面标高算起；当采用独立基础或条形基础时，应从室内地面标高算起。

表 4.1 承载力系数 M_b、M_d、M_c

土的内摩擦角标准值 $\varphi_k/(°)$	M_b	M_d	M_c
0	0	1.00	3.14
2	0.03	1.12	3.32
4	0.06	1.25	3.51
6	0.10	1.39	3.71
8	0.14	1.55	3.93
10	0.18	1.73	4.17
12	0.23	1.94	4.42
14	0.29	2.17	4.69
16	0.36	2.43	5.00
18	0.43	2.72	5.31
20	0.51	3.06	5.66
22	0.61	3.44	6.04
24	0.80	3.87	6.45
26	1.10	4.37	6.90
28	1.40	4.93	7.40
30	1.90	5.59	7.95
32	2.60	6.35	8.55
34	3.40	7.21	9.22
36	4.20	8.25	9.97
38	5.00	9.44	10.80
40	5.80	10.84	11.73

注 φ_k 为基底下一倍基础底面短边宽深度内土的内摩擦角标准值。

4.4.3 按照土的强度理论确定地基承载力

确定地基承载力的主要依据为土的强度理论。地基承载力的理论计算，需要应用土的抗剪强度指标。

1. 临塑荷载 p_{cr}

临塑荷载是指在外荷载作用下，地基中即将出现剪切变形（即塑性变形）时的基底压力。在 $p-s$ 曲线上（图 4.14），由直线变形阶段转为塑性变形阶段的临界点 A 所对应的荷载即为临塑荷载。

临塑荷载是地基承载力确定的依据，可以按式（4.13）计算，即

$$p_{cr} = \frac{\pi(\gamma_m d + c\cot\varphi)}{\cot\varphi + \varphi - \frac{\pi}{2}} + \gamma_m d = N_d \gamma_m d + N_c c \tag{4.13}$$

式中 p_{cr}——地基的临塑荷载，kPa；

γ_m——基础底面以上土的加权平均重度，地下水位以下取浮重度，kN/m³；

d——基础的埋置深度，m；

　　c——基础底面以下土的黏聚力，kPa；

　　φ——内摩擦角，$(°)$；

N_d、N_c——承载力系数，由内摩擦角 φ 按式（4.14）、式（4.15）计算，即

$$N_d = \frac{\cot\varphi + \varphi + \frac{\pi}{2}}{\cot\varphi + \varphi - \frac{\pi}{2}} \tag{4.14}$$

$$N_c = \frac{\pi\cot\varphi}{\cot\varphi + \varphi - \frac{\pi}{2}} \tag{4.15}$$

2. 临界荷载

　　工程实践表明，采用临塑荷载作为地基承载力往往偏于保守。因为在临塑荷载作用下，地基尚处于压密状态，并将要出现塑性变形区。对于一般地基土（软弱地基除外），即使地基中存在局部塑性变形区，只要塑性变形区的范围不超过某一限度，就不致影响建筑物的安全。因此，可以适当提高地基承载力的数值，以节省造价。究竟允许地基中塑性变形区可以发展多大范围，这与建筑物的规模、重要性、荷载大小与性质、地基土的物理力学性质等因素有关。工程经验表明，中心荷载作用下，塑性变形区的最大深度可取基础宽度的 1/4，相应的临界荷载用 $p_{1/4}$ 表示；偏心荷载作用下，塑性变形区的最大深度可取基础宽度的 1/3，相应的临界荷载用 $p_{1/3}$ 表示，则

$$p_{1/4} = \frac{\pi\left(\gamma_m d + c\cot\varphi + \frac{1}{4}\gamma b\right)}{\cot\varphi + \varphi - \frac{\pi}{2}} + \gamma_m d = N_{1/4}\gamma b + N_d\gamma_m d + N_c c \tag{4.16}$$

$$p_{1/3} = \frac{\pi\left(\gamma_m d + c\cot\varphi + \frac{1}{3}\gamma b\right)}{\cot\varphi + \varphi - \frac{\pi}{2}} + \gamma_m d = N_{1/3}\gamma b + N_d\gamma_m d + N_c c \tag{4.17}$$

式中　　b——条形基础宽度；矩形基础短边，圆形基础采用 $b = A^{0.5}$，A 为圆形基础面积；

　　　　γ——基础底面以下土的容重，地下水位以下取有效重度，kN/m^3；

$N_{1/4}$、$N_{1/3}$——承载力系数，由内摩擦角 φ 按式（4.18）、式（4.19）计算，即

$$N_{1/4} = \frac{\pi}{4\left(\cot\varphi + \varphi - \frac{\pi}{2}\right)} \tag{4.18}$$

$$N_{1/3} = \frac{\pi}{3\left(\cot\varphi + \varphi - \frac{\pi}{2}\right)} \tag{4.19}$$

3. 极限荷载

　　极限荷载是指在外荷载作用下，地基即将丧失整体稳定性而破坏时的基底压力。在 $p-s$ 曲线上（图3.15），由塑性变形阶段转为失稳阶段的临界点 B 所对应的荷载即为极限荷载。

极限荷载的计算公式较多，常用的公式有太沙基公式，即

$$p_{\mathrm{u}} = 0.5\gamma b N_{\tau} + c N_{c} + q N_{q} \qquad (4.20)$$

式中　　p_{u}——地基极限荷载，kPa；

　　　　q——基底以上两侧土体均布荷载，其值为基础埋深范围土的自重压力 $q = \gamma_{\mathrm{m}} d$，kPa；

N_{τ}、N_{c}、N_{q}——地基承载力系数，均为内摩擦角 φ 的函数，可直接计算或查有关图表确定，N_{τ}、N_{c}、N_{q} 值可直接从图 4.17 或按表 4.2 中查取。

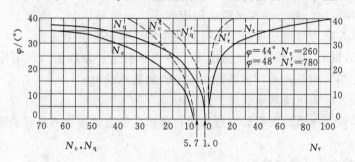

图 4.17　太沙基承载力系数

表 4.2　　　　　　　　　　　　太沙基承载力系数表

$\varphi/(°)$	N_c	N_q	N_{τ}	$\varphi/(°)$	N_c	N_q	N_{τ}
0	5.7	1.00	0	24	23.4	11.4	8.6
2	6.5	1.22	0.23	26	27.0	14.2	11.5
4	7.0	1.48	0.39	28	31.6	17.8	15.0
6	7.7	1.81	0.63	30	37.0	22.4	20.0
8	8.5	2.20	0.86	32	44.4	28.7	28.0
10	9.5	2.68	1.20	34	52.8	36.6	36.0
12	10.9	3.32	1.66	36	63.6	47.2	50.0
14	12.0	4.00	2.20	38	77.0	61.2	90.0
16	13.0	4.91	3.00	40	94.8	80.5	130.0
18	15.5	6.04	3.90	42	119.5	109.4	—
20	17.6	7.42	5.00	44	151.0	147.0	—
22	20.2	9.17	6.50	45	172.0	173.0	326.0

　　太沙基公式适用于条形基础、方形基础和圆形基础；另外还有斯凯普顿公式，适用于内摩擦角 $\varphi = 0$ 的饱和软土地基和浅基础；汉森公式，适用于倾斜荷载的情况，限于篇幅，在此不再详细介绍，读者可以参考有关资料。

　　极限荷载是地基即将丧失整体稳定的荷载，在进行建筑物基础设计时，当然不能采用极限荷载作为地基承载力，必须有一定的安全系数 k。k 值的大小应根据建筑工程的等级、规模与重要性及各种极限荷载公式的理论、假定条件与适用情况确定，通常取 $k = 1.5 \sim 3.0$。

4.4.4 其他方法确定地基承载力特征值

（1）深层平板载荷试验适用于确定深部地基土层及大直径桩桩端土层在承压板下应力主要影响范围内的承载力。

（2）螺旋板载荷试验适用于深层地基土或地下水位以下的地基土。通过传力杆对螺旋形承压板施加荷载，并观测承压板的位移，以测定土层的荷载—变形—时间关系，确定地基承载力特征值。

（3）其他原位测试方法确定地基承载力特征值。

1）静力触探试验。静力触探试验适用于软土、一般黏性土、粉土、砂土和含少量碎石的土。利用贯入阻力与地基承载力之间的关系可以确定地基承载力。

2）标准贯入试验。标准贯入试验适用于砂土、粉土、黏性土。利用标准贯入锤击数与地基承载力之间的相互关系，可以得到相应的地基承载力。

（4）按经验方法确定地基承载力。

对于设计等级为丙级的次要轻型建筑物，可根据邻近建筑物的经验确定地基承载力特征值。

4.4.5 地基承载力特征值的修正

规范规定，当基础宽度大于 3m 或埋置深度大于 0.5m 时，从载荷试验或其他原位测试、经验值等方法确定的地基承载力特征值，尚应按式（4.21）修正，即

$$f_a = f_{ak} + \eta_b \gamma (b - 3) + \eta_d \gamma_m (d - 0.5) \qquad (4.21)$$

式中　f_a——修正后的地基承载力特征值，kPa；

f_{ak}——地基承载力特征值，kPa；

b——基础底面宽度，m，当基宽大于 6m 时按 6m 取值，小于 3m 时按 3m 取值；

η_b、η_d——基础宽度和埋深的地基承载力修正系数，按基底下土的类别查表 4.3。

表 4.3　　　　　　　　承载力修正系数

土 的 类 别		η_b	η_d
淤泥和淤泥质土		0	1.0
人工填土		0	1.0
e 或 I_L 不小于 0.85 的黏性土			
红黏土	含水比 $a_w > 0.8$	0	1.2
	含水比 $a_w \leqslant 0.8$	0.15	1.4
大面积压实填土	压实系数大于 0.95、黏粒含量 $p_c \geqslant 10\%$ 的粉土	0	1.5
	最大干密度大于 2.1kg/m³ 的级配砂石	0	2.0
粉土	黏粒含量 $p_c \geqslant 10\%$ 的粉土	0.3	1.5
	黏粒含量 $p_c < 10\%$ 的粉土	0.5	2.0
e 或 I_L 均小于 0.85 的黏性土		0.3	1.6
粉砂、细砂（不包括很湿与饱和时的稍密状态）		2.0	3.0
中砂、粗砂、砾砂和碎石土		3.0	4.4

习 题

4.1 什么是土的抗剪强度？同一种土的抗剪强度指标是不是一个定值？

4.2 土体的破坏是由于什么引起的？

4.3 影响土抗剪强度指标的因素有哪些？

4.4 土体发生剪切破坏的平面是否为最大剪应力面？一般情况下，破裂面与大主应力面成什么角度？

4.5 何为土的极限平衡状态？土的极限平衡条件可以用哪些形式表述？

4.6 通过库仑定律强度线和莫尔应力圆的几何关系说明：为啥当 σ_1 不变时，σ_3 越小越易破坏；反之，σ_3 不变时，σ_1 越大越易破坏？

4.7 土的抗剪强度为何随着试验方法不同而不同？怎么样根据工程实际选择试验方法？

4.8 地基变形分哪几个阶段？各阶段有何特点？

4.9 临塑荷载、临界荷载、极限荷载三者有什么关系？

4.10 什么是地基承载力特征值？《地基基础设计规范》如何确定承载力？地基承载力特征值什么情况下修正？如何修正？

4.11 某土样进行三轴剪切试验，剪切破坏时，测得 $\sigma_1=600\text{kPa}$，$\sigma_3=100\text{kPa}$，剪切破坏面与水平面夹角为 $60°$，求：

（1）土的 c、φ 值。

（2）计算剪切破坏面上的正应力和剪应力。

4.12 某条形基础下地基土中一点的应力为：$\sigma_z=250\text{kPa}$，$\sigma_x=100\text{kPa}$，$\tau_{xz}=40\text{kPa}$。已知地基土为砂土，$\varphi=30°$，问该点是否发生剪切破坏？若 σ_z、σ_x 不变，τ_{xz} 增至 60kPa，则该点是否发生剪切破坏？

4.13 已知某土的抗剪强度指标为 $c=25\text{kPa}$，$\varphi=25°$。若 $\sigma_3=100\text{kPa}$，求：

（1）达到极限平衡状态时的大主应力 σ_1。

（2）极限平衡面与大主应力面的夹角。

（3）当 $\sigma_1=300\text{kPa}$，试判断该点所处应力状态。

岩 土 工 程 勘 察

项目要点

（1）岩土工程勘察等级、岩土工程勘察阶段的划分。

（2）地基勘察方法。

（3）验槽的目的、验槽的主要内容及方法和注意事项。

各项工程建设在设计和施工之前，必须按基本建设程序进行岩土工程勘察。岩土工程勘察应按工程建设各勘察阶段的要求，正确反映工程地质条件，查明不良地质作用和地质灾害，精心勘察、精心分析，提出资料完整、评价正确的勘察报告。

5.1 岩土工程勘察的基本知识

5.1.1 岩土工程勘察等级

岩土工程勘察等级划分是根据工程重要性等级、场地复杂程度等级和地基复杂程度等级综合分析确定。《岩土工程勘察规范》（GB 50021—2001）（2009 版）将岩土工程勘察分为甲级、乙级和丙级 3 个等级。

（1）工程重要性等级是根据工程的规模和特征，以及由于岩土工程问题造成工程破坏或影响使用的后果，分为三级。

一级工程：重要工程，后果很严重。

二级工程：一般工程，后果严重。

三级工程：次要工程，后果不严重。

（2）场地等级根据场地复杂程度分为 3 个等级：一级场地为复杂场地；二级场地为中等复杂场地；三级场地为简单场地。

（3）地基等级根据地基复杂程度分为 3 个等级：一级地基为复杂地基；二级地基为中

等复杂地基；三级地基为简单地基。

　　所以岩土工程勘察按下列条件划分为甲级、乙级和丙级。

　　1）甲级。在工程重要性、场地复杂程度和地基复杂程度中，有一项或多项为一级者定为甲级。

　　2）乙级。除勘察等级为甲级和丙级外的勘察项目（建筑在岩质地基上的一级工程，当场地复杂程度等级和地基复杂程度等级均为三级时，岩土工程勘察等级可定为乙级）。

　　3）丙级。工程重要性、场地复杂程度和地基复杂程度等级均为三级者定为丙级。

　　例如，对重要工程、地形地貌复杂和岩土很不均匀的地基为甲级勘察；对次要工程、地形地貌简单和岩土种类单一、均匀的为丙级勘察。

5.1.2　岩土工程勘察阶段的划分

　　与工程建设各个设计阶段相应的岩土工程勘察一般分为可行性研究阶段勘察、初步勘察、详细勘察和施工勘察。对工程地质条件复杂或有特殊要求的工程宜进行施工勘察；场地较小且无特殊要求的工程可合并勘察阶段；当建筑物平面布置已经确定，且场地或其附近已有岩土工程资料时，可根据实际情况，直接进行详细勘察。

　　1. 可行性研究阶段勘察

　　可行性研究阶段勘察应对拟选场址的稳定性和适宜性做出工程地质评价。这一阶段的勘察工作归纳如下。

　　（1）收集场址所在地区的区域地质、地形地貌、地震、矿产和附近地区的工程资料及建筑经验。

　　（2）在收集和分析已有资料的基础上，进行现场调查，了解场地的地层结构、岩土类型及性质、地下水及不良地质现象等工程地质条件。

　　（3）对工程地质条件复杂，已有资料不能符合要求的，可根据具体情况，进行工程地质测绘及必要的勘探工作。

　　（4）当有两个或两个以上拟选场地时，应进行比较分析。

　　2. 初步勘察

　　初步勘察应符合初步设计要求，其目的在于对场地内各建筑地段的稳定性和地基的岩土技术条件作出岩土工程评价，为确定建筑总平面布置、选择建筑物地基基础设计方案和不良地质现象的防治对策进行论证。这一阶段的工作内容如下。

　　（1）收集拟建工程的有关文件、工程地质和岩土工程资料以及工程场地范围的地形图。

　　（2）初步查明地质构造、地层结构、岩土工程特性、地下水埋藏条件。

　　（3）查明场地不良地质作用的成因、分布、规模、发展趋势，并对场地稳定性作出评价。

　　（4）对抗震设计烈度不小于Ⅵ度的场地，应对场地和地基的地震效应作出初步评价。

　　（5）季节性冻土区，应调查场地土的标准冻结深度。

　　（6）初步判定水和土对建筑材料的腐蚀性。

　　（7）高层建筑初步勘察时，应对可能采取的地基基础类型、基坑开挖和支护、工程降水方案进行初步评价。

3. 详细勘察

详细勘察应符合施工图设计要求。详细勘察应按单体建筑物或建筑群提出详细的岩土工程资料和设计、施工所需的岩土参数；对建筑物地基作出岩土工程评价，并对地基类型、基础形式、地基处理、基坑支护、工程降水和不良地质作用的防治等提出建议。主要进行下列工作。

(1) 收集附有坐标和地形的建筑总平面图，场区的地面整平标高，建筑物的性质、规模、荷载、结构特点、基础形式、埋置深度、地基允许变形等资料。

(2) 查明不良地质作用类型、成因、分布范围、发展趋势和危险程度，提出整治方案的建议。

(3) 查明建筑范围内岩土层类型、深度、分布、工程特性，分析和评价地基的稳定性、均匀性和承载力。

(4) 对需要进行沉降计算的建筑物，提供地基变形计算参数，预测建筑物的变形特征。

(5) 查明埋藏的河道、沟浜、墓穴、防空洞、孤石等对工程不利的埋藏物。

(6) 查明地下水埋藏条件，提供地下水位及其变化幅度。

(7) 在季节性冻土地区，提供场地土的标准冻结深度。

(8) 判定水对建筑材料的腐蚀性。

4. 施工勘察

施工阶段勘察的目的和任务就是配合设计、施工单位进行勘察，解决与施工有关的岩土工程问题，并提出相应的勘察资料。当遇下列情况之一时，需进行施工勘察。

(1) 基坑或基槽开挖后，岩土条件与原勘察资料不符。

(2) 深基础施工设计及施工中需进行有关地基监测工作。

(3) 地基处理、加固需进行检验工作。

(4) 地基中溶洞或土洞较发育，需进一步查明及处理。

(5) 在工程施工中或使用期间，当边坡体、地下水等发生未曾估计到的变化时，应进行检测，并对施工和环境的影响进行分析评价。

5.1.3　岩土工程勘察方法

工业与民用建筑工程中岩土工程勘察所采用的勘探方法主要有钻探、坑探和触探。

1. 钻探

钻探是一种常用的勘探方法，采用机具在地层中钻孔或冲孔，以鉴别和划分土层及沿孔深采取原状土样，以供进行室内试验，确定土的物理力学性质。

岩土工程勘察中采用的钻探方法很多，根据其破碎岩土方法的不同，大致可分为回转钻探、冲击钻探、振动钻探与冲洗钻探等四大类。根据不同的土层类别和勘察要求，选择相应的钻进方式，详见表5.1。

在选用钻探方法时，应符合下列要求。

(1) 对要求鉴别地层岩性和取样的钻孔，均应采用回转方式钻进，遇到碎石土可以用振动回转方式钻进。

(2) 地下水位以上的地层应进行干钻，不得使用冲洗液，也不得向孔内注水，但可以用能隔离冲洗液的二重管或三重管钻进取样。

表 5.1 钻探方法的适用范围

钻探方法		钻 进 地 层					勘 察 要 求	
		黏性土	粉土	砂土	碎石土	岩石	直观鉴别、采取不扰动试样	直观鉴别、采取扰动试样
回转	螺旋钻探	++	+	+	—	—	++	++
	无岩心钻探	++	++	++	+	++	—	—
	岩心钻探	++	++	++	+	++	++	++
冲击	冲击钻探	—	+	++	++	—	—	—
	锤击钻探	++	++	++	+	—	++	++
振动钻探		++	++	++	+	—	+	++
冲洗钻探		+	++	++	—	—	—	—

注 ++表示适用；+表示部分适用；—表示不适用。

（3）钻进岩层宜采用金刚石钻头，对软质岩石及风化破碎岩石应采用双层岩心管钻头钻进。需要测定岩石质量指标时，应采用外径为 75mm 的双层岩心管钻头。

（4）在湿陷性黄土中，应采用螺旋钻头钻进，或采用薄壁钻头锤击钻进，操作时应符合"分段钻进，逐次缩减，坚持清孔"的原则。

在岩土工程勘察的钻探过程中，必须做好现场的钻探编录工作，把观察到的各种地质现象正确地、系统地用文字和图表表示出来。这既是工程技术人员的现场工作职责，也是保证达到钻探目的的重要环节和正确评价岩土工程问题的主要依据。

岩土工程勘察中的钻探多具综合目的，钻进过程中所进行的各种试验工作均有细则和规范要求，应认真执行。从岩土工程勘察角度出发，需要强调的是：钻进过程的观察、分析和记录，水文地质观测，岩心鉴定及钻孔资料整理等。

2. 坑探

坑探是指在地表或地下所挖掘的各种类型的坑道，以揭示第四纪覆盖层分布区基岩的工程地质特征，并了解第四纪地层情况的一种勘探方法。其主要特点是便于直接观察、采取原状岩土试样和进行现场原位测试。因此，它是区域地质（断裂）构造（或称为区域稳定性）、不良地质作用（或称为场地稳定性）岩土工程勘察中使用较为广泛的勘探方法。

3. 触探法

触探法是间接的勘察方法，不取土样，不描述，只将一个特别探头装在钻杆底端，打入或压入地基土中，由探头所受阻力的大小探测土层的工程性质，称为触探法。其与钻探法配合可提高勘察的质量和效率。根据探头的结构和入土方法的不同，可分为标准贯入试验、圆锥动力触探、静力触探三大类。

（1）标准贯入试验。

1）标准贯入试验设备。试验设备主要由贯入器（外径 51mm、内径 35mm、长度大于 500mm）、钻杆（直径 42mm）和穿心落锤（质量 63.5kg、落距 760mm）三部分组成。

2）操作要点。

a. 先用钻具钻至试验层标高以上约 150mm 处，以避免下层土受到扰动。

b. 贯入前应检查触探杆的接头，不得松脱。贯入时，穿心锤落距为 760mm，使其自由下落，将贯入器竖直打入土层中 150mm。以后每打入土层 300mm 的锤击数，即为实测锤击数 N。

  c. 拔出贯入器，取出贯入器中的土样进行鉴别描述。

  d. 若需继续进行下一深度的贯入试验时，即重复上述操作步骤进行试验。

标准贯入试验适用于砂土、粉土和一般黏性土。

  3）标准贯入试验主要应用。以贯入器采取扰动土样，鉴别和描述土类，按颗粒分析成果确定土类名称。根据标准贯入试验击数和地区经验，判别黏性土的物理状态，评定砂土的密实度和相对密度；提供土的强度参数、变形参数和地基承载力；判定沉桩的可能性和估算单桩竖向承载力；判定地震作用饱和砂土、粉土液化的可能性及液化等级。

  （2）圆锥动力触探试验。

  圆锥动力触探试验是用一定质量的重锤，一定高度的落距，将标准规格的圆锥形探头贯入土中，根据打入土中一定深度的锤击数，判定土的力学特性，其具有勘探和测试双重功能。圆锥动力触探试验的类型及适用土类见表 5.2。

表 5.2   圆锥动力触探类型及适用土类

类 型		轻 型	重 型	超重型
落锤	质量/kg	10	63.5	120
	直径/mm	500	760	1000
探头	直径/mm	40	74	74
	锥角/(°)	60	60	60
探杆直径/mm		25	42	50～60
指标		贯入 300mm 的读数 N_{10}	贯入 100mm 的读数 $N_{63.5}$	贯入 100mm 的读数 N_{120}
主要适用岩土		浅部的填土、砂土、粉土、黏性土	砂土、中密以下的碎石土、极软岩	密实和很密的碎石土、软岩、极软岩

  根据圆锥动力触探试验指标和地区经验，可以进行划分地层，评定土的均匀性和物理性质（稠度状态、密实程度）、土的强度、变形系数、地基承载力、单桩承载力，查明土洞、潜在滑移面、软硬土层界面、检验地基处理效果等。

  （3）静力触探试验。

  1）静力触探试验的设备。设备由加压系统、反力平衡系统和量测系统三部分组成。静力触探试验的原理是通过液压装置或机械装置，将一个贴有电阻应变片的、标准规格的圆锥形金属触探头以匀速垂直地压入土中，土层对探头的阻力利用电阻应变仪来量测微应变数值，并换算成探头所受到的贯入阻力，利用贯入阻力与土的物理力学指标或载荷试验指标的相应关系，间接测定土的力学特性，其具有勘探和测试双重功能。静力触探试验适用于软土、一般黏性土、粉土、砂土和含少量碎石的土。

  2）地质条件评价。结合地区经验和积累的静力触探试验资料，根据现场静力触探试验量测探头压入土中所受的阻力。绘制的试验曲线特征或数值变化幅度，可用于评价地质条件，划分地层并确定其土类名称，了解地层的均匀性。估算土的物理性质指标参数，如稠度状态、密实程度。评定土的力学性质指标参数，如土的强度、压缩性、地基承载力以及压缩模量。判定沉桩可能性、选择桩端持力层、估算单桩竖向极限承载力。判别地震作用饱和砂土、粉土的液化。估算土的固结系数和渗透系数。

5.2　岩土工程勘察报告的阅读

5.2.1　勘察报告的基本内容

　　岩土工程勘察结果是以报告书的形式提出的，岩土工程勘察报告是指在原始资料的基础上进行整理、归纳、统计、分析、评价，提出工程建议，形成系统的为工程建设服务的勘察技术文件。报告由文字阐述和图表两部分组成，其中的图表部分给出场地的地层分布、岩土原位测试和室内试验的数据；文字阐述部分给出分析、评价和建议。

　　岩土工程勘察报告是给设计单位和施工单位提供依据的，其内容应以满足设计与施工的要求为原则，根据任务要求、勘察阶段、工程特点和地质条件等具体情况编写，并应包括下列内容。

　　1. 文字阐述部分

　　（1）勘察的目的、任务要求和依据的技术标准。

　　（2）拟建工程概况。

　　（3）勘察方法和勘察工作布置。

　　（4）场地地形、地貌、地层、地质构造、岩土性质及其均匀性。

　　（5）各项岩土性质指标、岩土的强度参数、变形参数、地基承载力的建议值。

　　（6）地下水埋藏情况、类型、水位及其变化。

　　（7）土和水对建筑材料的腐蚀性。

　　（8）对可能影响工程稳定的不良地质作用的描述和对工程危害的评价。

　　（9）场地稳定性和适宜性的评价。

　　2. 图表部分

　　（1）勘探点平面布置图。在建筑场地的平面图上，先画出拟建工程的位置，再将钻孔、试坑、原位测试点等各类勘探点的位置用不同的图例标出，给予编号，注明各类勘探点的地面标高和探深，并且标明勘探剖面图的剖切位置。

　　（2）工程地质柱状图。根据现场钻探或井探记录、原位测试和室内试验结果整理出来的，用一定比例尺、图例和符号绘制的某一勘探点地层的竖向分布图。图中自上而下对地层编号，标出各地层的土类名称、地质时代、成因类型、层面及层底深度、地下水位、取样位置。柱状图上可附有的主要物理力学性质指标及某些试验曲线。

　　（3）工程地质剖面图。根据勘察结果，用一定比例尺（水平方向和竖直方向可采用不同的比例尺）、图例和符号绘制的，某一勘探线的地层竖向剖面图，勘探线的布置应与主要地貌单元或地质构造相垂直，或与拟建工程轴线一致。

　　（4）原位测试成果图表。由原位测试成果汇总列表，绘制原位测试曲线。

　　（5）室内试验成果图表。各类工程均为室内试验测定土的分类指标和物理及力学性能指标，将试验结果汇总列表，并绘制试验曲线。

5.2.2　勘察报告的阅读和使用

1. 勘察报告的阅读

首先要细致地通读报告全文，读懂、读透，对建筑场地的工程地质和水文地质条件要有一个全面的认识，切记不要只注重土的承载力等个别数据和结论的做法。

（1）根据工程设计阶段和工程特点，分析勘察工作特点及深度、勘察点布置、钻孔数量、钻探、取样、原位测试和室内试验是否符合《岩土工程勘察规范》（GB 50021—2001）（2009版）规定；所提供的计算参数是否满足设计和施工要求；勘察结论与建议是否对拟建工程具有针对性和关键性；有质疑可与勘察单位沟通，必要时向建设单位（或业主）申请补充勘察。

（2）注意场地内及附近地区有无潜在的不良地质现象，如地震、滑坡、泥石流、岩溶等。

（3）注意场地的地形变化，如高低起伏、局部凹陷、地面坡度等。

（4）相邻钻孔之间的土层分界是根据孔中采取的土样状推测出来的，当土层分布比较复杂，钻孔间距又较大时，可能与实际不符，设计与施工的技术人员对此应有足够的估计。注意土层厚度是否比较均匀，每一土层的物理及力学指标差异是否悬殊；尖灭层的坡度，有无透镜体夹层等。

（5）注意地下水的埋藏条件，水位、水质是否与附近的地表水有联系，同时要注意勘察时间是在丰水季节还是枯水季节，水位有无升降的可能及升降的幅度。

（6）注意报告中的结论和建议对拟建工程的适用及正确程度。从地基的强度和变形两个方面，对持力层的选择、基础类型及与上部结构共同工作进行综合考虑。

2. 勘察报告的使用

建筑设计是以充分阅读和分析建筑场地的岩土工程勘察报告为前提的。建筑施工要实现建筑设计，一方面要深刻地理解设计意图；另一方面也必须充分阅读和分析勘察报告，正确应用勘察报告，针对工程项目的施工图纸，制定切实可行的建筑地基基础施工组织设计，对施工期间可能发生的岩土工程问题进行预测，提出监控、防范和解决问题的施工技术措施。

为了充分发挥勘察报告在设计和施工工作中的作用，必须重视对勘察报告的阅读和使用。熟悉勘察报告的主要内容，了解勘察结论和计算指标的可靠程度，从而判断报告中的建议对该项工程的适用性。在设计和施工时需要把场地和工程地质条件与拟建建筑物具体情况和要求联系起来进行综合分析，既要根据场地工程地质条件因地制宜，也要发挥主观能动性。充分地利用工程地质条件，采取效益较好的方案。

在阅读和使用勘察报告时，应该注意所提供的数据的可靠性。有时由于勘察的详细程度有限，以及勘探方法本身的局限性，勘察报告不可能充分或准确反映场地的主要特征，或者在测试工作中，由于现场取样、长途运输、试验操作等过程中出现误差或失误，所以应该注意分析发现问题，并对有疑问的关键问题设法进一步查清，以便不出差错，发掘地基潜力，并确保工程质量。

（1）场地的稳定性评价。首先是根据勘察报告所提供的场地所在区域的地震烈度，场地按震害影响的类别，建筑地段按震害影响的类别，对饱和砂土和粉土地基的液化等级进行分析和评价；其次是根据勘察报告所提供的场地有无不良地质作用，如岩溶、滑坡、危害崩塌、泥石流等潜在的地质灾害进行分析评价；对地震设防区域的建筑，必须按《建筑抗震设计规范》（GB 50011—2010）（2016 版）进行抗震设计，在施工中按施工图施工，保证工程质量；在不良地质现象发育、对场地稳定性有直接或潜在危害的，必须在设计与施工中采取可靠措施，防患于未然。

（2）地基地层的均匀性评价。施工的难与易，地基承载力高低和压缩性大小对建筑地基基础设计的影响，远不及地基土层均匀性的影响；从工程实践分析上看，造成上部结构梁柱节点开裂、墙体裂缝的原因，主要是由于地基的不均匀变形所致，而地基不均匀变形的原因，就地基条件而言即是地基土层的不均匀性，因此当地基中存在杂填土、软弱夹层及尖灭层，或各天然土层的厚度在平面分布上差异较大时，在地基基础设计与施工中必须注意不均匀沉降的问题。

（3）地基中地下水的评价。当地基中存在地下水，且基础埋深低于地下水位时，对地基基础的设计与施工十分不利。地下水位以下的土方开挖及浅基础施工要求干作业施工条件，为此要考虑人工降低水位。采用明排水要考虑是否产生流沙；大幅度降水会导致周边原有建筑附加沉降和地表沉陷，为此要考虑是否设置挡水帷幕或回灌等技术措施。同时，基础设计要考虑地下水是否有腐蚀性，整体性空腹基础要考虑防水和抗浮等设计与施工技术措施。

（4）地基持力层的选择。建筑地基持力层选择的主要影响因素，首先是建筑设计是否有地下室，然后是地基土层的承载力和压缩性，在保证建筑安全稳定和满足建筑使用功能的前提下，天然地基土的浅基础设计，尤其是当地基中存在软弱下卧层的情况，持力层的选择宜使基础尽量浅埋。深基础持力层的选择主要是坚实的土层，不要过分在意该土层的深度，桩尖或地下连续墙底部以下应有 5 倍以上桩径或地下连续墙厚度的坚实土层；地基变形特征由设计计算控制，同时辅以加强基础及上部结构刚度。

（5）地基基础施工的环境效应影响。工程建设中大挖大填、卸载加载、排水蓄水等施工活动，在不同程度上干扰了建筑物场地原有的平衡状态，如果控制不力，对工程及其周边建筑将产生危害；建筑地基基础施工直接或间接地要对周边环境产生影响，因此在分析、研究建筑场地的岩土工程勘察报告和施工方案时，要论证、评价建筑地基基础施工方案的环境效应影响。

5.2.3　勘察报告实例

岩土工程勘察报告书

工程名称：东风街住宅　　　　　　工程编号：2005 - DH18
委托单位：某省广电局　　　　　　勘察单位：某省勘察院

1. 勘察目的、任务要求和依据的技术标准

（1）勘察目的。为某省广电局东风街住宅工程的施工图设计和施工，提供建筑场地及地基的工程地质和水文地质条件。

（2）任务要求。按工程建设详细勘察阶段的要求，精心勘察，提供资料完整、评价正确的岩土工程勘察报告书。

（3）依据的技术规范。《岩土工程勘察规范》（GB 50021—2001）（2009 版）、《建筑地

基基础设计规范》（GB 50007—2011）、《建筑抗震设计规范》（GB 50011—2010）（2016版）、《建筑地基基础工程施工质量验收规范》（GB 50202—2002）等。

2. 工程概况

建筑物性质：住宅楼；结构类型为砖混结构；层数为地上 6 层、地下 1 层；建筑面积：1930mm²。

3. 勘察日期、方法和工作量

勘察日期：××××年×月×日～×日。勘察方法以 DPP-100 型钻机现场钻探，钻孔：2 个；总进尺：26m；取样：14 筒；进行室内土工试验。

4. 场地的地形、地貌、地质条件

勘察地段地形平坦，钻孔地表高差仅为 0.30m。地貌单元为松花江漫滩；地层沉积成因除表层复杂填土外，其余均为第四纪冲击土，土层由上至下分述如下：

第一层为杂填土：含有碎砖、炉渣等，厚度为 1.20～1.50m，$\gamma=17kN/m^3$。

第二层为粉质黏土：黑褐色～黄褐色；埋深 1.20～1.50m，厚度为 1.60～2.20m；物理及力学指标为 $\gamma=18.1kN/m^3$；$\omega=28.6\%$；$e=0.806$、$I_L=0.554$；$E_{sl-2}=14.8MPa$；$f_{ak}=150kPa$。

第三层为粉质黏土与粉砂交互层：灰黄色，以粉质黏土为主，含有粉砂薄层；埋深 3.10～3.40m，厚度为 2.80～3.00m；粉质黏土的物理及力学指标为 $\gamma=19.1kN/m^3$；$\omega=24.10\%$；$e=0.700$、$I_L=0.408$；$E_{sl-2}=15.8MPa$；$f_{ak}=150kPa$。

第四层为细砂：灰色；埋深 6.10～6.20m，厚度为 6.00～6.10m；中密饱和状态；$E_{sl-2}=25.1MPa$；$f_{ak}=165kPa$。

第五层为中砂：灰色；埋深 12.00～12.10m；中密饱和状态；$E_{sl-2}=35.0MPa$；$f_{ak}=250kPa$。勘探期间见有地下水，地下水位距地表 6.20m（海拔 93.90m），埋藏类型为潜水，无侵蚀性。

5. 结论与建议

（1）本场地的抗震设防烈度为Ⅷ度，地段划分为有利地段，第四层细砂为非液化。

（2）无影响场地稳定的不良地质现象。

（3）本拟建工程两侧近邻存在原有建筑，设计及施工应考虑对周边原有建筑及街路的影响。

（4）本拟建工程设有地下室，建议采用天然地基上的筏形基础。

6. 勘察成果图件

（1）勘探点平面布置图（图 5.1）。

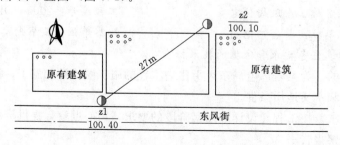

图 5.1 勘探点平面布置图

（2）钻孔柱状图（图5.2）。

（3）工程地质剖面图（图5.2）。

（4）室内土工试验成果表，略。

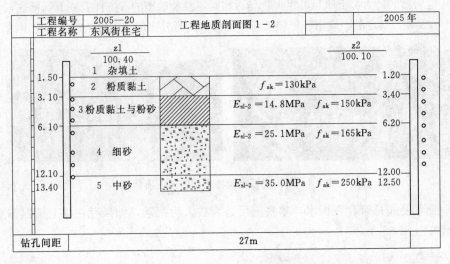

工程编号	2005—20							孔口	100.40M		
工程名称	东风街住宅			钻孔柱状图							
钻孔编号	z1							钻孔日期	2005年5月6日		
地质年代	地址编号	地质资料	地质名称	地质剖面	土层厚度/m	土层深度/m	各层标高/m	地下水位/m	稠度和密度	湿度	地层描述
第四纪(Q4)	1	冲击土	杂填土		1.50	1.50	98.90				碎砖、炉渣等
	2		粉质黏土		1.60	3.10	97.30		可塑	稍湿	黄褐色、含氧化铁
	3		粉质黏土与粉砂		3.00	6.10	94.30		可塑软塑稍密	稍湿	灰黄色、粉质黏土含氧化铁质
	4		细砂		6.00	12.10	88.30	$\frac{-6.10}{94.30}$	稍密	饱和	灰色
	5		中砂		1.30	13.40	87.00		中密	饱和	灰色

工程编号	2005—20	工程地质剖面图 1-2		2005 年
工程名称	东风街住宅			

钻孔间距　　27m

图5.2　钻孔柱状图和工程地质剖面图

5.3 验　　槽

工程施工基槽开挖完成后，需要组织勘察、设计、施工、监理建设单位一起到现场进行验槽，以确定地基土质是否符合要求。

5.3.1 验槽的目的

验槽为基础施工现场基槽检验的简称。验槽的目的主要有以下几个。

（1）检验工程地质勘察成果及结论建议是否与基槽开挖后的实际情况一致，是否正确。

（2）挖槽后地层的直接揭露，可为设计人员提供第一手的工程地质和水文地质资料，对出现的异常情况及时分析，提出处理意见。

（3）当对勘察报告有疑问时，解决此遗留问题，必要时布置施工勘察，以便进一步完善设计，确保施工质量。

5.3.2 验槽的主要内容

（1）校核基槽开挖的平面位置与基槽标高是否符合勘察、设计要求（图5.3）。

图5.3 施工现场检验基槽开挖的平面位置与基槽标高

（2）检验槽底持力层土质与勘察报告是否相同，参加验槽的五方代表要下到槽底，依次逐段检验，若发现可疑之处，应用铁铲铲出新鲜土面，用野外土的鉴别方法进行鉴定（图5.4）。

图5.4 施工现场检验槽底持力层土质情况

（3）查看基底是否存在积水，基底土层是否被人为扰动，如果存在以上情况需要采取相应的措施（图5.5）。

图5.5 施工现场检验槽底积水及人为扰动情况

（4）当发现基槽平面土质显著不均匀，或局部存在古井、菜窖、坟穴、河沟等不良地基时，可用钎探查明平面范围与深度（图5.6）。

图 5.6　钎探施工现场

5.3.3　验槽的方法和注意事项

验槽方法通常主要采用观察法为主，而对于基底以下的土层不可见部位，要先辅以钎探法配合共同完成。

1. 观察法

首先，根据槽断面土层分布情况及走向，而后初步判明全部基底是否已挖至设计要求的土层，如图 5.7 所示。

其次，检查槽底，检查时应观察刚开挖的未受扰动的土的结构、孔隙、湿度、含有物等，确定是否为原设计所提出的持力层土质。为了使检验工作具有代表性和保证重点结构部位的地基土符合设计要求，验槽时应特别注意柱基、墙角、承重墙下或其他受力较大的部位。凡有异常现象的部位，都应该对其原因和范围调查清楚，以便为地基处理和变更设计提供详尽的资料。

验槽虽能比较直观地对槽底进行详细检查，但只能观察基槽表土，而对槽底以下主要受力层范围内土的变化和分布情况，以及局部特殊土质情况，还无法清楚地探明。为此，还应该采用钎探等方法进一步检查。

2. 钎探法

（1）钎探机具要求。如图 5.8 所示，使用人力（机械）使大锤（穿心锤）自由下落规定的高度 500～700mm，撞击钎杆垂直打入土层中，并记录每打入土层 300mm（通常为一

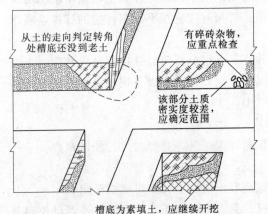

图 5.7　基槽土质变化情况

图 5.8　钎探仪及电动钎探机

步）的锤击数。为设计承载力、地勘结果、地基土层的均匀度等质量指标提供验收依据。钎探法是在基坑底进行轻型动力触探的主要方法。

（2）钎探孔布置。钎探孔布置和深度应根据地基土质的复杂情况、基槽宽度、形状而定。对于土质情况简单的天然地基，钎探孔间距和打入深度可参照表5.3选择，对于较软弱的新近沉积的黏性土和人工杂填土地基，钎探孔间距不大于1.5m。钎探点布置如图5.9所示。

表 5.3 钎 探 孔 布 置

槽宽/m	排列方式及图示	间距/m	钎探深度/m
<0.8	中心一排	1~2	1.2
0.8~2	两排错开	1~2	1.5
>2	梅花形	1~2	2.0
柱基	梅花形	1~2	>1.5并不浅于短边宽度

图 5.9 施工现场钎探点布置

（3）钎探记录和结果分析。在钎探以前，需绘制基槽平面图，在图上根据要求确定钎探点的平面位置，并依次编号，绘成钎探平面图。钎探时按钎探平面图标定的钎探点顺序进行，并同时记录钎探结果。

当一栋建筑物钎探完成后，要全面地从上到下，逐层分析研究钎探记录，然后逐点进行比较，将锤击数过多或过少的钎孔在钎探平面图上加以标注，以备现场检查。

某工程的钎探记录见表5.4和钎探平面图见图5.10。

验槽的注意事项主要有以下几点。

（1）验槽前必须完成合格的钎探，并有详细的钎探记录，必要时进行抽样检查。

（2）基坑土方开挖后，应立即组织验槽。

（3）在特殊情况下，要采取相应措施，确保地基土的安全，不可形成隐患。

（4）验槽时要认真仔细查看土质及分布情况，是否有杂填土、贝壳等，是否已挖到老土，从而判断是否需要加深处理。

表5.4　　　　　　　　　　　×× 工 程 钎 探 记 录 表

单位工程名称：＿＿＿＿＿　　　　　　钎探部位：＿＿＿＿＿

基地标高：＿＿＿＿＿＿　　　　　　　基底土质：＿＿＿＿＿

重锤：10kg　　　　　落距：500mm　钎杆直径：＞5mm

每步打入深度：300mm　　　　　　　　钎探日期：＿＿＿年＿＿＿月＿＿＿日

顺序号	钎探步数					顺序号	钎探步数				
	第一步	第二步	第三步	第四步	第五步		第一步	第二步	第三步	第四步	第五步
1	10	14	24	26	26	52	12	18	28	28	31
2	9	15	27	28	31	53	9	17	21	29	28
3	9	13	23	25	29	54	10	14	21	24	29
4	8	16	20	28	27	(55)	7	8	8	11	26
5	11	11	20	22	30	(56)	7	9	8	15	29
(6)	5	7	7	9	7	(57)	8	6	7	19	29
7	10	15	22	23	24	58	12	13	23	29	32
8	11	17	27	27	30	…					
9	7	14	23	29	29	…					
10	9	13	23	25	26	95	10	14	22	29	32
11	12	14	25	29	32	96	12	13	21	28	35
12	10	13	22	30	30	97	12	15	29	30	36
(13)	9	4	6	6	27	98	11	16	24	28	32
14						(99)	4	13	25	25	30
15						(100)	3	17	26	29	29
…						101	12	19	22	26	29
…						102	13	18	27	29	31

施工负责人＿＿＿＿＿　施工班＿＿＿＿＿　记录人＿＿＿＿＿

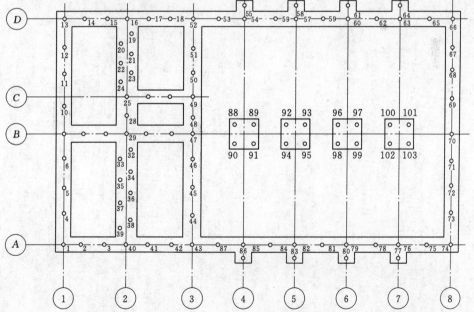

图5.10　某工程钎探平面图

（5）槽底设计标高若位于地下水位以下较深时，必须做好基槽排水，保证槽底不泡水。

（6）验槽结果应填写验槽记录，并由参加验槽的四方代表签字，作为施工处理的依据及长期存档保存的文件。

习　题

5.1　工程地质勘察分哪几个阶段？每个阶段的任务是什么？

5.2　常用的勘探方法有哪些？

5.3　工程地质勘察报告有哪些内容？

5.4　验槽的目的是什么？验槽的参加单位有哪些？验槽的重点是什么？

土压力、边坡稳定与基坑支护

项目要点

（1）静止土压力、主动土压力、被动土压力、朗肯土压力、库仑土压力等概念与计算。

（2）挡土墙的类型与挡土墙设计。

（3）无黏性土边坡稳定分析方法与黏性土的费仑纽斯边坡稳定分析方法。

（4）基坑、基坑支护、土钉墙支护技术等概念。

（5）基坑支护的目的，支护类型、设计原则以及常用支护结构设计计算的理论。

（6）土钉墙和重力式水泥土墙设计与施工方法。

土压力关系到边坡稳定、挡土墙的稳定性以及基坑支护方案的选择，因此土压力理论是基础工程建设中心的重要理论。

通过本项目的学习，熟悉土压力的类型与区别；掌握朗肯土压力计算方法；了解挡土墙的类型；熟悉挡土墙设计内容；了解无黏性土边坡与黏性土土坡的费仑纽斯边坡稳定分析方法；了解基坑支护的概念，熟悉基坑支护的目的、支护类型和设计原则；熟悉土钉墙和重力式水泥土墙设计方法；掌握土钉墙和重力式水泥土墙施工方法。

6.1 土 压 力

6.1.1 土压力概述

挡土墙是一种防止土体下滑或截断土坡延伸的构筑物，在土木工程中应用很广泛，结构形式也很多。挡土墙按常用的结构形式可分为重力式［图 6.1 (a)］、悬臂式［图 6.1 (b)］、扶壁式［图 6.1 (c)］、锚杆式［图 6.1 (d)］和加筋式［图 6.1 (e)］，可由块石、砖、混凝土和钢筋混凝土等材料建成。按其刚度及位移方式可分为刚性挡土墙、柔性挡土墙和临时支撑三类。

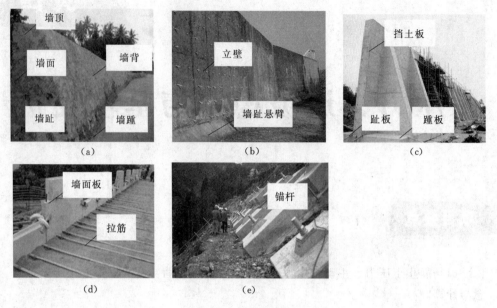

图 6.1　挡土墙类型

（a）重力式挡土墙；（b）悬臂式挡土墙；（c）扶壁式挡土墙；
（d）锚杆式挡土墙；（e）加筋式挡土墙

　　土压力是挡土结构的主要外荷载。土压力是指墙后填土对挡土结构物产生的侧向压力，它与自重应力的区别是作用方向不同。

6.1.2　土压力类型

　　土压力通常是指挡土墙后的填土因自重或外荷载作用对墙背产生的侧压力，如图 6.1 所示。挡土墙（或挡土结构）是防止土体坍塌的构筑物，在房屋建筑、水利、铁路工程以及桥梁中得到广泛应用，如图 6.2 所示。由于土压力是挡土墙的主要外荷载，因此，设计挡土墙时首先要确定土压力的性质、大小、方向、作用点。土压力的大小及分布规律受多种因素影响，对同一结构及土体，土压力的大小主要取决于支挡结构位移方向和大小。它随挡土墙可能位移的方向分为主动土压力、被动土压力、静止土压力 3 种，如图 6.3 所示。

图 6.2　常见挡土结构

（a）桥头；（b）隧道；（c）桥台

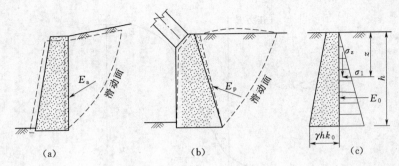

图 6.3　挡土墙的 3 种土压力

(a) 主动土压力；(b) 被动土压力；(c) 静止土压力

1. 主动土压力

若挡土墙在土压力作用下向前移动或转动，这时作用在墙后的土压力将逐渐减小，当墙后土体达到极限平衡状态，并出现连续滑动面而使得土体下滑时，土压力减至最小值，此时的土压力称为主动土压力。主动土压力的合力用 E_a（kN/m）表示，主动土压力强度用 p_a（kPa）表示，如图 6.3（a）所示。

2. 被动土压力

若挡土墙在外荷载作用下，向填土方向移动或转动，这时作用在墙后的土压力将逐渐增大，直至墙后土体达到极限平衡状态，并出现连续滑动面，墙后土体将向上挤出隆起，土压力增至最大值，此时的土压力称为被动土压力。被动土压力的合力用 E_p（kN/m）表示，被动土压力强度用 p_p（kPa）表示，如图 6.3（b）所示。

3. 静止土压力

挡土墙在土压力作用下不发生任何位移或转动，墙后土体处于弹性平衡状态，这时作用在墙背的土压力称为静止土压力。作用在单位长度挡土墙上静止土压力的合力用 E_0（kN/m）表示，静止土压力强度用 p_0（kPa）表示，如图 6.3（c）所示。

6.1.3　影响土压力的因素

挡土墙土压力不是一个常量，其压力的性质、大小及沿墙高度的分布规律与很多因素有关，归纳起来主要有以下几个方面。

（1）填土的类型，包括填土的重度 γ、含水量 ω、内摩擦角 φ 和黏聚力 c 以及填土表面的形状（水平、向上倾斜或向下倾斜）等。

（2）挡土墙的形状、墙背的光滑程度和结构形式。

（3）挡土墙的位移方向和位移量。

上述各因素中，以挡土墙的位移方向和位移量为主要影响因素。图 6.4 给出了土压力与挡土墙水平位移之间的关系。由图 6.4 可以看出，产生被动土压力所需位移 Δp 远大于产生主动土压力所需位移 Δa。

研究表明，在相同条件下，静止土压力大于主动土压力而小于被动土压力，即 $E_p > E_0 > E_a$。

6.1.4　土压力计算

1. 静止土压力

（1）静止土压力产生的条件。静止土压力产生的条件是挡土墙静止不动，位移为 0，

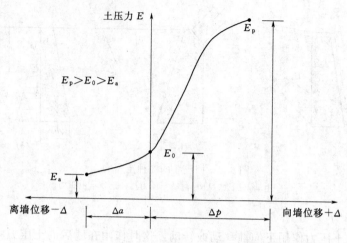

图 6.4　墙身位移与土压力的关系

转角为 0。假定挡土墙：

1）墙背直立、光滑。

2）墙后填土面水平。

3）土体为均质各向同性体。

（2）静止土压力计算原理。作用于挡土墙背面的静止土压力可看作土体自重应力的分量，在墙后土体中深度 z 处任取一单元体。作用在此单元体上的竖向力为土的自重应力 γz，该处水平向作用力便为静止土压力。根据静止土压力的定义，则静止土压力强度为

$$p_0 = \sigma_x = k_0 \gamma z \tag{6.1}$$

由式（6.1）可见，静止土压力强度沿墙呈三角形分布，则作用在单位墙长的静止土压力为

$$E_0 = \frac{1}{2} k_0 \gamma H H = \frac{1}{2} k_0 \gamma H^2 \tag{6.2}$$

式中　p_0——静止土压力强度，kPa；

　　　E_0——作用在单位墙长上的静止土压力，kN/m；

　　　H——挡土墙高度，m；

　　　γ——填土的重度，kN/m³；

　　　k_0——静止土压力系数，可由以下方法确定：①通过侧限压缩试验测定；②正常固结土，经验公式 $k_0 = 1 - \sin\varphi'$（φ' 为土的有效内摩擦角）；③直接采用经验值，按表 6.1 确定。

表 6.1　　　　　　　　　　　　　　　k_0 的经验值

土的种类和状态	k_0	土的种类和状态	k_0	土的种类和状态	k_0
碎石土	0.18~0.25	粉质黏土：坚硬状态	0.33	黏土：坚硬状态	0.33
砂土	0.25~0.33	可塑状态	0.43	可塑状态	0.53
粉土	0.33	软塑状态	0.53	软塑状态	0.72

对于同一种均质土，静止土压力 E_0 的作用点在距墙底 1/3 处，即三角形的形心处。

2. 朗肯土压力

(1) 朗肯土压力理论假设条件与适用条件。

1) 朗肯土压力理论假设条件：表面水平的半无限土体，处于极限平衡状态。

2) 朗肯土压力理论适用条件：挡土墙墙背垂直、光滑；挡土墙墙后填土表面水平；土体为均质的各向同性体。

(2) 朗肯主动土压力计算原理。挡土墙向前移动或转动时，墙后土体中离地表面任意深度 z 处单元体的应力状态随之逐渐变化。单元体的竖向应力是大主应力，且保持不变（即 $\sigma_1 = \sigma_z = \gamma z$），而水平法向应力是小主应力（即 $\sigma_3 = \sigma_x$），且逐渐减小，直到使墙后土体达到极限平衡状态（莫尔应力圆与强度包线相切）。

由极限平衡条件 $\sigma_3 = \sigma_1 \tan^2 \left(45° - \dfrac{\varphi}{2}\right) - 2c\tan\left(45° - \dfrac{\varphi}{2}\right)$ 可得

$$\sigma_x = \sigma_3 = \gamma z \tan^2 \left(45° - \frac{\varphi}{2}\right) - 2c\tan\left(45° - \frac{\varphi}{2}\right) \tag{6.3}$$

令 $p_a = \sigma_x$，$K_a = \tan^2\left(45° - \dfrac{\varphi}{2}\right)$，则式 (6.3) 可写成

$$p_a = \gamma z K_a - 2c\sqrt{K_a} \tag{6.4}$$

式中　　p_a——主动土压力强度，kPa，为主动土压力沿墙高的应力分布；

K_a——主动土压力系数；

z——计算点至墙后水平填土面的距离，m，计算至墙底面时 $z = H$；

c——填土的黏聚力，kPa。

主动土压力合力 E_a 为主动土压力强度 p_a 分布图形面积。E_a 作用方向垂直于墙背，作用点在 $H/3$ 处。

计算公式如下：

对于无黏性土，有

$$E_a = \varphi_a \frac{1}{2} \gamma H^2 K_a \tag{6.5}$$

对于黏性土，有

$$E_a = \varphi_a \left[\frac{1}{2} (\gamma H K_a - 2c\sqrt{K_a})(H - z_0) \right] \tag{6.6}$$

式中　　φ_a——主动土压力增大系数，《建筑地基基础设计规范》（GB 50007—2011）中规定，土坡高度小于 5m 取 1.0；高度为 5～8m，取 1.1；高度大于 8m 取 1.2。

对于黏性土，土压力为 0 的点的深度 z_0 称为临界深度。令式 (6.4) 为 0，得

$$z_0 = \frac{2c}{\gamma\sqrt{K_a}} \tag{6.7}$$

【例 6.1】 有一挡土墙，高 5m，墙背直立、光滑，墙后填土面水平。填土为粉质黏土，其重度、内摩擦角、黏聚力如图 6.5 所示，求朗肯主动土压力并绘土压力分布图。

【解】 (1) 墙底处的土压力计算。

$$K_a = \tan^2\left(45° - \frac{20°}{2}\right) = 0.490; \quad \sqrt{K_a} = \tan\left(45° - \frac{20°}{2}\right) = 0.700$$

$$p_a = \gamma H K_a - 2c\sqrt{K_a} = 18 \times 5 \times 0.49 - 2 \times 10 \times 0.7 = 30.1(\text{kPa})$$

（2）计算临界深度

$$z_0 = \frac{2c}{\gamma\sqrt{K_a}} = \frac{2 \times 10}{18 \times 0.7} = 1.59(\text{m})$$

（3）计算土压力合力 E_a，土压力分布图如图 6.6 所示。

$$E_a = \varphi_a\left[\frac{1}{2}(\gamma H K_a - 2c\sqrt{K_a})(H - z_0)\right] = 1.0 \times 0.5 \times 30.1 \times (5 - 1.59) = 51.3(\text{kN/m})$$

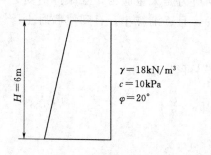

图 6.5　[例 6.1] 附图

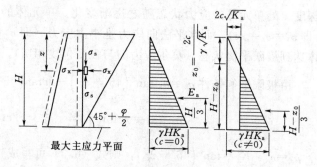

图 6.6　朗肯主动土压力强度分布

（4）绘制土压力强度分布图，如图 6.7 所示。

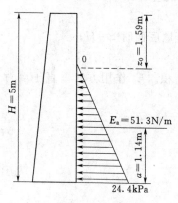

图 6.7　[例 6.1] 被动土压力
　　　　强度分布图

（3）朗肯被动土压力计算原理。挡土墙向后（墙背方向）移动或转动时，墙后土体中离地表面任意深度 z 处单元体的竖向法向应力保持不变（即 $\sigma_z = \gamma z$），而水平法向应力逐渐增大（$\sigma_x = k_0\gamma z$），并最终超过 σ_z，直到使墙后土体达到极限平衡状态（莫尔应力圆与强度包线相切），此时，水平法向应力即为朗肯土压力理论的被动土压力。

当达到被动极限平衡状态时，黏性土中的任意一点的大、小主应力 σ_1、σ_3 之间满足以下关系式，即

$$\sigma_1 = \sigma_x = \sigma_3\tan^2\left(45° + \frac{\varphi}{2}\right) + 2c\tan\left(45° + \frac{\varphi}{2}\right) \quad (6.8)$$

令 $p_p = \sigma_x$，$K_p = \tan^2\left(45° + \frac{\varphi}{2}\right)$，则式（6.8）可写成

$$p_p = \gamma z K_p + 2c\sqrt{K_p} \quad (6.9)$$

式中　p_p——被动土压力强度，kPa，为被动土压力沿墙高的应力分布；

　　　K_p——被动土压力系数。

被动土压力合力 E_p 为被动土压力强度 p_p 分布图形面积。E_p 的作用方向垂直于墙背，其作用点通过被动土压力强度 p_p 分布图的形心，如图 6.8 所示。

计算公式如下。

对于无黏性土，有

$$E_p = \frac{1}{2}\gamma H^2 K_p \quad (6.10)$$

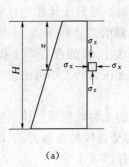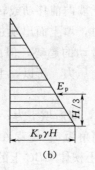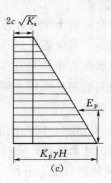

图 6.8　被动土压力强度分布图

(a) 被动土压力计算；(b) 无黏性土（$c=0$）；(c) 黏性土（$c\neq0$）

对于黏性土，有

$$E_p=\frac{1}{2}\gamma H^2 K_p+2cH\sqrt{K_p} \tag{6.11}$$

【例 6.2】 已知条件见［例 6.1］，求朗肯被动、主动土压力并绘土压力分布图。

【解】 (1) 计算被动土压力系数

$$K_p=\tan^2\left(45°+\frac{20°}{2}\right)=2.040;\ \sqrt{K_a}=\tan\left(45°+\frac{20°}{2}\right)=1.428$$

(2) 计算地表处（$z=0$m）被动土压力强度

$$p_{p,0}=\gamma z K_p+2c\sqrt{K_p}=18\times0\times2.04+2\times10\times1.428=28.6(\text{kPa})$$

(3) 计算墙踵处（$z=H=6$m）被动土压力强度

$$p_{p,H}=\gamma H K_p+2c\sqrt{K_p}=18\times5\times2.04+2\times10\times1.428=212.2(\text{kPa})$$

(4) 计算被动土压力合力 E_p 及其合理作用点至墙踵的距离 a

$$E_p=\frac{1}{2}\gamma H^2 K_p+2cH\sqrt{K_p}=\frac{1}{2}\times18\times5^2\times2.04+2\times10\times5\times1.428=601.8(\text{kN/m})$$

合理作用点至墙踵的距离 a

$$a=\left[p_{p,0}H\frac{H}{2}+\frac{H}{2}(p_{p,H}-p_{p,0})\frac{H}{3}\right]\Big/E_p$$

$$=\left[28.6\times5\times\frac{5}{2}+\frac{5}{2}\times(212.2-28.6)\times\frac{5}{3}\right]\Big/601.6=1.87(\text{m})$$

(5) 绘制被动土压力分布图，如图 6.9 所示。

3. 库仑土压力

(1) 库仑土压力基本假设。

1) 墙后填土是理想的散体材料（$c=0$）。

2) 滑动破坏面为通过墙踵的平面。

3) 当墙后填土达到极限平衡状态时，其滑动面为一平面。

4) 滑动土楔为一刚体，无变形。

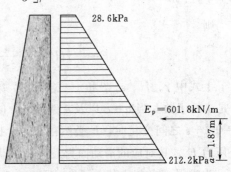

图 6.9　［例 6.2］被动土压力分布图

（2）库仑主动土压力计算。当挡土墙向前移动或转动时，墙后土体作用在墙背上的土压力逐渐减少。当位移量达到一定值时，填土面出现过墙踵的滑动面BC，土体处于极限平衡状态，那么土楔体ABC有向下滑动的趋势，但由于挡土墙的存在，土楔体可能滑动，两者之间的相互作用力即为主动土压力。所以，主动土压力的大小可由土楔体的静力平衡条件来确定。

如图6.10所示，设挡土墙高为H，墙后填土为$c=0$的无黏性均质土体；填土面为坡角β的平面，且无超载；墙与土的摩擦角为δ；墙背AB与竖直线的夹角为ε。取滑动楔体ABC为隔离体进行受力分析，作用于土楔体ABC上的力有以下几个。

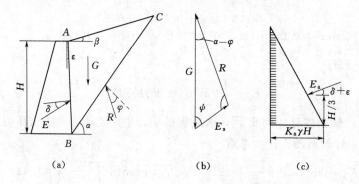

图6.10 库仑主动土压力计算图

(a) 滑动楔体；(b) 力三角形；(c) 压强分布

1）土楔体自重G，方向向下。

2）滑动面$\overline{BC}$上的反力R，方向与破坏面的法线的夹角为φ。

3）墙背对土楔体的反力E_a，它的反作用力即为填土对墙背的土压力，方向与墙背法线尖角为δ。

滑动土楔体在以上三力作用下处于静力平衡状态，因此三力必形成一闭合的力矢三角形，如图6.10所示。由正弦定理可知

$$\frac{G}{\sin[\pi-(\psi+\alpha-\varphi)]}=\frac{E}{\sin(\alpha-\varphi)} \tag{6.12}$$

式中，$\psi=\dfrac{\pi}{2}-\varepsilon-\delta$。

则

$$E=\frac{1}{2}\gamma H^2\left[\frac{\cos(\varepsilon-\alpha)\cos(\beta-\varepsilon)\sin(\alpha-\varphi)}{\cos^2\varepsilon\sin(\alpha-\beta)\cos(\alpha-\varphi-\varepsilon-\delta)}\right] \tag{6.13}$$

上式中γ、H、ε、β和φ、δ均为常数，因此，E只随滑动面$\overline{BC}$的倾角α而变化，即E是α的函数。当$\alpha=\varphi$以及$\alpha=90°+\varepsilon$时，均有$E=0$，可以推断，当滑动面在$\alpha=\varphi$和$\alpha=90°+\varepsilon$之间变化时，E必然存在一个极大值。这个极大值E_{max}的大小即为所求的主动土压力E_a，其对应的滑动面为最危险滑动面。

为求得E的极大值，可令$dE/d\alpha=0$，从而解得最危险滑动面的倾角α（过程略），再将此角度代入式（6.13），整理后可得库仑主动土压力计算公式为

$$E_a = E_{max} = \frac{1}{2}\gamma H^2 K_a$$

其中

$$K_a = \frac{\cos^2(\varphi - \varepsilon)}{\cos^2\varepsilon\cos(\delta + \varepsilon)\left[1 + \sqrt{\dfrac{\sin(\delta + \varphi)\sin(\varphi - \beta)}{\cos(\delta + \varepsilon)\cos(\varepsilon - \beta)}}\,\right]^2} \tag{6.14}$$

式中　K_a——库仑主动土压力系数。

主动土压力强度 p_a 沿墙高呈三角形分布,作用点在距墙底 1/3 处,作用方向与水平面成 $\delta + \varepsilon$ 角,如图 6.10 (c) 所示。

(3) 库仑土被动压力计算。当挡土墙在外力作用下推向土体时,墙后填土作用在填背上的压力随之增大,当位移量达到一定值时,填土中出现过墙踵的滑动面 $\overline{BC}$,形成三角形土楔体,土体处于极限平衡状态。此时土楔 ABC 在自重 G、反力 R 及 E 三力作用下处于静力平衡状态,与主动平衡状态相反,R 和 E 的方向均处于相应法线的上方,三力构成一闭合力矢三角形。

土楔与墙背的相互作用力即为被动土压力,则被动土压力可由土楔体的静力平衡条件来确定。按上述求主动土压力同样的原理,可求得被动土压力的库仑公式为

$$E_p = \frac{1}{2}\gamma H^2 K_p \tag{6.15}$$

$$K_p = \frac{\cos^2(\varphi + \varepsilon)}{\cos^2\varepsilon\cos(\varepsilon - \delta)\left[1 - \sqrt{\dfrac{\sin(\delta + \varphi)\sin(\varphi + \beta)}{\cos(\varepsilon - \delta)\cos(\varepsilon - \beta)}}\,\right]^2} \tag{6.16}$$

式中　K_p——库仑被动土压力系数。

被动土压力强度 $p_p = \gamma z K_p$,沿墙高仍呈三角形分布,合力作用点在墙高 1/3 处,E_p 的作用方向与墙背法线成 δ 角,在外法线的下侧,其中,$\psi = \frac{\pi}{2} - \varepsilon + \delta$,如图 6.11 所示。

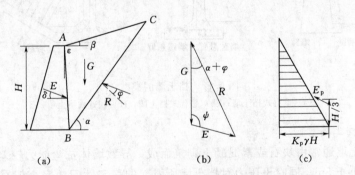

图 6.11　库仑被动土压力计算图
(a) 滑动楔体;(b) 力三角形;(c) 压强分布

4. 朗肯土压力与库仑土压力比较

朗肯和库仑两种土压力都是研究压力问题的简化方法,两者存在着异同。虽然都是从极限平衡状态研究土压力问题,朗肯土压力是从土体处于极限平衡状态时,大小主应力关系推导求得,库仑土压力则是从极限平衡状态条件下,刚性楔体的受力条件推导求得。在

墙背条件、填土条件、适用范围、计算误差等方面存在差异，见表 6.2。

表 6.2　　　　　　　　　　　　　朗肯土压力与库仑土压力比较

比较项目	异同	朗肯土压力理论	库仑土压力理论
分析原理	相同	极限状态土压力理论，取极限平衡状态计算	
	不同	极限应力法	滑动楔体法
墙背条件		理论上比较严密，但只能得到理想简单边界条件下的解答，在应用上受到限制	适用于较为复杂的各种实际边界条件，且在一定范围内能得出比较令人满意的结果
填土条件		适用于黏性土和无黏性土	不能直接应用于黏性土
计算误差		忽略了墙背摩擦力，导致主动土压力系数偏大（偏于安全），被动土压力系数偏小	虽考虑了墙背摩擦力，假设滑动面为平面与实际不符，主动土压力系数偏小，被动土压力系数偏高

6.2　挡土墙设计

6.2.1　挡土墙类型

挡土墙是各类工程建设中常见的支挡结构形式，它具有结构简单、占地少、施工方便和造价低廉等诸多优点。目前，不仅广泛应用于公路、铁路、城市建设，同时应用于水坝建设、河床整治、港口工程、水土保持、土地规划、山体滑坡防治等领域。

常用的挡土墙形式有重力式、悬臂式和扶臂式 3 种，如图 6.12 所示。

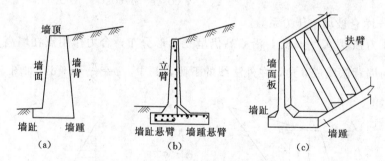

图 6.12　挡土墙的类型
(a) 重力式挡土墙；(b) 悬臂式挡土墙；(c) 扶臂式挡土墙

1. 重力式挡土墙

重力式挡土墙通常由块石或素混凝土砌筑而成，导致墙体抗弯能力较差，一般用于低挡土墙，墙高小于 5m。同时土压力对挡土墙所引起的稳定性问题完全依靠墙体自重来平衡，故这种形式的挡土墙断面较大，以保证其强度及稳定性。重力式挡土墙具有结构简单、施工方便、能够就地取材等优点，是工程中广泛应用的一种形式，如图 6.12（a）所示。

2. 悬臂式挡土墙

悬臂式挡土墙一般用钢筋混凝土建造，它由 3 个悬臂板组成，即立臂、墙趾悬臂和墙踵悬臂，如图 6.12（b）所示。挡土墙主要依靠墙踵悬臂以上的填土自重，而墙体内的拉应力则由钢筋承担。此类挡土墙充分利用了钢筋混凝土的受力特性，因而墙身轻薄、结构轻巧，在市政工程以及厂矿储库中得以广泛应用。

3. 扶臂式挡土墙

若墙后填土较高时，为了增强悬臂式挡土墙中立臂的抗弯性能，常沿墙的纵向每隔 1/3～2/3 墙高设一道扶臂，整体刚度和强度大大增加，如图 6.12（c）所示，故称为扶臂式挡土墙。一般较重要的大型土建工程采用。

挡土墙的设计实质是合理处理好墙背土压力、墙与地面的摩擦力、墙体自重三者的关系，保证挡土墙安全、有效使用。设计内容包括墙型选择、作用在挡土墙上力系计算、墙身长度及稳定性验算、墙后排水及填土质量要求。一般先凭经验初步拟定截面尺寸，然后进行验算。如不满足要求，则应改变截面尺寸或采取其他措施再重新验算，直到满足要求为止。本节重点介绍重力式挡土墙的设计。

6.2.2 挡土墙的形式

合理选择挡土墙的形式对设计具有重要意义，重力式挡土墙依墙背倾斜方向可分为仰斜、直立和俯斜 3 种，如图 6.13 所示。

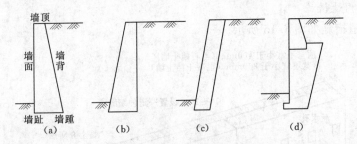

图 6.13 重力式挡土墙的形式

(a) 俯斜；(b) 直立；(c) 仰斜；(d) 衡重式

仰斜墙背主动土压力最小，墙身截面经济，墙背可与开挖的临时边坡紧密贴合，但墙后填土的压实较为困难，因此多用于支挡挖方工程的边坡；俯斜墙背主动土压力最大，但墙后填土施工较为方便，易于保证回填土质量而多用于填方工程；直立墙背介于前两者之间，且多用于墙前原有地形较陡的情况，如山坡上建墙，因此时仰斜墙身较高而入土较浅，仰斜墙则土压力较小。

为了减小作用在挡土墙背上的主动土压力，除了可采用仰斜墙外，还可以从选择填料、墙身界面形状（特别是墙背形状和构造）以及新型墙体形式等方面来解决。如图 6.13（d）所示的减压平台，平台以上部分所受主动土压力与平台以下填土的重量有关。减压平台一般设在墙体的中部，且向后伸得越远则减压作用越大，以伸到滑移面附近最好。

6.2.3 挡土墙设计

1. 挡土墙设计的基本原则

挡土墙设计应保证挡土墙本身的稳定性，墙身应有足够的刚度，以保证挡土墙的安全使用。同时设计中还要做到经济合理。挡土墙截面尺寸一般按照试算法确定，即先根据挡土墙的工程地质、填土性质、荷载情况以及墙体材料和施工条件，凭经验初步拟定截面尺寸，然后进行验算，如不满足要求，则修改截面尺寸或采取其他措施。

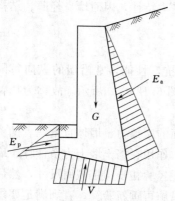

图 6.14 作用在挡土墙上的作用力

2. 挡土墙的设计内容

（1）稳定性验算。稳定性验算包括抗倾覆稳定性验算和抗滑移稳定性验算。

（2）地基承载力验算。地基承载力验算与一般偏心受压基础验算方法相同。

（3）墙身材料强度验算。墙身材料验算应符合《混凝土结构设计规范》（GB 20010—2010）（2015 年版）和《砌体结构设计规范》（GB 50003—2011）的规定。

3. 作用在挡土墙上的荷载

如图 6.14 所示，作用在挡土墙上的荷载有墙身自重 G、土压力 E_a 和基底反力 V。若挡土墙有一定的埋深，则埋深部分前趾上因整个挡土墙前移而受到土体挤压，故还有被动土压力 E_p（若不计 E_p，则使结果偏于安全）。如果挡土墙后排水不良，填土积水需要计入水压力，地震区还应考虑地震效应等。

4. 挡土墙构造措施

挡土墙构造措施如图 6.15 所示。

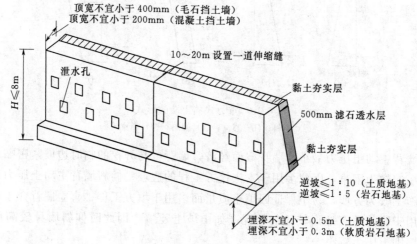

顶宽不宜小于 400mm（毛石挡土墙）
顶宽不宜小于 200mm（混凝土挡土墙）

10～20m 设置一道伸缩缝

泄水孔

黏土夯实层

500mm 滤石透水层

黏土夯实层

逆坡≤1：10（土质地基）
逆坡≤1：5（岩石地基）

埋深不宜小于 0.5m（土质地基）
埋深不宜小于 0.3m（软质岩石地基）

$H≤8m$

图 6.15 挡土墙的构造措施

5. 挡土墙稳定性验算

（1）抗倾覆稳定性验算。如图 6.16（a）所示，在挡土墙自重 G 和主动土压力 E_a 作用下，为防止挡土墙绕墙趾 O 点倾覆，必须满足抗倾覆安全系数 $K_t≥1.6$，即

$$K_t = \frac{抗倾覆力矩}{倾覆力矩} = \frac{Gx_0 + E_{az}x_f}{E_{ax}z_f} \geq 1.6 \tag{6.17}$$

其中

$$E_{ax} = E_a \sin(\alpha - \delta)$$

$$E_{az} = E_a \cos(\alpha - \delta)$$

$$x_f = b - z\cos\alpha$$

$$z_f = z - b\tan\alpha_0$$

式中　α——挡土墙基底倾角，(°)；

　　　α_0——挡土墙墙背倾角，(°)；

　　　δ——挡土墙墙背的摩擦角，(°)，可按表 6.3 查用；

　　　z——土压力作用点离墙踵的高度，m；

　　　x_0——挡土墙重心离墙址的水平距离，m；

　　　b——基底至水平投影宽度，m。

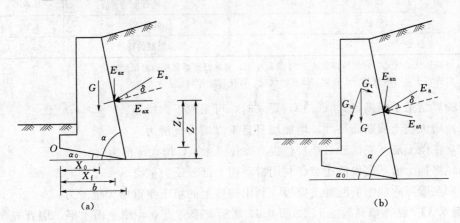

图 6.16　稳定性验算图

(a) 抗倾覆稳定性验算；(b) 抗滑移稳定性验算

表 6.3　　　　　　　　　　　　　　挡土墙墙背的摩擦角

挡土墙情况	摩擦角 δ	挡土墙情况	摩擦角 δ
墙背光滑，排水不良	$(0\sim0.33)\varphi_k$	墙背很粗糙，排水良好	$(0.50\sim0.67)\varphi_k$
墙背粗糙，排水良好	$(0.33\sim0.50)\varphi_k$	墙背与填土之间不可能滑动	$(0.67\sim1.00)\varphi_k$

注　φ_k 为墙背填土的内摩擦角标准值。

若验算结果不能满足式（6.17）的要求时，可采取下列措施。

1）增大断面尺寸，增加挡土墙自重，使抗倾覆力矩增大，但同时工程量随之加大。

2）将墙背仰斜，以减小土压力。

3）选择衡重式挡土墙或带卸荷台的挡土墙，均可起到减小总土压力、增大抗倾覆能力的作用。

（2）挡土墙抗滑移稳定性验算。如图 6.16（b）所示，将 G 和 E_a 分解为垂直和平行于基底的分力，抗滑力与滑动力之比称为抗滑安全系数 K_s，应符合式（6.18）要求，即

$$K_s = \frac{抗滑力}{滑动力} = \frac{(G_n + E_{an})\mu}{E_{at} - G_t} \geqslant 1.3 \tag{6.18}$$

其中

$$E_{an} = E_a\cos(\alpha - \alpha_0 - \delta)$$

$$E_{at} = E_a\sin(\alpha - \alpha_0 - \delta)$$

$$G_n = G\cos\alpha_0$$

$$G_t = G\sin\alpha_0$$

式中 μ——挡土墙基底对地基的摩擦系数，可按表 6.4 查用；

其余符号含义同前。

表 6.4 挡土墙基底对地基摩擦系数 μ

土 的 类 别		摩擦系数 μ	土 的 类 别	摩擦系数 μ
黏性土	可塑	$0.25\sim0.30$	中砂、粗砂、砾砂	$0.40\sim0.50$
	硬塑	$0.30\sim0.35$	碎石土	$0.40\sim0.60$
	坚硬	$0.35\sim0.45$	软质岩	$0.40\sim0.60$
粉土		$0.30\sim0.40$	表面粗糙的硬质岩	$0.65\sim0.75$

注 1. 对易风化的软质岩和塑性指数 $I_p > 22$ 的黏性土，基底摩擦系数应通过试验确定。
　　2. 对碎石土，可根据其密实程度、填充物状况、风化程度等确定。

若验算结果不能满足式（6.18）要求时，可采取下列措施。

（1）增大挡土墙断面尺寸，增加墙身自重以增大抗滑力。

（2）在挡土墙基底铺砂石垫层，提高摩擦系数 μ，增大抗滑力。

（3）将挡土墙基底做成逆坡，利用滑动面上部分反力抗滑。

（4）在墙踵后加钢筋混凝土拖板，利用拖板上的填土自重增大抗滑力。

【例 6.3】 某挡墙高为 6m，如图 6.17 所示，墙背直立，填土面水平，墙背光滑，用毛石和 M2.5 水泥砂浆砌筑，砌体重度 $\gamma = 22\text{kN/m}^3$，填土内摩擦角 $\varphi = 40°$，$c = 0$，$\gamma = 19\text{kN/m}^3$，基底摩擦系数 $\mu = 0.5$，地基承载力特征值 $f_a = 180\text{kPa}$。试设计此挡土墙。

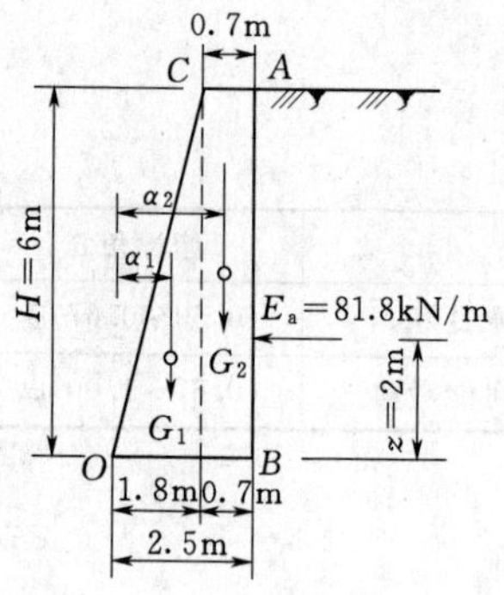

【解】 （1）挡土墙断面尺寸的选择（要满足构造措施）。

重力式挡土墙的顶宽约 $H/12$，底宽取 $H/3\sim H/2$，初步定顶宽 0.7m，底宽 2.5m。

（2）土压力计算。

$$E_a = \frac{1}{2}\varphi_a\gamma H^2 \tan^2\left(45° - \frac{\varphi}{2}\right)$$

$$= \frac{1}{2}\times1.1\times19\times6^2\times\tan^2\left(45° - \frac{40°}{2}\right)$$

$$= 81.8(\text{kN/m})$$

图 6.17 ［例 6.3］附图

作用点高度 2m，水平。

（3）挡土墙自重。

$$G_1 = \frac{2}{3}(2.5 - 0.7)\times6\times22 = 119(\text{kN/m})$$

$$G_2 = 0.7\times6\times22 = 92.4(\text{kN/m})$$

作用点距 O 点为

$$a_1 = \frac{1}{3}\times1.8 = 1.2(\text{m})$$

$$a_2 = 1.8 + \frac{1}{2}\times0.7 = 2.15(\text{m})$$

（4）抗倾覆稳定性验算。

$$K_t = \frac{G_1 a_1 + G_2 a_2}{E_{ax} h} = \frac{Wa}{E_a z} = \frac{119 \times 1.2 + 92.4 \times 2.15}{81.8 \times 2} = 2.1 > 1.6$$

满足抗倾覆稳定性要求。

（5）抗滑移稳定性验算。

$$K_s = \frac{(G_1 + G_2)\mu}{E_a} = \frac{(119 + 92.4) \times 0.5}{81.8} = 1.3 = 1.3$$

满足抗滑移稳定性要求。

（6）地基承载力验算。

$$N = G_1 + G_2 = 119 + 92.4 = 211.4 (\text{kN/m})$$

合力点距 O 点距离为

$$c = \frac{G_1 a_1 + G_2 a_2 - E_a z}{N} = \frac{119 \times 1.2 + 92.4 \times 2.15 - 81.8 \times 2}{211.4} = 0.841 (\text{m})$$

偏心距为

$$e = \frac{b}{2} - c = \frac{2.5}{2} - 0.841 = 0.41 < \frac{b}{6} = 0.42$$

基底压力为

$$p = \frac{N}{b} = \frac{211.4}{2.5} = 84.6 (\text{kPa}) < f = 180 (\text{kPa})$$

$$p_{min}^{max} = \frac{N}{b}\left(1 \pm \frac{6e}{b}\right) = \frac{211.4}{2.5} \times \left(1 \pm \frac{6 \times 0.41}{2.5}\right) = \frac{167.8}{1.4} (\text{kPa})$$

$$p_{min} = 1.4 \text{kPa} > 0$$

$$p_{max} = 167.8 < 1.2 f_a = 1.2 \times 180 = 216 (\text{kPa})$$

满足地基承载力要求。

（7）墙身强度验算，略。

6.3 边 坡 稳 定

土坡就是具有倾斜坡面的土体。土坡有天然土坡，也有人工土坡。天然土坡是由于地质作用自然形成的土坡，如山坡、江河的岸坡等；人工土坡是经过人工挖、填的土工建筑物，如基坑、渠道、土坝、路堤等的边坡。当土坡的顶面和底面都是水平，并延伸至无穷远，且土坡由匀质土组成时，则称为简单土坡，如图 6.18 所示。

图 6.18 简单边坡

由于坡面倾斜，在自重或其他外力作用下，近坡面的部分土体有向下滑动的趋势。土坡中一部分土体对另一部分土体产生相对位移，以至丧失原有稳定性的现象，称为滑坡，如图 6.19 所示。

土坡失稳常常是在外界不利因素影响下一触即发的，其根本原因在于土体内的剪应力在某时刻大于土的抗剪强度。影响土坡稳定性的主要因素如下。

（1）边坡坡角 β。坡角 β 越小越安全，但是采用较小的坡角 β，在工程中会增加挖填

（a）　　　　　　　　　　　　（b）

图 6.19　山体滑坡的危害
（a）山体滑坡对村庄的破坏；（b）山体滑坡对道路的破坏

方量，不经济。

（2）坡高 H。H 越大越不安全。

（3）土的性质。γ、φ 和 c 大的土坡比 γ、φ 和 c 小的土坡更安全。

（4）地下水的渗透力。当边坡中有地下水渗透时，渗透力与滑动方向相反时，土坡则更安全；如两者方向相同时，土坡稳定性就会下降。

（5）震动作用的影响。如地震、工程爆破、车辆震动等。

（6）人类活动和生态环境的影响。

6.3.1　无黏性土边坡稳定分析

对于均质的无黏性土土坡，无论在干坡还是完全浸水条件下，由于无黏性土的黏聚力 $c=0$，因此，只要无黏性土土坡面上的土颗粒能够保持稳定，则整个土坡就是稳定的。

在分析无黏性土的土坡稳定性时，根据实际观测结果，通常均假设滑动面为平面。图 6.20（a）所示为一无黏性土坡，土坡高为 H，坡角为 β，土的重度为 γ，土的抗剪强度 $\tau_f = \sigma\tan\varphi$，滑坡面与水平面夹角为 α。将土坡滑动面 AB 以上的土体简化为滑块 O，如图 6.20（b）所示。

沿滑动面 AB 法向力、切向力（滑动力）分别为

$$\begin{cases} N = W\cos\alpha \\ T = W\sin\alpha \end{cases} \tag{6.19}$$

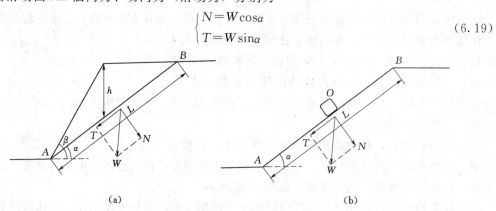

（a）　　　　　　　　　　　　（b）

图 6.20　无黏性土土坡稳定分析
（a）无黏性土土坡及其滑动面 AB；（b）无黏性土滑坡土体简化为滑块

各分力在 AB 面上引起的正应力和剪应力为

$$\begin{cases} \sigma = \dfrac{N}{AB} = \dfrac{W\cos\alpha}{AB} \\[3mm] \tau = \dfrac{T}{AB} = \dfrac{W\cos\alpha}{AB} \end{cases} \tag{6.20}$$

土坡滑动稳定安全系数为

$$K_s = \frac{\tau_f}{\tau} = \frac{c + \sigma\tan\varphi}{T} = \frac{\dfrac{W\cos\alpha}{AC}\tan\varphi}{\dfrac{W\sin\alpha}{AC}} = \frac{\tan\varphi}{\tan\alpha} \tag{6.21}$$

当 $\varphi = \alpha$ 时，滑动稳定安全系数最小，即

$$K_s = \frac{\tan\varphi}{\tan\alpha} = 1 \tag{6.22}$$

由上式可得以下结论。

（1）当坡角 $\beta = \alpha$ 时，滑动稳定安全系数最小。$\beta = \alpha = \varphi$，$K_s = 1$，即土坡处于极限平衡状态，此时 α 称为天然休止角。

（2）只要坡角 $\beta < \varphi（K_s > 1）$，土坡就稳定，而且与坡高 H 无关。

（3）为了保证土坡有足够的安全储备，一般要求 $K_s > 1.3 \sim 1.5$。

【例 6.4】　用砂性土填筑的路堤，坡顶为水平面，高度为 3.0m，顶宽 26m，坡率 1∶1.5，内摩擦角为 $\varphi = 30°$，$c = 0$，滑动面倾角 $\alpha = 25°$，滑动面以上土体的重为 $W = 52.2\text{kN/m}$。试求边坡稳定性。

【解】　由于砂性土 $c = 0$，则

$$K_s = \frac{\tau_f}{\tau} = \frac{\tan\varphi}{\tan\alpha} = \frac{\tan30°}{\tan25°} = 1.24$$

6.3.2　黏性土土坡的稳定分析

1. 滑动面形式

对于均质黏性土，当土坡发生失稳破坏时，其滑动面一般是曲面，通常接近于圆弧面。圆弧滑动面的形式与土坡的坡角 β、土的抗剪强度指标及土中硬层的位置有关，一般有以下 3 种。

（1）圆弧滑动面通过坡脚 B 点，称为坡脚圆，如图 6.21（a）所示。

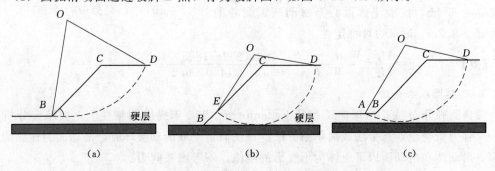

（a）　　　　　　　　　（b）　　　　　　　　　（c）

图 6.21　均质黏性土层中的滑动面
（a）坡脚圆；（b）坡面圆；（c）中点圆

（2）圆弧滑动面通过坡面上 E 点，称为坡面圆，如图 6.21（b）所示。

（3）圆弧滑动面发生在坡脚以外的 A 点，称为中点圆，如图 6.21（c）所示。

2. 土坡圆弧滑动体的整体稳定分析法

这是 1916 年由瑞典人彼得森（K. E. Petterson）建议采用极限平衡原理得到黏性土土坡稳定性分析的一种方法。

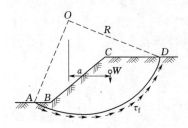

图 6.22　圆弧滑动体的整体稳定分析法

当黏性土土坡失稳时，将沿一曲面滑动，通常将滑动曲面简化为圆弧，故将这种分析方法称为土坡稳定性计算的整体圆弧法。如图 6.22 所示，土坡沿圆弧 AD 滑动时，可视为土体 $ABCD$ 绕圆心 O 转动。

取 1m 长度进行分析，得到由滑动土体 $ABCD$ 产生对滑动圆心 O 的滑动力矩 M_s 和由滑动面 AD 上的摩擦力和黏聚力产生对滑动圆心 O 的抗滑力矩 M_R 分别为

$$\begin{cases} M_s = Wa \\ M_R = \tau_f \hat{L} R \end{cases}$$

土坡稳定安全系数为

$$F = \frac{M_R}{M_s} = \frac{\tau_f \hat{L} R}{Wa} \tag{6.23}$$

式中　$\hat{L}$——AD 滑动面的长度。

土坡稳定安全系数可根据建筑物等级、土性质的可靠程度及地区经验等因素综合考虑确定，工程上常取稳定安全系数在 1.1～1.5 之间。

土的抗剪强度沿滑动面 AD 上的分布是不均匀的。因此，采用式（6.23）计算的土坡的稳定安全系数有一定的误差。

【例 6.5】　某一均质黏性土填筑的路堤存在如图 6.23 所示的圆弧滑动面，圆弧半径 $R=15\text{m}$，滑动面弧长 $L=45\text{m}$，滑动带黏聚力 $c=18.5\text{kPa}$，内摩擦角 $\varphi=0°$，下滑土体重 $W_1=1440\text{kN}$，抗滑土体重 $W_2=460\text{kN}$，下滑土体重心至滑动圆弧圆心的距离 $d_1=6.2\text{m}$，抗滑土体重心至滑动圆弧圆心的距离 $d_2=2.2\text{m}$。试求边坡稳定性。

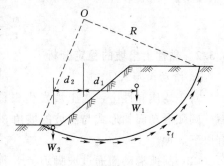

图 6.23　[例 6.5] 附图

【解】　$$F = \frac{M_R}{M_s} = \frac{W_2 d_2 + cLR}{W_1 d_1} = \frac{460 \times 2.2 + 18.5 \times 45 \times 15}{1440 \times 6.2} = 1.51$$

3. 瑞典圆弧条分法

瑞典圆弧条分法是由瑞典工程师 Fellenius 于 1922 年提出的黏性土土坡稳定分析方法，又称为费仑纽斯条分法或简单条分法。该法假定土坡滑动破坏时，滑动面为连续的圆弧面，滑动体和滑动面以下土体为不变形的刚体，不考虑条间力。

（1）基本原理。首先将土坡剖面按比例划出，见图 6.24，可能的滑动面是一圆弧 AD，圆心为 O，半径为 R。

现将该滑块 ABD 分成若干个竖向土条。取第 i 个土条分析，该土条底面中点的法线与竖直线的夹角为 α_i，宽度为 b_i，高度为 z_i，作用在土条上的力有以下几个。

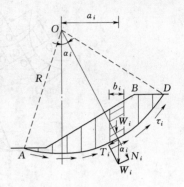

图 6.24 黏性土坡稳定性分析

1）重力 $W_i = \gamma b_i z_i (\text{kN/m})$，作用于土条的中垂线上，可分解为滑动力 $T_i = W_i \sin\alpha_i$ 和法向力 $N_i = W_i \cos\alpha_i$。

2）法向反力 $N'_i = \sigma_i l_i$（式中 σ_i 为土条滑裂面上法向应力，l_i 为滑弧段长度），且有 $N'_i = N_i$。

3）抗滑力 T'_i，为土条圆弧面上抗剪强度总和，即

$$T'_i = \tau_i l_i = (c_i + \sigma_i \tan\varphi_i) l_i = c_i l_i + N_i \tan\varphi = c l_i + W_i \cos\alpha_i \tan\varphi_i \tag{6.24}$$

4）条间力（为土条之间侧面作用力），假设大小相等方向相反，即

$$F_i = F_{i+1}$$

5）稳定安全系数为

$$K = \frac{抗滑力矩}{滑动力矩} = \frac{\sum\limits_{i=1}^{n} T'_i R}{\sum\limits_{i=1}^{n} T_i R} = \frac{\sum\limits_{i=1}^{n} (c_i l_i + W_i \cos\alpha_i \tan\varphi_i)}{\sum\limits_{i=1}^{n} W_i \sin\alpha_i} \tag{6.25}$$

上述分析过程是对某一假定滑动面而求得的稳定安全系数，实际上它并不一定是真正的滑动面位置，而真正的滑动面是对应于最小稳定安全系数的滑动面，因此，欲求解其真正滑动面位置，必须按上述方法反复试算求取。

（2）最危险滑动面的确定。费仑纽斯（Fellenius W，1927）的研究表明以下两点。

1）对于均质黏性土坡，当 $\varphi = 0$ 时，最危险滑动面通过坡脚，其圆心位置为 OA 与 OB 的交点。不同坡角对应的 β_1、β_2 值见表 6.5。

表 6.5 不同坡角对应的 β_1、β_2 值

土坡坡度	坡角 β	β_1	β_2
1：0.58	60°	29°	40°
1：1	45°	28°	37°
1：0.5	33°41′	26°	35°
1：2	26°34′	25°	35°
1：3	18°26′	25°	35°
1：4	14°02′	25°	37°
1：5	11°19′	25°	37°

2）当 $\varphi > 0$ 时，最危险滑动面也通过坡脚，最危险滑动面所对应的圆心位置在 EO 的延长线上，随 φ 的增大，圆心位置向外移动，如图 6.25 所示。

E 点的位置位于距离坡脚 A 点的水平距离为 $4.5H$，竖直距离为 H。计算时从 O 点向外延伸取几个试算圆心 O_1，O_2，…，分别求得其相应的稳定安全系数 K_1，K_2，…，绘制

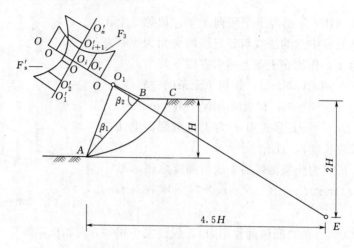

图6.25 确定最危险滑动面圆心位置

K_s曲线可得到最小安全系数K_{min}，其相应的圆心即为最危险滑动面的圆心O_m。

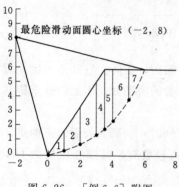

图6.26 [例6.6]附图

实际上，土坡最危险滑动面圆心位置有时不一定在EO的延长线上，而可能在其左右附近，因此圆心O_m可能并不是最危险滑动面，这时可通过O_m点作垂线，在垂线上试算滑动面圆心，求得其相应的滑动稳定安全系数K_1'，K_2'，…，绘制K'值曲线，相应于K_{min}'值的圆心O才是最危险滑动面的圆心。

【例6.6】已知简单土坡，土坡高度$H=6m$，土坡坡角$\beta=60°$，内摩擦角为18°，黏聚力为15.5kPa，土的重度为18.3kN/m³。计算稳定安全系数K。

【解】按1m宽度划分土条。通过试算求得最小安全系数K_{min}对应的最危险圆弧滑动面，如图6.26所示，土坡稳定计算表见表6.6。

表6.6 [例6.6]土坡稳定计算表

土条编号	土条宽度 b_i/m	土条中心高度 h_i/m	土条重力 W_i/kN	α_i /(°)	$W_i\sin\alpha_i$ /kN	$W_i\cos\alpha_i$ /kN	$\hat{L}$ /m
1	1	0.865	15.830	17°41′15″	3.925	12.309	1.050
2	1	2.276	41.651	25°10′25″	15.887	33.803	1.105
3	1	3.541	64.800	33°10′22″	32.182	49.231	1.195
4	0.47	4.157	35.754	39°26′27″	21.658	26.331	0.609
5	0.53	4.171	40.455	44°06′57″	26.426	27.254	0.738
6	1	3.657	66.923	52°23′20″	43.606	33.595	1.639
7	1	2.359	43.170	67°01′36″	19.865	8.421	2.562
$\sum_{i=1}^{7}$					163.549	190.944	8.898

118

$$K = \frac{\sum\limits_{i=1}^{7} T'_i R}{\sum\limits_{i=1}^{7} T_i R} = \frac{\sum\limits_{i=1}^{n}(c_i l_i + W_i \cos\alpha_i \tan\varphi_i)}{\sum\limits_{i=1}^{n} W_i \sin\alpha_i}$$

$$= \frac{15.5 \times 8.898 + 190.944 \times \tan18°}{163.549} = 1.22$$

6.4　基　坑　支　护

6.4.1　基坑支护概述

基坑是指为进行建（构）筑物地下部分的施工由地面向下开挖出的空间。基坑支护是指为保护主体结构施工和基坑周边环境的安全，对基坑采用的临时性支挡、加固、保护与地下水控制的措施。基坑支护技术的内容包括勘察、设计、施工及监测技术，包括地下水的控制（只为保证支护结构施工、基坑挖土、地下室施工及基坑周边环境安全而采取的排水、降水、截水和回灌措施）和土方开挖等。

基坑工程是一项古老的工程技术，又是一门新兴的应用学科。20世纪20年代，K. Terzaghi 的《土力学》和《工程地质学》先后问世，标志着本学科走向系统和成熟。80年代我国逐渐步入深基坑设计与施工领域，20世纪90年代开始进行编制深基坑设计与施工的有关规程和法规。随着我国经济和技术发展，许多城市进行新建、改建、扩建工程，地下空间的逐渐开发和利用，中高层建筑的大量兴建呈现出逐渐由沿海向内陆发展的趋势，基坑工程的设计与施工技术的开发和实践，形成了国内岩土工程建设的特点，多种形式的围护结构（如排桩、地下连续墙、锚拉式结构等）打破了单一板桩（钢板桩、混凝土板桩）的围护模式而形成了多样化的围护格局，呈现出前所未有的技术发展和更新的势头。

岩土工程信息化施工技术作业的运行，表现为岩土工程领域各类行为信息的反馈、监测、监控和监理等各项工作及信息数据的及时处理和技术与管理措施工作的及时调整等，使得基坑工程设计与施工向着信息化的方向发展。

1. 基坑支护目的与作用

（1）防止基坑开挖危害周边环境。

防止基坑开挖危害周边环境是支护结构的首要功能。

（2）保证工程自身主体结构施工安全。

应为主体地下结构施工提供正常施工作业空间及环境，提供施工材料、设备堆放和运输的场地、道路条件，隔断可能内外地下水、地表水以保证地下结构和防水工程的正常施工。

2. 基坑支护类型及其适用条件

建筑基坑支护结构通常可分为桩（墙）式支护体系和重力式支护体系。

桩墙式支护体系一般有围护墙结构、支撑（或锚杆）结构以及防水帷幕等部分组成。根据围护墙材料，桩（墙）式支护体系又可分为钢筋混凝土地下连续墙、柱列式钻孔灌注桩、钢板桩和钢筋混凝土板桩等形式。

　　根据对围护墙的支撑方式，又可以分为内支撑体系和土层锚杆体系两类。设置在基坑内的由钢筋混凝土或钢构件组成的用以支撑挡土构件的结构部件称为内支撑。支撑构件采用钢材、混凝土时，分别称为钢内支撑、混凝土内支撑。这两类支撑体系是在目前工程中最常见的支撑种类。它们之间的比较见表6.7。按照平面布置形式，基坑支护可分为直交式、井字式、角撑式以及组合支撑结构形式，如图6.27所示。

表6.7　　　　　　　　　　　　　　钢筋混凝土、钢支撑体系的比较

材料	截面形式	布置形式	特　点	图　例
现浇钢筋混凝土	截面的形式和尺寸灵活，可根据不同的受力情况由设计要求确定	竖向布置可以是多道水平撑或斜撑；平面布置有对撑、边桁架、环状梁结合边桁架等，布置形式灵活多样	钢筋混凝土到达强度后支撑结构的刚度大、变形小，强度的安全可靠性大，施工方便。但支撑浇筑的时间和养护的时间略长，需要破碎拆除	环状梁结合边桁架现浇钢筋混凝土基坑支护
钢	单钢管、双钢管、单工字钢、双工字钢、H型钢、槽钢及以上刚才的组合	竖向布置可以是多道，平面布置一般为对撑、井字撑和角撑。当与钢筋混凝土支撑联合联合使用时，在节点处应处理好连接和协调问题	安装、拆除方便，可周转使用，支撑中可以预加轴力，可主动调整从而有效的控制围护结构的变形。但施工工艺要求较高，在平面布置中也不如钢筋混凝土支撑体系灵活	钢管水平支撑和斜撑

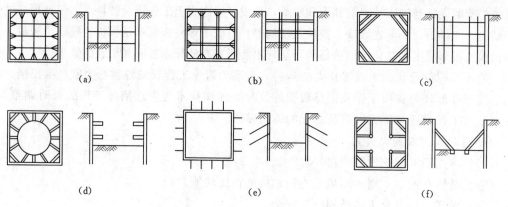

图6.27　多种支撑形式
（a）直交式；（b）井字式；（c）角撑式；（d）圆环梁；（e）锚杆；（f）竖向斜撑

　　钢筋混凝土支撑体系多为现浇式，常由围檩（头道为圈梁）、混凝土支撑结构及角撑和桁架结构、立柱和围檩的托架或吊筋、立柱与托梁的锚固件等其他附件组成。

　　钢支撑体系多为装配式，常由内圈梁、角撑、支撑、千斤顶（包括千斤顶自动调压或嵌入式调压装置）、轴力传感器、支撑体系监测装置、立柱桩及其他附属装配式构件组成。

　　重力式支护体系一般是指不用支撑及锚杆的自立式墙体结构，厚度相对较大，主要借助其自重、墙底与地基之间的摩擦力以及墙体在开挖面以下受到的土体被动土压抗力来平

衡墙后的水土压力和维持边坡稳定。在基坑工程中，重力式支护体系的墙体在开挖面以下往往要有一定的埋入深度，如重力式水泥土墙。

我国《建筑基坑支护技术规程》(JGJ 120—2012) 中，对各类支护结构及其适用条件划分见表 6.8。

表 6.8　各类支护结构及其适用条件

结构类型		安全等级	适用条件	
			基坑深度、环境条件、土类和地下水条件	
支挡式结构	锚拉式结构	一级、二级、三级	适用于较深的基坑	(1) 排桩适用于可采用降水或截水帷幕的基坑。 (2) 地下连续墙宜同时用作主体地下结构外墙，可同时用于截水。 (3) 锚杆不宜用在软土层和高水位的碎石土、砂土层中。 (4) 当邻近基坑有建筑物地下室、地下构筑物等，锚杆的有效锚固长度不足时，不应采用锚杆。 (5) 当锚杆施工会造成基坑周边建（构）筑物的损害或违反城市地下空间规划等规定时，不应采用锚杆
	支撑式结构		适用于较深的基坑	
	悬臂式结构		适用于较浅的基坑	
	双排桩		当锚拉式、支撑式和悬臂式结构不适用时，可考虑采用双排桩	
	支护结构与主体结构结合的逆作法		适用于基坑周边环境条件很复杂的深基坑	
土钉墙	单一土钉墙	二级、三级	适用于地下水以上或降水的非软土基坑，且基坑深度不宜大于 12m	当基坑潜在滑动面内有建筑物、重要地下管线时，不宜采用土钉墙
	预应力锚杆复合土钉墙		适用于地下水以上或降水的非软土基坑，且基坑深度不宜大于 15m	
	水泥土桩复合土钉墙		用非软土基坑时，基坑深度不宜大于 12m；用于淤泥质土基坑时，基坑深度不宜大于 6m；不宜用在高水位的碎石土、砂土层中	
	微型桩复合土钉墙		适用于地下水以上或降水的基坑，用于非软土基坑时，基坑深度不宜大于 12m；用于淤泥质土基坑时，基坑深度不宜大于 6m	
重力式水泥土墙		二级、三级	适用于淤泥质土、淤泥基坑，且基坑深度不宜大于 7m	
放坡		三级	(1) 施工场地满足放坡条件。 (2) 放坡与上述支护结构形式结合	

注　1. 当基坑不同部位的周边环境条件、土层性状、基坑深度等不同时，可在不同部位分别采用不同的支护形式。
　　2. 支护结构可采用上、下部以不同结构类型组合的形式。

3. 支护结构设计原则

(1) 设计年限。支护结构设计应规定设计使用年限。基坑支护的设计使用期限不应小于一年。

(2) 基坑支护要满足的功能要求。

1) 保证基坑周边建（构）筑物、地下管线、道路的安全和正常使用。

2) 保证主体地下结构的施工空间。

(3) 支护结构的安全等级。基坑支护设计时，综合考虑基坑周边环境和地质条件的复杂程度、基坑深度等因素，按表6.9采用支护结构等级。对同一基坑的不同部位，可采用不同的安全等级。

表6.9　　　　　　　　　　　　　　　支护结构安全等级

安全等级	破坏后果
一级	支护结构失效，土体过大变形对基坑周边环境或主体结构施工安全的影响很严重
二级	支护结构失效，土体过大变形对基坑周边环境或主体结构施工安全的影响严重
三级	支护结构失效，土体过大变形对基坑周边环境或主体结构施工安全的影响不严重

（4）支护结构设计时应满足极限状态设计要求。支护结构设计时应满足正常使用极限状态和承载能力极限状态设计要求。

1）在进行下列设计时要满足承载能力极限状态设计的要求。支护结构构件或连接因超过材料强度而破坏，或因过度变形而不适用于继续承受荷载，或出现压屈、局部失稳；支护结构和土体整体滑动；坑底因隆起而丧失稳定；对支挡结构，挡土构件因坑底土体丧失嵌固能力而推移或倾覆；对锚拉式支挡结构或土钉墙，锚杆或土钉因土体丧失锚固能力而拔动；对重力式水泥土墙，墙体倾覆或滑移；对重力式水泥土墙、对支挡式结构，其持力层因丧失承载能力而破坏；地下水渗流引起的土体渗透破坏。

2）在进行下列设计时要满足正常使用极限状态设计的要求。造成基坑周边建（构）筑物、地下管线、道路等损坏或影响其正常使用的支护结构位移；因地下水位下降、地下水渗流或施工因素而造成基坑周边建（构）筑物、地下管线、道路等损坏或影响其正常使用的土体变形；影响主体地下结构正常施工的支护结构位移；影响主体地下结构正常施工的地下水渗流。

（5）基坑支护设计应满足下列主体地下结构的施工要求。

1）基坑侧壁与主体地下结构的净空间和地下水控制应满足主体地下结构及其防水的施工要求。

2）采用锚杆时，锚杆的锚头及腰梁不应妨碍地下结构外墙的施工。

3）采用内支撑时，内支撑及腰梁的设置应便于地下结构及其防水的施工。

土的抗剪强度指标随排水、固结条件及试验方法的不同有多种类型的参数，不同试验方法得出的抗剪强度指标的结果差异很大，计算和验算时不能任意取用，应采用与基坑开挖过程中土中孔隙水的排水和应力路径基本一致的试验方法得到的指标。实际工程中，黏性土、黏质粉土按照总应力法计算土压力，而砂质粉土、砂土、碎石土则采用水、土分算法计算土压力。抗剪强度指标的选择可按照表6.10确定。

4. 支护结构水平荷载计算与结构分析

（1）支护结构水平荷载计算。支护结构上的土压力，在支护结构内侧朗肯被动土压力称为水平抗力标准值，支护结构外侧朗肯主动土压力称为水平荷载标准值，侧压力系数采用简单的朗肯土压力系数。抗剪强度指标 c、φ 要符合表6.10的要求。

无黏性土水土分算、黏性土水土合算。当计算出的基坑开挖面以上的水平荷载标准值小于零时，由于支护结构与土之间不可能产生拉应力，故应取零。

表 6.10　　　　　　　　　　　　　　　　抗剪强度指标的选择

土与地下水位关系	土 的 类 别		选用抗剪强度指标	水、土算法
地下水位以上	黏性土、黏质粉土抗剪强度指标的选择原则		三轴固结不排水抗剪强度指标或直剪固结快剪强度指标	
	砂质粉土、砂土、碎石土		有效应力强度指标	
地下水位以下	黏性土、黏质粉土	正常固结土、超固结土	三轴固结不排水抗剪强度指标或直剪固结快剪强度指标	土压力、水压力合算方法
		欠固结土	有效自重压力下预固结的三轴不固结不排水抗剪强度指标	
	砂质粉土、砂土、碎石土		有效应力强度指标	土压力、水压力分算方法

作用在支护结构上的水平荷载，应考虑基坑内外土的自重（包括地下水）、基坑周边既有建筑物和在建的建（构）筑物荷载，基坑周边施工材料和设备荷载，基坑周边道路车辆荷载，冻胀、温度变化及其他因素产生的作用。

（2）支护结构分析。

1）支护结构与分析方法。支护结构设计计算的理论主要有等值梁法、弹性支点法以及有限元法。

支护结构分析中传统等值梁法是采用极限平衡理论，由于一些假定与实际受力情况不符，且不能计算支护结构的位移，特别是对于多支点结构，其弯矩和剪力的计算结果与弹性支点法相比，差别较大，目前已很少采用。

弹性支点法是在弹性地基梁分析方法基础上形成的一种方法，弹性地基梁的分析是考虑地基与基础共同作用的条件下、假定地基模型后，对基础梁的内力与变形进行的分析计算。这种分析方法将支护结构看作杆系结构，一般都按线弹性考虑，是目前最常用和成熟的支护结构分析方法，适用于大部分支挡结构。

目前，普遍采用弹性支点法进行支护结构受力分析。不同的支护结构及其分析方法见表 6.11。

表 6.11　　　　　　　　　　　　　　　　支护结构与分析方法

支挡结构	结构组成	结构分析方法	
锚拉式支挡结构	挡土结构	平面杆系结构弹性支点法	空间结构分析方法——支挡结构分析；结构与土相互作用方法——支挡式结构与基坑土体进行整体分析，如有限元法
	锚拉结构（锚杆、腰梁、冠梁）	锚拉结构上的荷载取挡土结构分析时的支点力	
支撑式支挡结构	挡土结构	平面杆系结构弹性支点法	
	内支撑结构	取挡土结构分析时的支点力	
悬臂式支挡结构、双排桩	挡土结构	平面杆系结构弹性支点法	

2）弹性支点法。

a. 弹性支点"m"法。弹性支点法是目前较为常用的一种方法，是将支护结构视作竖向放置的弹性地基梁。将排桩等挡土结构基坑内侧视为弹性地基，基坑外侧土压力为水平荷载标准值。

而弹性地基梁与普通梁的区别如下。

普通梁是静定的或有限次超静定结构；弹性地基梁是无穷多次超静定结构。普通梁的支座通常看作刚性支座，即只考虑梁的变形；弹性地基梁则必须同时考虑地基的变形。

文克尔地基模型假设把地基模拟为刚性支座上一系列独立的弹簧，地基上任一点所受压强 p 与该点地基变形量 y 成正比，该点变形量与其他各点压强无关，即

$$p = k(z)y \tag{6.26}$$

式中　p——地基上任一点的压强；

　　$k(z)$——地面下 z 深度处的水平基床系数，我国常用 $k(z) = m'(z_0 + z)^n$；

　　y——压力作用点地基变形量；

　　z_0——与土的类别有关的常数，由试验确定；

　　m——地基土水平抗力系数的比例系数。

　　m'——地基随深度变化的比例系数，$n = 1$，$z_0 = 0$ 时，$k(z) = mz$，即"m"法；$n = 0.5$，$z_0 = 0$ 时，$k(z) = m'z^{0.5} = cz^{0.5}$，即"$c$"法；地基系数不再增加而为常数 $k(z) = k$，则为"k"法。弹性支点法计算支护结构时，一般采用"m"法。

模型假设的缺陷是没有反映地基的变形连续性，不能全面地反映地基梁的实际情况。但如果地基的上部为较薄的土层，下部为坚硬岩石，这时将得出比较满意的结果。

b. 弹性支点法计算原理。弹性支点法是将桩墙分段按平面问题计算，如图 6.28 所示。

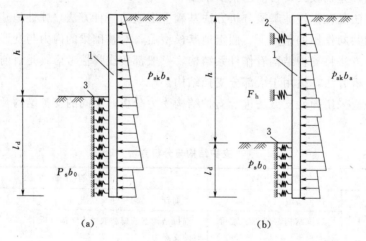

（a）　　　　　　　　　　　　　（b）

图 6.28　弹性支点法计算

（a）悬臂式支挡结构；（b）锚拉式支挡结构或支撑式支挡结构

1—挡土结构；2—由锚杆或支撑简化而成的弹性支座；3—计算土反力的弹性支座

p_{ak}—支护结构外侧第 i 层土中的主动土压力标准值，kPa；

p_s—土分布反力，kPa

取计算宽度为 b_0 的支护结构作为分析对象，则支护结构变形的挠曲方程如下。

在基坑开挖面以上，有

$$EI\frac{\mathrm{d}^4 y}{\mathrm{d}z^4}-e_{aik}b_s=0 \quad (0{\leqslant}z{\leqslant}h_n) \tag{6.27}$$

在基坑开挖面以下，有

$$EI\frac{\mathrm{d}^4 y}{\mathrm{d}z^4}+mb_0(z-h_n)y-e_{aik}b_s=0 \quad (z{>}h_n) \tag{6.28}$$

式中　EI——支护结构计算宽度的抗弯刚度，kN·m²；

　　　y——水平位移，m；

　　　z——支护结构顶部至计算点的距离，m；

　　　e_{aik}——基坑外侧水平荷载标准值，kPa；

　　　b_s——侧向土压力计算宽度，m；

　　　b_0——土的抗力计算宽度［地下连续墙取单位宽度，排桩可按式（6.29）和式（6.30）计算，当求得的抗力计算宽度大于排桩间距时应取排桩间距］，m；

　　　h_n——第 n 工况时基坑开挖深度，m；

　　　m——地基土水平抗力系数的比例系数，kN/m⁴。

对于圆形桩，有

$$b_0=0.9(1.5d+0.5) \tag{6.29}$$

对于方形桩，有

$$b_0=1.5b+0.5 \tag{6.30}$$

式中　d——圆形桩的直径，m；

　　　b——方形桩的边长，m。

弹性支点水平反力计算，即

$$F_h=K_R(v_R-v_{R0})+P_h \tag{6.31}$$

式中　F_h——挡土结构计算宽度内的弹性支点水平反力，kN；

　　　K_R——计算宽度内弹性支点刚度系数，kN/m；

　　　v_R——挡土构件在支点处的水平位移值，m；

　　　v_{R0}——设置锚杆或支撑时，支点的初始水平位移值，m；

　　　P_h——挡土构件的法向预加力，kN，不预加轴向压力的支撑 $P_h=0$；采用锚杆或支撑时，$P_h=P\cos\alpha\, b_a/s$；

　　　P——锚杆预加轴向拉力值或支撑的预加轴向压力值，kN；

　　　b_a——挡土结构计算宽度，m，对单根支护桩取排桩间距，对单幅地下连续墙取包括接头的单幅墙宽度；

　　　s——锚杆或支撑的水平间距，m。

6.4.2　土钉墙

1. 土钉墙概述

土钉墙支护技术是一种原位土体加固技术，是在分层分段挖土和施工的条件下，由原位土体，在基坑侧面土中斜向设置的土钉与喷射混凝土面层及必要的防水系共同组成的（图6.29）。土钉墙与各种止水帷幕、微型桩及预应力锚杆等构件结合起来，根据工程具

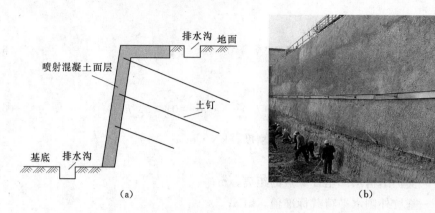

图 6.29 土钉墙示意图

(a) 土钉墙剖面图；(b) 土钉墙施工图

体条件选择其中一种或多种组合，形成了复合土钉墙。由于土钉墙支护技术经济可靠且施工简便快捷，在我国得到广泛应用。

土钉墙适合于地下水位以上或经排水措施后的杂填土，不宜使用于软土和腐蚀性土。土钉墙支护时基坑深度不宜超过 12m。

土钉墙是采用土中钻孔，置入变形钢筋（即带肋钢筋）并沿孔全长注浆的方法制成。土钉依靠与土体之间的界面黏结力（或摩擦力），使土钉沿全长与周围土体紧密连接成为一个整体，形成一个类似于重力式挡土墙结构，抵抗墙后传来的土压力和其他荷载，从而保证开挖面的安全。

土钉的作用是约束和加固土体，从而使土体保持稳定和整体性。土钉也可用钢管、角钢等采用直接击入的方法置入土体。

2. 土钉支护结构设计

（1）土钉承载力设计。

1）土钉的轴向拉力标准值按式（6.32）计算，即

$$N_{k,j} = \frac{1}{\cos\alpha_j} \zeta \eta_j p_{ak,j} s_{x,j} s_{z,j} \tag{6.32}$$

式中　$N_{k,j}$——第 j 层土钉的轴向拉力标准值，kN；

　　　α_j——第 j 层土钉的倾角，(°)；

　　　ζ——墙面倾斜时的主动土压力折减系数，可按式（6.33）确定。

　　　η_j——第 j 层土钉轴向拉力调整系数，可按式（6.34）计算；

　　$p_{ak,j}$——第 j 层土钉处的主动土压力强度标准值，kPa；

　　　$s_{x,j}$——土钉的水平间距，m；

　　　$s_{z,j}$——土钉的垂直间距，m。

墙面倾斜时的主动土压力折减系数 ζ 按式（6.33）计算，即

$$\zeta = \tan\frac{\beta-\varphi_m}{2}\left(\frac{1}{\tan\frac{\beta+\varphi_m}{2}} - \frac{1}{\tan\beta}\right)\Bigg/\tan^2\left(45° - \frac{\varphi_m}{2}\right) \tag{6.33}$$

式中 β——土钉墙坡面与水平面的夹角，(°)；

φ_m——基坑底面以上各土层按土层厚度加权的内摩擦角平均值，(°)。

土钉轴向拉力调整系数 η_j 可按下列公式计算，即

$$\eta_j = \eta_a - (\eta_a - \eta_b)\frac{z_j}{h} \tag{6.34}$$

$$\eta_a = \frac{\sum_{i=1}^{n}(h - \eta_b z_j)\Delta E_{aj}}{\sum_{i=1}^{n}(h - z_j)\Delta E_{aj}} \tag{6.35}$$

式中 η_j——土钉轴向拉力调整系数；

z_j——第 j 层土钉至基坑顶面的垂直距离，m；

h——基坑深度，m；

ΔE_{aj}——作用在以 s_{xj}、s_{zj} 为边长的面积内的主动土压力标准值，kN；

η_a——计算系数；

η_b——经验系数，可取 0.6～1.0；

n——土钉层数。

2）单根土钉的极限抗拔承载力计算。单根土钉的极限抗拔承载力应通过抗拔试验确定，也可按式（6.36）估算，但应通过土钉抗拔试验进行验证，即

$$R_{k,j} = \pi d_j \sum q_{sk,i} l_i \tag{6.36}$$

式中 $R_{k,j}$——第 j 层土钉的极限抗拔承载力标准值，kN；

d_j——第 j 层土钉的锚固体直径，m；对成孔注浆土钉，按成孔直径计算，对打入钢管土钉，按钢管直径计算；

$q_{sk,i}$——第 j 层土钉在第 i 层土的极限黏结强度标准值，kPa；应由土钉抗拔试验确定，无试验数据时可根据工程经验并结合表 6.12 取值；

l_i——第 j 层土钉在滑动面外第 i 层土层中的长度，m；计算单根土钉极限抗拔承载力时，取图 6.30 所示的直线滑动面，直线滑动面与水平面的夹角取 $(\beta + \varphi_m)/2$。

表 6.12　　土钉的极限黏结强度标准值

土的名称	土的状态	q_{sk}/kPa	
		成孔注浆土钉	打入钢管土钉
素填土		15～30	20～35
淤泥质土		10～20	15～25
黏性土	$0.75 < I_L \leqslant 1$	20～30	20～40
	$0.25 < I_L \leqslant 0.75$	30～45	40～55
	$0 < I_L \leqslant 0.25$	45～60	55～70
	$I_L \leqslant 0$	60～70	70～80
粉土		40～80	50～90
砂土	松散	35～50	50～65
	稍密	50～65	65～80
	中密	65～80	80～100
	密实	80～100	100～120

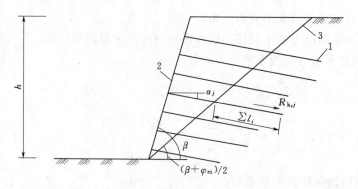

图 6.30 土钉抗拔承载力计算

1—土钉；2—喷射混凝土面层；3—滑动面

3）单根土钉的极限抗拔承载力要满足的条件。单根土钉的极限抗拔承载力需要满足式（6.37）的要求，即

$$\frac{R_{k,j}}{N_{k,j}} \geqslant K_t \qquad (6.37)$$

式中 K_t——土钉抗拔安全系数；安全等级为二级、三级的土钉墙，K_t 分别不应小于 1.6、1.4。

4）土钉设计的构造要求。

a. 土钉坡面要求。坡度不宜大于 1：0.2；微型桩、水泥土桩复合土钉墙，应采用微型桩、水泥土桩与土钉墙面层贴合的垂直墙面。

b. 土钉水平间距和竖向间距宜为 1～2m；当基坑较深、土的抗剪强度较低时，土钉间距应取小值。土钉倾角宜为 5°～20°，其夹角应根据土性和施工条件确定。

c. 土钉构造要求。

a）成孔注浆型钢筋土钉的构造应符合下列要求：成孔直径宜取 70～120mm；土钉钢筋宜采用 HRB400、HRB500 级钢筋，钢筋直径应根据土钉抗拔承载力设计要求确定，且宜取 16～32mm；应沿土钉全长设置对中定位支架，其间距宜取 1.5～2.5m，土钉钢筋保护层厚度不宜小于 20mm；土钉孔注浆材料可采用水泥浆或水泥砂浆，其强度不宜低于 20MPa。

b）钢管的土钉构造应符合下列要求：钢管外径不宜小于 48mm，壁厚不宜小于 3mm，钢管的注浆孔应设置在钢管末端（1/2～2/3）l 范围内（l 为钢管土钉的总长度）；每个注浆截面的注浆孔宜取两个且应对称布置，注浆孔的孔径宜取 5～8mm，注浆孔外要设置保护倒刺。钢管的连接采用焊接时，接头强度不应低于钢管刚度；钢管焊接可以采用数量不少于 3 根、直径不小于 6mm 的钢筋沿截面均匀分布拼焊，双面焊接时，钢筋长度不应小于钢管直径的 2 倍。

d. 土钉墙高度不大于 12m 时，喷射混凝土面层的构造要求应符合下列规定。

喷射混凝土面层厚度宜取 80～100mm；喷射混凝土设计强度等级不宜低于 C20；喷射混凝土面层中应配置钢筋网和通长的加强钢筋，钢筋网宜采用 HPB300 级钢筋，钢筋直径宜取 6～10mm，钢筋网间距宜取 150～250mm；钢筋网间的搭接长度应大于 300mm；加强钢筋的直径宜取 14～20mm；当充分利用土钉杆体的抗拉强度时，加强钢筋的截面面积不应小于土钉杆体截面面积的 1/2。

e. 注浆材料水泥净浆或水泥砂浆，其强度不应低于 M10。

f. 在土钉墙的顶部应采用砂浆或混凝土护面，在坡顶或坡脚应设置排水设施，坡面上可根据具体情况设置排水孔。

（2）土钉墙支护稳定分析。土钉墙应对基坑开挖的各工况进行整体滑动稳定性验算（可采用圆弧滑动条分法）；基坑底面下有软土层时，应对坑底隆起进行稳定性验算；土钉墙与截水帷幕结合时，应进行地下水渗透稳定性验算。

3. 土钉支护结构施工

（1）施工工艺。

1）施工设备。钻孔设备可采用螺旋钻、冲击钻、地质钻机和工程钻机。当地质较好、孔深不大时，也可用洛阳铲成孔。

2）材料。喷射混凝土面层的强度等级不宜低于 C20，水泥用强度级别为 32.5，细骨料宜选用中粗砂，含泥量应小于 3%，粗骨料宜选用粒径不大于 20mm 的级配碎石。水泥与砂石的重量比宜为 1：4～1：4.5，砂率宜为 45%～55%，水灰比为 0.40～0.45。加入速凝剂等外加剂时，应通过试验确定外加剂掺量。

土钉注浆材料，应选用水泥浆或水泥砂浆，水泥浆的水灰比宜为 0.5～0.55，水泥砂浆的水灰比宜为 0.4～0.45，灰砂比宜取 0.5～1.0，拌和用砂宜选用中粗砂，按重量计的含泥量不宜大于 3%。

3）施工流程及控制要求。土钉墙的施工工艺流程如图 6.31 所示。

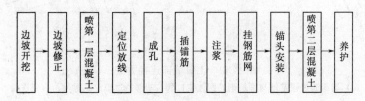

图 6.31 施工工艺流程框图

a. 边坡开挖与边坡修面。基坑开挖应按设计要求分层分段开挖，分层开挖高度由设计要求土钉的竖向距离确定。超挖不低于土钉向下 0.5m。在完成上层作业面的土钉与喷射混凝土以前，不得进行下一层深度的开挖。分层开挖长度也宜分段进行，分段长度应保证修正后的边坡在规定的时间内保持自稳并在限定时间内完成支护，一般可取 10～20m，尽量缩短土壁的裸露时间。只有当上层土钉注浆体及喷射混凝土面层强度达到设计强度的 70% 后，方可开挖下层土方及下层土钉施工。机械开挖后应辅助以人工修面。

b. 定位放线、成孔与插筋。土钉成孔前，应按设计要求定出孔位，并作出标记和编号，孔距允许偏差为 100mm，孔深允许偏差在 ±50mm 内，孔径允许偏差为 ±5mm，成孔倾角允许偏差不大于 3°。钻孔后要进行清孔检查，对于孔中出现的局部渗水、塌孔或掉落松土应立即处理。成孔后要及时安设土钉钢筋并进行注浆。

c. 注浆与挂网。土钉钢筋置入孔中前，应先设置定位支架，保证钢筋处于钻孔的中心部位，支架沿钉长的间距为 2～3m。土钉置入孔中后，可采用重力、低压（0.4～0.6MPa）或高压（1～2MPa）方法注浆填孔。水平孔必须采用低压或高压方法注浆。压力注浆时应在钻孔口部设置止浆塞，注满后保持压力 3~5min。重力注浆以满孔为止，但在初凝前补浆 1~2 次。

为提高土钉抗拔能力，可采用二次挤压注浆法，即在首次注浆（砂浆）终凝后 2~4h 内，用高压（2~3MPa）向钻孔中的二次注浆管注入水泥净浆，注满后保持压力 5~8min。二次注浆管的边壁带孔且与钻孔等长，在首次注浆前与土钉钢筋同时送入孔中。向孔内注入浆体的充盈系数必须大于 1，保证实际注浆量超过孔的体积。

当土钉钢筋端部通过锁定筋与面层内的加强筋及钢筋网连接时，其相互之间应焊接牢靠。钢筋网片用插入土中的钢筋固定，与坡面间隙为 3~4cm，不应小于 3cm，搭接时上下左右一根对一根搭接绑扎，搭接长度应大于 30cm，并不少于两点电焊。钢筋网片借助井字架与土钉外端的弯钩焊接成一个整体。当土钉端部通过螺纹、螺母、垫板与面层连接时，宜在土钉端部 600~800mm 的长度内，用塑料包裹土钉钢筋表面使之形成自由段，以便于喷射混凝土凝固后拧紧螺母；垫板与喷射混凝土面层之间的空隙用高强水泥砂浆抹平，如图 6.32 所示。

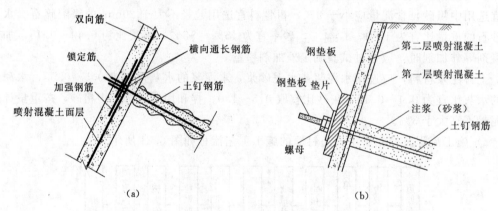

图 6.32　土钉端部连接方式
(a) 端部通过锁定筋与面层钢筋网连接；(b) 端部通过螺纹、螺母与面层连接

钢筋网片可用焊接或绑扎而成，网格间距的允许偏差为 100mm，钢筋网铺设时每边的搭接长度不应小于一个网格边长或 200mm，如为焊接则焊长不小于网筋直径的 10 倍。

d. 安装锚头与喷射混凝土面层。土钉锚头安装结构如图 6.32 所示。喷射混凝土的配合比应通过试验确定，并通过外加剂来调节所需坍落度和早强时间。喷射混凝土的顺序应自下而上，喷头与喷面距离宜控制在 0.8~1.5m 范围内，射流方向垂直指向喷射面，但在钢筋部位应先喷填钢筋后方，然后再喷填钢筋前方，防止在钢筋背面出现空隙。为保证喷射混凝土厚度达到规定值，可在边壁面上垂直打入短的钢筋段作为标志。当面层厚度超过 100mm 时，应分两次喷射混凝土，每次喷射厚度宜为 50~70mm。

4）质量检验。

a. 应对土钉的抗拔承载力进行检测，抗拔试验可采用逐级加荷法；土钉的检测数量不宜少于土钉总数的 1%，且同一土层中的土钉检测数量不应少于 3 根；对二级、三级的土钉墙，抗拔承载力检测值分别不应小于土钉轴向拉力标准值的 1.3 倍、1.2 倍；检测土钉采用随机抽样的方法选取。检测试验应在注浆固结体强度达到 10MPa 或设计强度的 70% 后进行试验。

b. 土钉墙面层喷射混凝土应进行现场试块强度试验，每 500m² 喷射混凝土面积试验数量不应少于一组，每组试块不应少于 3 个。

c. 应对土钉墙的喷射混凝土面层厚度进行检测，每 500m² 喷射混凝土面积检测数量不应少于一组，每组的检测点不应少于 3 个；全部检测点的面层厚度平均值不应小于厚度设计值，最小厚度不应小于厚度设计值的 80%。

6.4.3 重力式水泥土墙

1. 概述

水泥土是一种具有一定刚性的脆性材料，其抗压强度比抗拉强度大得多，因此，水泥土（桩）墙的很多性能类似于重力式挡土墙，其设计按重力式挡土墙设计。由于水泥土墙与一般重力式挡土墙相比，埋置深度相对较大，而墙体本身刚度不大，所以实际工程中变形也较大，其变形规律介于刚性挡土墙和柔性支挡结构之间。其稳定性验算，可按照重力式挡土墙的方法验算其抗倾覆稳定性、抗滑移稳定性，用圆弧滑动法验算整体稳定性。

2. 重力式水泥土墙设计

（1）按重力式设计的水泥土墙，其破坏形式包括以下几类。

1）墙整体倾覆。

2）墙整体滑移。

3）沿墙体以外土中某一滑动面的土体整体滑动。

4）墙下地基承载力不足而使墙体下沉并伴随基坑隆起。

5）墙身材料的应力超过抗拉、抗压和抗剪强度而使墙体断裂。

6）地下水渗流造成土体渗透破坏。

（2）土压力计算。对于水泥土墙支护结构（图 6.33），作用在其上的土压力通常按朗肯土压力理论计算，但也有按梯形土压力分布形式计算的（图 6.34），水压力计算既可与土压力合算，也可分开计算。

图 6.33 加筋水泥土桩墙

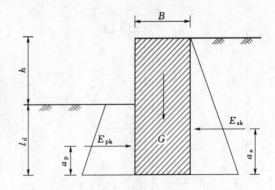

图 6.34 土压力计算示意图

G—墙体自重，kN/m；E_{ak}—墙后主动土压力标准值，kN/m；E_{pk}—墙后被动土压力标准值，kN/m；a_a—主动土压力作用线离墙址的距离，m；a_p—被动土压力作用线离墙址的距离，m；B—水泥土墙的宽度，m；l_d—嵌固深度，m。

（3）计算的程序。重力式水泥土墙的设计，墙的嵌固深度和墙的宽度是两个主要设计参数，土体整体滑动稳定性、基坑抗隆起稳定性与嵌固深度密切相关，而基本与墙的宽度无关。墙的倾覆稳定性、墙的滑移稳定性不仅与嵌固深度有关，而且与墙的宽度有关。一般情况下，墙的嵌固深度满足整体稳定条件时，也同时满足抗隆起条件。按抗倾覆条件计算墙的宽度，此墙宽也同时满足抗滑移条件。

（4）嵌固深度的计算（图6.35）。重力式水泥土墙，在采用预应力锚杆复合土钉墙等结构时，在结构上属于悬臂式结构，故可按悬臂式支挡结构计算的嵌固深度，嵌固深度需满足计算式（6.38）的条件，即

$$\frac{E_{pk}a_{pl}}{E_{ak}a_{al}} \geqslant K_e \tag{6.38}$$

式中　K_e——嵌固稳定安全系数；安全等级为一级、二级、三级的悬臂式支挡结构，K_e分别不应小于1.25、1.2、1.15；

E_{ak}、E_{pk}——分别为基坑外侧主动土压力、基坑内侧被动土压力标准值，kN；

a_{al}、a_{pl}——分别为基坑外侧主动土压力、基坑内侧被动土压力合力作用点至挡土构件底端的距离，m。

对于悬臂式结构嵌固深度不小于0.8倍的基坑深度，对于淤泥质土和淤泥分别不宜小于基坑深度的1.2倍和1.3倍。

【例6.7】　某基坑安全等级为二级，开挖深度$h=6.0$m，采用水泥土搅拌桩墙进行支护，墙体宽度$B=2.0$m，已知墙后土体为黏性土，$c=20$kPa，$\varphi=30°$，$\gamma=18$kN/m³，水泥土的重度为$\gamma_{cs}=20$kN/m³，如图6.36所示。试计算墙体嵌固深度。水泥土开挖时轴心抗压强度值$f_{cs}=1$MPa。

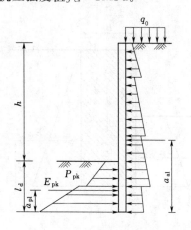
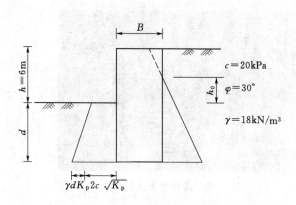

图6.35　悬臂式支挡结构嵌固深度
　　　　计算示意图

图6.36　［例6.7］附图

【解】

$$K_a = \tan^2\left(45° - \frac{\varphi}{2}\right) = 0.33$$

$$K_p = \tan^2\left(45° + \frac{\varphi}{2}\right) = 3.0$$

临界深度 z_0 计算，即

$$z_0=\frac{2c}{\gamma\sqrt{K_a}}=\frac{2\times20}{18\times\sqrt{0.33}}=3.87(\text{m})$$

$$h_0=h-z_0=6-3.87=2.13(\text{m})$$

外力对墙踵取矩有

$$\frac{\frac{1}{6}\gamma K_p d^3+c\sqrt{K_p}d^2}{\frac{1}{6}\gamma(h_0+d)^3K_a}\geqslant K_e$$

$$\gamma K_p d^3+6c\sqrt{K_p}d^2-K_e\gamma(h_0+d)^3K_a\geqslant0$$

$$\gamma(K_p-K_eK_a)d^3+(6c\sqrt{K_p}-3\gamma K_eK_ah_0)d^2-3\gamma K_eK_ah_0^2d-\gamma K_eK_ah_0^3=0$$

$$18\times(3-1.25\times0.33)d^3+(6\times20\sqrt{3}-3\times18\times1.25\times0.33\times2.13)d^2$$

$$-3\times18\times1.25\times0.33\times2.13^2d-18\times1.25\times0.33\times2.13^3=0$$

$$46.58d^3+160.4d^2-101.1d-57.4=0$$

$$d^3+3.44d^2-2.17d-1.23=0$$

$$d=0.85\text{m}<0.8h=4.8\text{m}，故取 }d=4.8\text{m}$$

（5）整体滑动稳定性计算（图 6.37）。重力式水泥土墙可采用圆弧滑动条分法进行验算，按式（6.39）和式（6.40）进行计算。

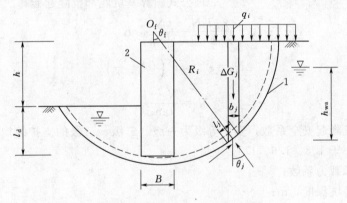

图 6.37　滑动稳定性计算示意图

$$\min\{K_{s,1},K_{s,2},\cdots,K_{s,i},\cdots\}\geqslant K_s \tag{6.39}$$

$$K_{s,i}=\frac{\sum\{c_jl_j+[(q_jb_j+\Delta G_j)\cos\theta_j-u_jl_j]\tan\varphi_j\}}{\sum(q_jb_j+\Delta G_j)\sin\theta_j} \tag{6.40}$$

式中　K_s——圆弧滑动稳定安全系数，其值不应小于 1.3；

$K_{s,i}$——第 i 个圆弧滑动体的抗滑力矩与滑动力矩的比值；抗滑力矩与滑动力矩的最小值宜通过搜索不同圆心及半径的所有潜在滑动圆弧确定；

c_j、φ_j——第 j 土条滑弧面处的黏聚力（kPa）和内摩擦角（°）；

b_j——第 j 土条的宽度，m；

θ_j——第 j 土条滑弧面中点处的法线与垂直面的夹角，（°）；

l_j——第 j 土条滑弧面长度，m，取 $l_j=b_j/\cos\theta_j$；

q_j——第 j 土条上的附加分布荷载标准值，kPa；

ΔG_j——第 j 土条的自重，kN，按天然重度计算；分条时水泥土墙可按土体考虑；

u_j——第 j 土条滑弧面上的孔隙水压力，kPa；对地下水位以下的砂土、碎石土、砂质粉土，当地下水是静止的或渗流水力梯度可忽略不计时，在基坑外侧可取 $u_j = \gamma_w h_{wa,j}$，在基坑内侧可取 $u_j = \gamma_w h_{wp,j}$；滑弧面在地下水位以上或对地下水位以下的黏土，取 $u_j = 0$；

γ_w——地下水重度，kN/m³；

$h_{wa,j}$——基坑外侧第 j 土条滑弧面中点的压力水头，m；

$h_{wp,j}$——基坑内侧第 j 土条滑弧面中点的压力水头，m。

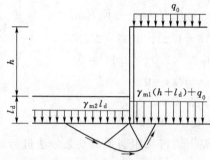

图 6.38 抗隆起稳定性验算示意图

在墙底以下存在软弱下卧层时，稳定验算的滑动面中应包括由圆弧与软弱土层层面组成的复合滑动面。

（6）抗隆起稳定性验算（图 6.38）。抗隆起验算，可采用 Prandtl（普朗特尔）极限平衡理论公式，按式（6.41）、式（6.42）和式（6.43）计算。当嵌入深度较小时，公式的假定与实际情况存在的差异，将导致计算误差较大，故不能采用该公式验算基坑底部抗隆起验算。

$$\frac{\gamma_{m2} l_d N_q + c N_c}{\gamma_{m1}(h + l_d) + q_0} \geqslant K_b \tag{6.41}$$

$$N_q = e^{\pi \tan\varphi} \tan^2\left(45° + \frac{\varphi}{2}\right) \tag{6.42}$$

$$N_c = \frac{N_q - 1}{\tan\varphi} \tag{6.43}$$

式中　K_b——抗隆起安全系数；安全等级为一级、二级、三级的支护结构，K_b 分别不应小于 1.8、1.6、1.4。

N_c、N_q——承载力系数；

h——基坑深度，m；

l_d——水泥土墙的嵌固深度，m；

γ_{m1}、γ_{m2}——基坑外墙底面以上土的重度和基坑内墙底面以上土的重度，kN/m³，对多层土取各层土按厚度加权的平均重度；

c、φ——水泥土墙底面以下土的黏聚力（kPa）、内摩擦角（°）。

【例 6.8】　条件同［例 6.7］，$c = 20$kPa，$\varphi = 30°$，$\gamma = 18$kN/m³，试进行抗隆起稳定性验算。

【解】

$$\frac{\gamma_{m2} l_d N_q + c N_c}{\gamma_{m1}(h + l_d) + q_0} \geqslant K_b$$

$$N_q = e^{\pi \tan\varphi} \tan^2\left(45° + \frac{\varphi}{2}\right) = 2.718^{3.14 \times \tan 30°} \tan^2\left(45° + \frac{30°}{2}\right) = 18.38$$

$$N_c = \frac{N_q - 1}{\tan\varphi} = \frac{18.38 - 1}{\tan 30°} = 30.10$$

$$\frac{\gamma_{m2}l_d N_q + c N_c}{\gamma_{m1}(h+l_d)+q_0}=\frac{18\times4.8\times18.38+20\times30.10}{18\times(6+4.8)+0}=11.3>K_b=1.6$$

（7）抗倾覆稳定性计算。按式（6.44）进行抗倾覆稳定性验算，即

$$\frac{E_{pk}a_p+(G-u_m B)a_G}{E_{ak}a_a}\geqslant K_{ov} \tag{6.44}$$

式中　a_a——水泥土墙外侧主动土压力合力作用点至墙踵的竖向距离，m；

　　　　a_p——水泥土墙内侧被动土压力合力作用点至墙踵的竖向距离，m；

　　　　a_G——水泥土墙自重与水压力合力作用点至墙踵的水平距离，m；

　　　　u_m——水泥土墙底面上的水压力，kPa；水泥土墙底位于含水层时，$u_m=$
　　　　　　　$\dfrac{\gamma_w(h_{wa}+h_{wp})}{2}$，在地下水位以上时，$u_m=0$；

　　　　K_{ov}——抗倾覆稳定安全系数，其值不应小于1.3。

【例6.9】　条件同［例6.7］，试计算墙体抗倾覆稳定性。

【解】
$$a_G=1m$$
$$G=B(h+l_d)\gamma_{cs}=2\times(6+4.8)\times20=432(kN/m)$$
$$E_{pk}=0.5\times(2c\sqrt{K_p}+\gamma l_d K_p+2c\sqrt{K_p})l_d$$
$$=0.5\times(2\times2\times20\times\sqrt3+18\times4.8\times3)\times4.8=954.6(kN/m)$$
$$E_{ak}=0.5\times[\gamma(h+l_d)K_a-2c\sqrt{K_a}](h+l_d-z_0)$$
$$=0.5\times[18\times(6+4.8)\times0.33-2\times20\times0.57]\times(6+4.8-3.87)=143.3(kN/m)$$
$$a_p=\frac{\left(4c\sqrt{K_p}l_d 0.5l_d+\dfrac{1}{2}\gamma l_d K_p l_d/3\right)}{E_{pk}}$$
$$=\frac{4\times20\times\sqrt3\times4.8\times0.5\times4.8+0.5\times18\times4.8\times3\times4.8/3}{954.6}=1.88(m)$$
$$a_a=\frac{h+l_d-z_0}{3}=\frac{6+4.8-3.87}{3}=2.31$$
$$\frac{E_{pk}a_p+(G-u_m B)a_G}{E_{ak}a_a}=\frac{954.6\times1.88+(432-0)\times1}{143.2\times2.31}=6.73>1.3$$

抗倾覆稳定性满足要求。

（8）正截面应力验算。重力式水泥土墙的正截面应力验算要分别按式（6.45）、式（6.46）和式（6.47）进行拉应力验算、压应力验算和剪应力验算。

1）正截面应力验算应包括以下部位。

a.基坑面以下主动、被动土压力强度相等处。

b.基坑底面处。

c.水泥土墙的截面突变处。

2）重力式水泥土墙的正截面应力应符合下列要求。

a.拉应力，应满足

$$\frac{6M_i}{B^2}-\gamma_{cs}z\leqslant0.15f_{cs} \tag{6.45}$$

b. 压应力，应满足

$$\gamma_0 \gamma_F \gamma_{cs} z + \frac{6M_i}{B^2} \leqslant f_{cs} \qquad (6.46)$$

c. 剪应力，应满足

$$\frac{E_{aki} - \mu G_i - E_{pki}}{B} \leqslant \frac{1}{6} f_{cs} \qquad (6.47)$$

式中　M_i——水泥土墙验算截面的弯矩设计值，kN·m/m；

　　　B——验算截面处水泥土墙的宽度，m；

　　　γ_{cs}——水泥土墙的重度，kN/m³；

　　　γ_0——支护结构重要性系数，安全等级为一级、二级、三级的支护结构，取值分别不应小于 1.1、1.0、0.9，kN/m³；

　　　z——验算截面至水泥土墙顶的垂直距离，m；

　　　f_{cs}——水泥土开挖龄期时的轴心抗压设计值，kPa；

　　　γ_F——荷载综合分项系数，支护结构构件按承载能力极限状态设计时，不应小于 1.25；

E_{aki}、E_{pki}——分别为验算截面以上的主动土压力标准值、被动土压力标准值，kN/m，验算截面在基底以上时，$E_{pki}=0$；

　　　G——验算截面以上的墙体自重，kN/m；

　　　μ——墙体材料的抗剪断系数，取 0.4~0.5。

【例 6.10】　条件同［例 6.7］，试对挡土墙进行正截面应力验算。

【解】　由于在基坑底面以下被动土压力强度随着深度的增加而增加的幅度小于主动土压力的强度，基坑面以下不存在主动、被动土压力强度相等处。

对基坑底面处进行正截面应力验算。

（1）拉应力验算。

$\gamma_F = 1.25$，安全等级二级时，$\gamma_0 = 1.0$。

$$\begin{aligned}
M_i &= \gamma_0 \gamma_F \frac{1}{2}(\gamma h K_a - 2c\sqrt{K_a})(h - z_0)\frac{h - z_0}{3} \\
&= 1.0 \times 1.25 \times \frac{1}{2}(18 \times 6 \times 0.33 - 2 \times 20 \times \sqrt{0.33})\frac{(6 - 3.87)^2}{3} = 12.44(\text{kN·m/m})
\end{aligned}$$

$$\frac{6M_i}{B^2} - \gamma_{cs} z = \frac{6 \times 12.44}{2^2} - 20 \times 6 = -101.3(\text{kPa}) < 0.15 \times 2000 = 300(\text{kPa})$$

拉应力满足要求。

（2）压应力验算。

$$\gamma_0 \gamma_F \gamma_{cs} z + \frac{6M_i}{B^2} = 1.0 \times 1.25 \times 20 \times 6 + \frac{6 \times 12.44}{2^2} = 168.7(\text{kPa}) \leqslant f_{cs} = 2000(\text{kPa})$$

压应力验算满足要求。

（3）剪应力验算。

$$\frac{E_{aki} - \mu G_i - E_{pki}}{B} = \frac{\frac{1}{2}(\gamma h K_a - 2c\sqrt{K_a})(h - z_0) - 0.4Bh\gamma_{cs} - 0}{2}$$

$$= \frac{13.48 - 0.4 \times 2 \times 6 \times 20 - 0}{2}$$

$$= -41.3(\text{kPa}) < \frac{1}{6} \times 2000 = 333.3(\text{kPa})$$

剪应力验算满足要求。

3. 重力式水泥土墙施工

(1) 水泥土搅拌桩简介。水泥土搅拌桩研发早期称为深层搅拌桩，是美国 20 世纪 40 年代末首先研制成功的一种原地搅拌桩。20 世纪 50 年代后期在日本得到长足发展。我国于 70 年代末开始进行深层搅拌桩的引进试验和机械研制工作，并与 1980 年初首先在上海软土加固工程中采用，并获得成功。冶金工业部率先制定了行业规范，随后建设部行业标准也将深层搅拌桩列入地基处理方法之一，最新颁布的《建筑地基处理技术规范》(JGJ 79—2012) 称为水泥土搅拌桩复合地基。水泥土搅拌法施工方法不同，分为深层搅拌法 (湿法) 和粉体喷搅法 (干法)。重力式水泥土墙按搅拌桩的施工工艺宜采用喷浆搅拌法 (湿法)。

(2) 适用条件。水泥土搅拌桩适用于处理正常固结的淤泥、淤泥质土、素填土、黏性土 (软塑、可塑)、粉土 (稍密、中密)、粉细砂 (松散、中密)、中粗砂 (松散、稍密) 和砾砂、饱和黄土等土层。不适用于含大孤石或障碍物较多且不易清除的杂填土，欠固结的淤泥和淤泥质土、硬塑及坚硬的黏性土、密实的砂类土以及地下水渗流影响成桩质量的土层。当地基土的天然含水量小于 30%（黄土含水量小于 25%）时，不宜采用粉体搅拌法。大于 70% 时不应采用干法。地下水具有腐蚀性时以及无工程经验的地区，必须通过现场试验确定其适用性。该方法不适用于生活垃圾填土。寒冷地区冬季施工时，应考虑负温对处理效果的影响。

湿法的加固深度不宜大于 20m；干法加固深度不宜大于 15m。桩径不应小于 0.5m。

(3) 加固机理。水泥与土会反应，该反应和混凝土中水泥反应不一样，混凝土的硬化主要是在填充料中进行水解、水化作用，凝结速度较快，而在水泥土中，水泥少，硬化慢，其反应有以下几种。

1) 水泥的水解和水化反应。普通硅酸盐水泥主要由氧化钙、二氧化硅、三氧化二铝、三氧化二铁及三氧化硫组成，这些矿物分别组成了不同的水泥矿物，即硅酸二钙、硅酸三钙、铝酸三钙、铁铝酸四钙、硫化钙等。水泥表面的矿物与软土中水反应，生成氢氧化钙、含水硅酸钙、含水铝酸钙、含水铁酸钙等化合物。

2) 黏土颗粒与水泥水化物的作用。黏土中的 SiO_2 遇水形成硅酸胶体微粒，其表面带有钾离子或钠离子与水泥水化生成的氢氧化钙中的 Ca^{2+} 进行离子交换，使土粒聚结。

3) 硬凝反应。当水泥中水化反应中 Ca^{2+} 超过离子交换需要量后，与黏土矿物中的 SiO_2 和 Al_2O_3 发生反应，生成不溶于水的铝酸钙、硅酸钙以及钙黄长石的结晶水化物，它们在水中和空气中逐渐硬化，提高水泥强度。

4) 碳化作用。水泥土中游离的 $Ca(OH)_2$ 能吸收水，空气中的 CO_2 发生碳化反应，生成不溶于水的 $CaCO_3$，它也能增加水泥土强度，但增长慢，幅度也小。

(4) 布桩形式。水泥土搅拌桩支护结构是将搅拌桩相互搭接而成，平面布置可采用壁状体，如图 6.39 (a) 所示。若壁状体宽度不够时，可加大宽度，做成格栅状支护结构，即在支护结构宽度内，不需要整个土体都进行搅拌加固，可按一定间距将土体加固成相互平行的纵向壁，再沿纵向按一定间距加固肋体，用肋体将纵向壁连接起来，如图 6.39（b）所示。

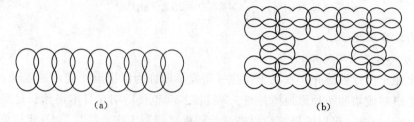

(a) (b)

图 6.39　深层搅拌桩支护结构布桩形式
(a) 壁状体布桩；(b) 格栅状布桩

（5）重力式水泥土墙的破坏形式。

1）倾覆破坏。由于墙身入土深度太浅或宽度不足，当地面对堆载过多或重载车辆在坑边频繁行驶时，都可能导致倾覆破坏，如图 6.40（a）所示。

2）地基整体破坏。当开挖深度较大，基底土又十分软弱时，特别当地面存在大量堆载时，地基土连同支挡结构一起滑动，如图 6.40（b）所示。地基整体破坏造成的危害极大，往往伴随着地面大量下陷及坑底隆起，也可能推动坑内主体结构工程桩一起位移。

3）墙趾外移破坏。当挡土墙结构插入深度不够，坑底土太软或因管涌及流沙所削弱，可能发生墙趾外移所引起的破坏，如图 6.40（c）所示。

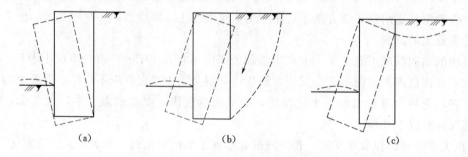

(a) (b) (c)

图 6.40　重力式水泥土墙的破坏形式
(a) 倾覆破坏；(b) 地基整体破坏；(c) 墙趾外移破坏

（6）水泥土深层搅拌法施工（湿法）。

1）施工设备（图 6.41）。深层搅拌机分单轴、双轴、多轴。单轴为多叶片浆喷，双轴采用中心管喷浆。

2）材料。固化剂宜选用强度等级为 32.5 级以上的普通硅酸盐水泥。水泥掺量除块状加固时，可用被加固湿土质量的 7%～12% 外，其余宜为 12%～20%。湿法的水泥浆水灰比可选 0.45～0.55。外掺剂可根据需要和土质条件选用具有早强、缓凝、减水以及节省水泥等作用的材料，但应避免污染环境。

3）施工流程。桩位放样→钻机就位→检验、调整钻机→正循环钻进至设计深度→打开高压注浆泵→反循环提钻并喷水泥浆→至工作基准面以下 0.3m→重复搅拌下钻并喷水泥浆至设计深度→反循环提钻至地表→成桩结束→施工下一根桩。

图 6.41　水泥土桩搅拌机

(a) 双轴搅拌桩机；(b) 三轴搅拌桩机；(c) 六轴搅拌桩机

a. 桩位放样，钻机就位。按照测量放线确定搅拌桩桩位后，移动搅拌桩机到达指定桩位并对中。

b. 垂直度检查。采用经纬仪或吊线锤双向控制导向架垂直度。按设计及规范要求，垂直度小于 1.0% 桩长。

c. 预先搅拌下沉。深层搅拌机预搅下沉同时，后台拌制水泥浆液。启动深层搅拌桩机转盘，待搅拌头转速正常后，方可使钻杆沿导向架边下沉边搅拌，下沉速度可通过挡位调控，工作电流不应大于额定值。

d. 二喷四搅拌工艺。下沉到达设计深度后，开启灰浆泵，通过管路送浆至搅拌头出浆口，出浆后启动搅拌桩机及拉紧链条装置，按设计确定的提升速度边喷浆搅拌边提升钻杆，使浆液和土体充分拌和。搅拌钻头提升至桩顶以上 500mm 高后，关闭灰浆泵，重复搅拌下沉至设计深度，下沉到达设计深度后，喷浆重复搅拌提升，一直提升至地面。

e. 桩机移位。桩基成桩结束后，移动至下一根桩位。重复以上施工过程，如图 6.42 所示。

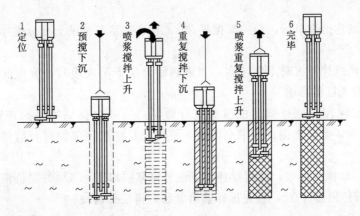

图 6.42　水泥土桩搅拌法施工工艺流程

f. 施工过程中，采用隔桩施工的方法，如图 6.43 所示。

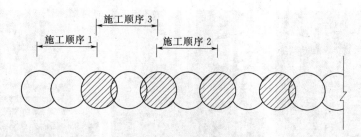

图 6.43 水泥土桩搅拌法施工顺序

4）施工控制要求。

a. 施工前应确定灰浆泵输浆量、灰浆经输浆管到达搅拌机喷浆口的时间和起吊设备提升速度等施工参数，并根据设计要求通过工艺性成桩试验确定施工工艺。

b. 所使用的水泥都应过筛，制备好的浆液不得离析，泵送必须连续。制备水泥浆液的灌数、水泥和外掺剂用量以及泵送浆液的时间等应有专人记录；喷浆量及搅拌深度必须采用由国家计量部门认证的监测仪器进行自动记录。

c. 水泥搅拌桩开钻之前，应用水清洗整个管道并检验管道中有无堵塞现象，待水排尽后方可下钻。

d. 为保证水泥搅拌桩桩体垂直度满足规范要求，在主机上悬挂一吊锤，通过控制吊锤与钻杆上、下、左、右距离相等来进行控制。

e. 搅拌机喷浆提升的速度和次数必须符合施工工艺的要求，应有专人记录。施工时应严格控制喷浆时间和停浆时间。每根桩开钻后应连续作业，不得中断喷浆。严禁在尚未喷浆的情况下进行钻杆提升作业。

f. 水泥搅拌桩施工一般采用二喷四搅工艺。第一次下钻时为避免堵管可带浆下钻，喷浆量应小于总量的 1/2，严禁带水下钻。第一次下钻和提钻时一律采用低挡操作，复搅时可提高一个挡位。每根桩的正常成桩时间应不少于 40min，喷浆压力不小于 0.4MPa。储浆罐内的储浆应不小于一根桩的用量加 50kg。若储浆量小于上述重量时，不得进行下一根桩的施工。

g. 当浆液到达出浆口后，应喷浆搅拌 30s，在水泥浆与桩端土充分搅拌后，再开始提升搅拌头。

h. 搅拌机预搅拌下沉时不宜冲水，当遇到硬土层下沉太慢时，方可适量冲水，应当考虑冲水对桩身强度的影响。

i. 为保证水泥搅拌桩桩端、桩顶及桩身质量，第一次提钻喷浆时应在桩底部停留 30s，进行磨桩端，余浆上提过程中全部喷入桩体，且在桩顶部位进行磨桩头，停留时间为 30s。

j. 施工时，如因故停浆，应将搅拌头下沉至停浆点以下 0.5m 处，待恢复供浆时再喷浆搅拌提升。若停机超过 3h，宜先拆卸输将管路，再妥加清洗。

5）质量检验。

a. 成桩 7d 后，采用浅部开挖桩头（深度宜超过停浆面下 0.5m），目测检查搅拌的均匀性，量测成桩直径。检查量为总桩数的 5%。或在成桩 3d 内，可用轻型动力触探

（N_{10}）检查每米桩身的均匀性（图 6.44）。检验数量为施工总桩数的 1%，且不少于 3 根。

b. 对相邻桩搭接要求严格的工程，应在成桩 15d 后，选取数根桩进行开挖，检查搭接情况。

c. 基槽开挖后，应检查桩位、数量与桩顶质量，如不符合设计要求，应采取有效补强措施。

d. 钻芯取样法可以准确确定桩长，了解桩身搅拌的均匀性，但是只能定性的检测桩身质量，要确定桩身强度，需要进行标准贯入试验或室内土工试验。载荷试验可以获得深层搅拌桩的单桩或符合地基承载力。

(a)　　　　　　　　　　　　　　　　　(b)

图 6.44　搅拌桩成桩开挖检测
(a) 桩身尺寸位置检测；(b) 钻芯取样检测

习　　题

6.1　土压力的类型有哪几种？

6.2　重力式挡土墙的型式有哪几种？各有什么特点？

6.3　挡土墙抗倾覆稳定性验算结果不满足要求时，可采取哪些措施？抗滑移稳定性验算结果不满足要求时，可采取哪些措施？

6.4　挡土墙的设计内容有哪些？

6.5　朗肯土压力适用条件是什么？

6.6　影响边坡稳定的因素有哪些？

6.7　土坡稳定安全系数的意义是什么？

6.8　无黏性土土坡稳定性只要坡角不超过其内摩擦角，坡高不受限制，而黏性土土坡的稳定性还与坡高有关，试分析其原因。

6.9　边坡稳定性分析中，考虑地下水的影响后，边坡的稳定性会出现什么样的变化？

6.10　基坑支护包括哪些内容？

6.11　土钉墙的工作机理是什么？

6.12　重力式水泥土墙的加固机理是什么？

6.13 简述基坑土体稳定性分析的主要内容。

6.14 简述土钉墙的施工工艺。

6.15 土钉墙支护施工时，喷射混凝土的顺序为什么应自下而上，而不是自上而下？

6.16 土钉墙支护设计时，土钉的倾角宜为5°～20°为什么不能过小或过大？分析一下土钉墙支护与锚杆支护的区别。

天然地基上的浅基础设计

（1）熟悉地基基础设计的一般规定。

（2）掌握浅基础类型。

（3）掌握基础埋置深度的选择。

（4）熟练掌握基础底面尺寸的确定及软弱下卧层的计算。

（5）熟练掌握无筋扩展基础的基础设计。

（6）掌握扩展基础的基础设计。

（7）了解减轻不均匀沉降的措施。

浅基础按结构类型分为无筋扩展基础和扩展基础。浅基础埋置深度受到结构类型、荷载分布、水文地质与工程地质条件等多种因素的影响，从而综合确定。基础底面尺寸的确定，关系到基础的承载能力是否满足要求，同时地基中存在软弱下卧层时，对下卧层的承载力也要进行验算。了解地基不均匀沉降的危害及其采取的措施。故地基的承载力与强度变形控制是设计中的重要控制指标。

本项目将地基承载力与地基沉降两个方面阐述浅基础设计的步骤与内容。

7.1 概　述

建筑物（构筑物）都建造在一定地层上，如果基础直接建造在未经加固处理的地层上，这种地基称为天然地基。若天然地层较软弱，不足以承受建筑物荷载，而需要经过人工加固，才能在其上建造基础，这种地基称为人工地基。

根据基础的埋置深度不同，基础分为浅基础及深基础。一般基础的埋置深度小于 5m 且用常规方法施工的基础称为浅基础。当基础的埋置深度大于 5m 且用特殊方法施工的基础通常称为深基础。

7.1.1 地基与基础的设计等级

《建筑地基基础设计规范》（GB 50007—2011）根据地基复杂程度、建筑物规模和功能特征以及由于地基问题可能造成建筑物破坏或影响正常使用的程度，将地基基础设计分为 3 个等级，设计时应根据具体情况按表 7.1 选用。

表 7.1　　建筑地基基础设计等级

设计等级	建筑和地基类型
甲级	重要的工业与民用建筑物； 30 层以上的高层建筑； 体型复杂、层数相差超过 10 层的高低层连成一体的建筑物； 大面积的多层地下建筑物（如地下车库、商场、运动场等）； 对地基变形有特殊要求的建筑物； 复杂地质条件下的坡上建筑物（包括高边坡）； 对原有工程影响较大的新建筑物； 场地和地基条件复杂的一般建筑物； 位于复杂地质条件及软土地区的 2 层及 2 层以上地下室的基坑工程； 开挖深度大于 15m 的基坑工程； 周边环境条件复杂、环境保护要求高的基坑工程
乙级	除甲级、乙级以外的工业与民用建筑物
丙级	场地和地基条件简单、荷载分布均匀的 7 层及 7 层以下民用建筑及一般工业建筑物；次要的轻型建筑物； 非软土地区且场地地质条件简单、基坑周边环境条件简单、环境保护要求不高且开挖深度小于 5.0m 的基坑工程

7.1.2 地基与基础的设计内容及规定

1. 地基与基础的设计内容

建筑物的结构和构件在规定的时间内，均应满足预定的功能要求，以保证建筑物必须具有的可靠性。对于地基基础来说，设计时应当考虑以下内容。

（1）在防止地基土体剪切破坏和丧失稳定性方面，应具有足够的安全度。所以，地基承载力应该验算，地基土单位面积所能承受的最大荷载称为地基承载力，以 f_{ak} 表示地基承载力特征值。此项计算是每个工程都必须进行的基本设计内容。另外，有两种情况需要验算建筑物的稳定性：一种是经常受水平荷载的高层建筑和高耸结构；另一种是建在斜坡上的建筑物和构筑物。

（2）控制建筑物地基的变形值，使之小于地基的允许变形值。地基的变形值过大，会影响建筑物的正常使用。此项计算并不是每个工程都必须进行的设计内容。一部分建筑物可以不进行变形验算。

（3）基础的材料、形式、尺寸和构造除应能适应上部结构、符合使用要求、满足上述地基承载力（稳定性）和变形要求外，还应满足基础结构的强度、刚度和耐久性的要求。

2. 地基与基础的设计规定

根据建筑物地基基础设计等级及长期荷载作用下地基变形对上部结构的影响程度，地基基础设计应符合下列规定。

（1）所有建筑物的地基计算均应满足承载力计算的有关规定。

（2）设计等级为甲级、乙级的建筑物，均应进行地基变形设计。

（3）表7.2所列范围内设计等级为丙级的建筑物可不作变形验算，如有下列情况之一时，仍应作变形验算。

表 7.2　　　　　　　可不作地基变形计算设计等级为丙级的建筑物范围

地基主要受力层情况	地基承载力特征值 f_{ak}/kPa		$60 \leqslant f_{ak}$ <80	$80 \leqslant f_{ak}$ <100	$100 \leqslant f_{ak}$ <130	$130 \leqslant f_{ak}$ <160	$160 \leqslant f_{ak}$ <200	$200 \leqslant f_{ak}$ <300
	各土层坡度/%		$\leqslant 5$	$\leqslant 5$	$\leqslant 10$	$\leqslant 10$	$\leqslant 10$	$\leqslant 10$
建筑类型	砌体承重结构、框架结构/层数		$\leqslant 5$	$\leqslant 5$	$\leqslant 5$	$\leqslant 6$	$\leqslant 6$	$\leqslant 7$
	单层排架结构（6m柱距）	单跨 吊车额定起重量/t	5~10	10~15	15~20	20~30	30~50	50~100
		单跨 厂房跨度/m	$\leqslant 12$	$\leqslant 18$	$\leqslant 24$	$\leqslant 30$	$\leqslant 30$	$\leqslant 30$
		多跨 吊车额定起重量/t	3~5	5~10	10~15	15~20	20~30	30~75
		多跨 厂房跨度/m	$\leqslant 12$	$\leqslant 18$	$\leqslant 24$	$\leqslant 30$	$\leqslant 30$	$\leqslant 30$
	烟囱	高度/m	$\leqslant 30$	$\leqslant 40$	$\leqslant 50$	$\leqslant 75$		$\leqslant 100$
	水塔	高度/m	$\leqslant 15$	$\leqslant 20$	$\leqslant 30$	$\leqslant 30$		$\leqslant 30$
		容积/m³	$\leqslant 50$	50~100	100~200	200~300	300~500	500~1000

注　1. 地基主要受力层系指条形基础底面下深度为3b（b为基础底面宽度），独立基础下为1.5b，且厚度均不小于5m的范围（2层以下一般的民用建筑除外）。

2. 地基主要受力层中如有承载力特征值小于130kPa的土层时，表中砌体承重结构的设计应符合《建筑地基基础设计规范》（GB 50007—2011）第7章的有关要求。

3. 表中砌体承重结构和框架结构均指民用建筑，对于工业建筑可按厂房高度、荷载情况折合成与其相当的民用建筑层数。

4. 表中吊车额定起重量、烟囱高度和水塔容积的数值系指最大值。

1）地基承载力特征值小于130kPa，且体型复杂的建筑。

2）在基础上及其附近有地面堆载或相邻基础荷载差异较大，可能引起地基产生过大的不均匀沉降时。

3）软弱地基上的建筑物存在偏心荷载时。

4）相邻建筑距离过近，可能发生倾斜时。

5）地基内有厚度较大或厚薄不均的填土，其自重固结未完成时。

（4）对经常受水平荷载作用的高层建筑、高耸结构和挡土墙等，以及建造在斜坡上或边坡附近的建筑物和构筑物，还应验算其稳定性。

（5）基坑工程应进行稳定性验算。

（6）当地下水埋藏较浅，建筑地下室或地下构筑物存在上浮问题时，还应进行抗浮验算。

7.1.3　地基基础设计所需资料

在一般情况下，进行地基基础设计时，需具备下列资料。

（1）建筑场地的地形图。

（2）建筑场地的工程地质勘察报告。

（3）建筑物的平面图、立面图、剖面图，作用在基础上的荷载、设备基础、各种管道的布置和标高。

（4）建筑场地环境，邻近建筑物基础类型与埋深，地下管线分布。

（5）工程总投资情况。

（6）建筑材料的供应情况。

（7）施工单位的设备和技术力量。

（8）工期的要求。

7.1.4 地基基础设计步骤

天然地基浅基础的设计，应根据上述资料和建筑物的类型、结构特点，按下列步骤进行。

（1）选择基础的材料和构造形式。

（2）确定基础的埋置深度。

（3）确定地基土的承载力特征值。

（4）确定基础底面尺寸，必要时进行下卧层强度验算。

（5）规范要求做地基变形的建筑物，进行地基变形验算。

（6）对建于斜坡上的建筑物和构筑物及经常承受较大水平荷载的高层建筑和高耸结构，进行地基稳定性验算。

（7）确定基础的剖面尺寸。

（8）绘制基础施工图。

7.1.5 极限状态设计原则简介

1. 荷载分类

结构上的荷载可分为以下三类，即永久荷载、可变荷载、偶然荷载。

2. 两种极限状态

建筑结构设计应根据使用过程中在结构上可能同时出现的荷载，按承载能力极限状态和正常使用极限状态分别进行荷载（效应）组合，并应取各自最不利的效应组合进行设计。

3. 荷载效应组合计算

（1）正常使用极限状态下，荷载效应的标准组合值 S_k 应用式（7.1）表示，即

$$S_k = S_{GK} + S_{Q1K} + \varphi_{c2} S_{Q2K} + \cdots + \varphi_{ci} S_{QiK} \tag{7.1}$$

式中　S_{GK}——按永久荷载标准值 G_K 计算的荷载效应值；

　　　S_{Q1K}——按可变荷载标准值 Q_{1K} 计算的荷载效应值；

　　　φ_{ci}——可变荷载 Q_i 的组合值系数。

荷载效应的准永久组合值应用式（7.2）表示，即

$$S_k = S_{GK} + \varphi_{q1} S_{Q1K} + \varphi_{q2} S_{Q2K} + \cdots + \varphi_{qi} S_{QiK} \tag{7.2}$$

式中　φ_{qi}——准永久值系数。

（2）承载能力极限状态下，由可变荷载效应控制的基本组合设计值 S_d 应用式（7.3）表示，即

$$S_d = r_G S_{GK} + r_{Q1} S_{Q1K} + r_{Q2} \varphi_{c2} S_{Q2K} + \cdots + r_{Qn} \varphi_{ci} S_{QiK} \tag{7.3}$$

式中　r_G——按永久荷载标准值 G_K 计算的荷载效应值；

　　　r_Q——永久荷载的分项系数；

　　　r_{Qi}——第 i 个可变荷载的分项系数。

对由永久荷载效应控制的基本组合，也可采用简化规则，荷载效应组合的设计值 S_d 按式（7.4）确定，即

$$S_d = 1.35 S_K < R \qquad (7.4)$$

式中　R——结构构件抗力的设计值，按有关建筑结构设计规范的规定确定；

　　　S_K——荷载效应的标准组合值。

在式（7.1）～式（7.4）中，φ_{ci}、φ_{qi}、r_G 及 r_{Qi} 按现行《建筑结构荷载规范》（GB 50009—2012）的规定取值。

4. 地基基础设计采用的荷载效应组合

地基基础设计时，所采用的荷载效应最不利组合与相应的抗力限值应符合《建筑地基基础设计规范》（GB 50007—2011）的规定。

（1）按地基承载力确定基础底面积及埋深或按单桩承载力确定桩数时，传至基础或承台底面上的荷载效应应按正常使用极限状态下荷载效应的标准组合。相应的抗力应采用地基承载力特征值或单桩承载力特征值。

（2）计算地基变形时，传至基础底面上的荷载效应应按正常使用极限状态下荷载效应的准永久组合，不应计入风荷载和地震作用。相应的限值应为地基变形允许值。

（3）计算挡土墙压力、地基或斜坡稳定及滑坡推力时，荷载效应应按承载能力极限状态下荷载效应的基本组合，但其荷载分项系数均为 1.0。

（4）在确定基础或桩承台高度、支挡结构截面、计算基础或支挡结构内力、确定配筋和验算材料强度时，上部结构传来的荷载效应组合和相应的基底反力，应按承载能力极限状态下荷载效应的基本组合，采用相应的荷载分项系数。

当需要验算基础裂缝宽度时，应按正常使用极限状态荷载效应标准组合。

（5）基础设计安全等级、结构设计使用年限、结构重要性系数应按有关规范的规定采用，但结构重要性系数 r_0 不应小于 1.0。

7.2　浅基础的类型及构造

7.2.1　浅基础按材料分类

1. 砖基础

砖基础多用于低层建筑的墙下基础，其剖面一般都做成阶梯形，通常称为大放脚。一般来说，在砖基础下面，先做 100mm 厚的 C15 混凝土垫层。大放脚从垫层上开始砌筑，为保证大放脚的刚度，大放脚应做成"两皮一收"或"一皮一收"或"一皮一收"与"两皮一收"相间隔。"一皮即"一层砖，标志尺寸为 60mm。一次两边各收进 1/4 砖长（图 7.1）。

砖基础的优点是可就地取材、价格低、砌筑方便，其缺点是强度低且抗冻性差。

因为砖强度低且抗冻性差，所以在寒冷而又潮湿地区采用不理想。为保证耐久性，砖与砂浆的强度等级，根据地区的潮湿程度及寒冷程度有不同的要求，按照《砌体结构设计规范》（GB 50003—2011）的规定，地面以下或防潮层以下的砌体，所用材料最低强度等级应符合表 7.3 的要求。

2. 毛石基础

毛石基础是用强度等级不低于 MU30 的毛石，不低于 M5 的砂浆砌筑而成。由于毛石尺寸差别较大，为保证砌筑质量，毛石基础每台阶高度和基础墙厚不宜小于 400mm，

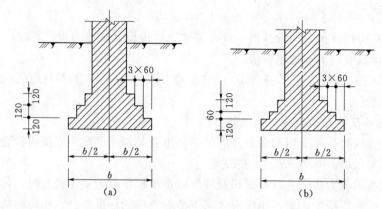

图 7.1 砖基础（单位：mm）

(a) 两皮一收；(b) 二一间隔

每阶两边各伸出宽度不宜大于 200mm。石块应错缝搭砌，缝内砂浆应饱满（图 7.2）。

表 7.3 地面以下或防潮层以下的砌体、潮湿房间所用材料最低强度等级

地基土的潮湿程度	烧结普通砖、蒸压灰砂砖		混凝土砌块	石材	水泥砂浆
	严寒地区	一般地区			
稍潮湿的	MU10	MU10	MU7.5	MU30	MU5
很潮湿的	MU15	MU10	MU7.5	MU30	MU7.5
含水饱和的	MU20	MU15	MU10	MU40	MU10

注 1. 在冻胀地区，地面以下或防潮层以下的砌体，不宜采用多孔砖，如采用时，其孔洞应用水泥砂浆灌实。当采用混凝土砌块砌体时，其孔洞应采用强度等级不低于 Cb20 的混凝土灌实。

2. 对安全等级为一级或设计使用年限大于 50 年的房屋，表中材料强度等级应至少提高一级。

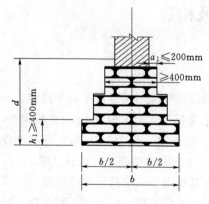

图 7.2 毛石基础

毛石和砂浆的强度等级应不低于表 7.3 规定的要求。

由于毛石之间间隙较大，如果砂浆黏结性能较差，则不能用于多层建筑，也不宜用于地下水位以下。但由于毛石基础的抗冻性能较好，在北方也有用来作为 7 层以下的建筑物基础。

3. 混凝土和毛石混凝土基础

混凝土基础的强度、耐久性、整体性和抗冻性均较好，其混凝土强度等级一般可采用 C15 以上，常用于荷载较大、地基均匀性较差以及基础位于地下水位以下时的墙柱基础。由于混凝土基础水泥用量较大，所以其造价较高。当浇筑较大基础时，为了节约混凝土用量，可在混凝土内掺入 15%～25%（体积比）的毛石做成毛石混凝土基础，如图 7.3 和图 7.4 所示，掺入毛石的尺寸不得大于 300mm。使用前须冲洗干净。

4. 灰土基础

灰土是用熟化石灰和粉土或黏性土和水拌和而成。按体积配合比为 3∶7 或 2∶8 拌和

均匀，铺在基槽内分层夯实，每层虚铺 200～250mm，夯实至 150mm。灰土基础造价低，但地下水位较高时不宜采用。多用于 5 层及 5 层以下的民用建筑及轻型厂房等（图 7.5）。

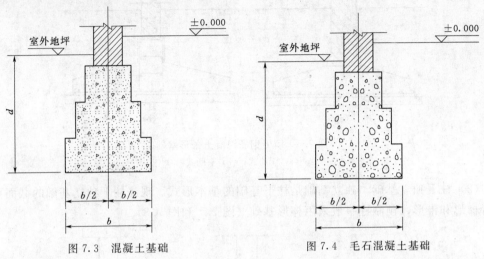

图 7.3　混凝土基础　　　　　　　　图 7.4　毛石混凝土基础

5. 三合土基础

三合土是由石灰、砂和骨料（矿渣、碎砖或石子），按体积比为 1 : 2 : 4 或 1 : 3 : 6 加适量水拌和均匀，铺在基槽内分层夯实，每层虚铺 220mm 厚，夯实至 150mm。三合土基础强度较低，一般用于 4 层及 4 层以下的民用房屋（图 7.5）。

6. 钢筋混凝土基础

钢筋混凝土基础的强度、耐久性、整体性和抗冻性均很好，因为钢筋抗拉强度较高，故用钢筋承受弯矩引起的拉应力，所以钢筋混凝土基础具有较好的抗弯性能。常用于荷

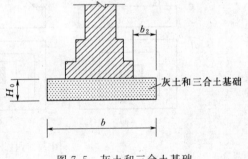

图 7.5　灰土和三合土基础

载较大、地基均匀性较差以及基础位于地下水位以下时的墙柱基础。

7.2.2　浅基础按结构类型分类

1. 无筋扩展基础

无筋扩展基础是指由砖、毛石、混凝土或毛石混凝土、灰土和三合土等材料组成且不配置钢筋的条形基础或独立基础（图 7.1～图 7.5）。

无筋扩展基础都是用抗弯性能较差的材料建造的，在受弯时很容易因弯曲变形过大而拉坏。因此，必须限制基础的悬挑长度，具体详见 7.5 节。

2. 扩展基础

扩展基础指墙下钢筋混凝土条形基础和柱下独立基础。

（1）墙下钢筋混凝土条形基础。墙下钢筋混凝土条形基础是承重墙下基础的主要形式之一。当上部结构荷载较大而地基土又较软弱时，可采用墙下钢筋混凝土条形基础。此基础可分为无肋式和有肋式两种。当地基土分布不均匀时，常用有肋式来调整基础的不均匀

沉降，以增加基础的整体性（图 7.6）。

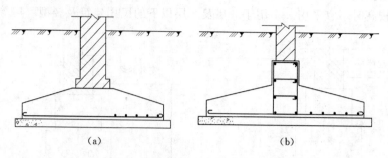

(a)　　　　　　　　　　　　(b)

图 7.6　墙下钢筋混凝土条形基础
（a）无肋式；（b）有肋式

（2）柱下独立基础。独立基础是柱下基础的基本形式。现浇柱下独立基础的截面可做成阶梯形和锥形；预制柱一般采用杯形基础（图 7.7 和图 7.8）。

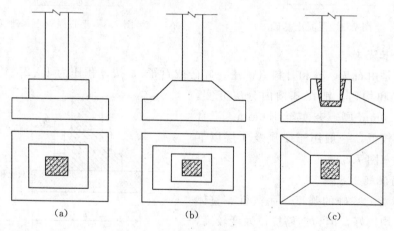

(a)　　　　　　　　(b)　　　　　　　　(c)

图 7.7　柱下独立基础（一）
（a）阶梯形基础；（b）锥形基础；（c）杯形基础

图 7.8　柱下独立基础（二）

3. 柱下钢筋混凝土条形基础

当荷载较大而地基土软弱或柱距较小时，如采用柱下独立基础，基础底面积很大而互相靠近时，为增加基础的整体性和抗弯刚度，可将同一柱列的柱下基础连通做成钢筋混凝土条形基础（图 7.9）。柱下钢筋混凝土条形基础常用于框架结构。

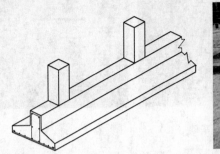

图 7.9　柱下钢筋混凝土条形基础

4. 柱下十字交叉基础

对于荷载较大的建筑物，如果地基土软弱且在两个方向存在分布不均匀的问题时，可用十字交叉基础来增强基础的整体刚度减小基础的不均匀沉降，如图 7.10 所示。

5. 筏板基础

如果地基土特别软弱或在两个方向存在分布不均匀的问题，而上部结构荷载又很大，特别是带有地下室的高层建筑物。采用十字交叉基础仍不能满足变形条件要求或相邻基础距离很小时，可将整个基础底板连成一个整体而成为钢筋混凝土筏板基础（俗称满堂基础），筏板基础的整体性很好，所以它能较好地调整基础各部分之间的不均匀沉降。筏板基础按构造不同分为平板式筏板基

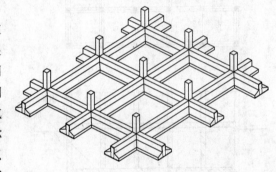

图 7.10　柱下十字交叉基础

础和梁板式筏板基础两种（图 7.11、图 7.12）。当在柱间设有梁时称为梁板式筏板基础，形如倒置的肋形楼盖。当在柱间不设梁则为平板式筏板基础，形如倒置的无梁楼盖。

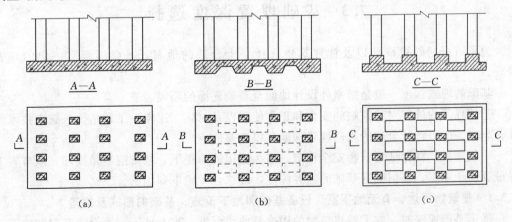

图 7.11　筏板基础（一）

(a) 平板式；(b)、(c) 梁板式

图 7.12 筏板基础（二）

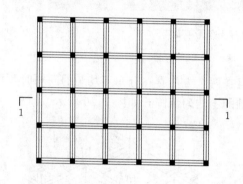

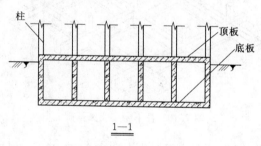

图 7.13 箱形基础

6.箱形基础

当地基特别软弱或分布不均匀，荷载又很大时，特别是带有地下室的建筑物。可将基础做成由钢筋混凝土底板、顶板和钢筋混凝土纵横墙组成的箱形基础。它是筏板基础的进一步发展。箱形基础整体抗弯刚度相当大，使上部结构不易开裂，且基础的空心部分可作地下室。由于深埋和空腹，可减少基底的附加应力，这对建筑物设计和基础设计十分有利。箱形基础可采用多层结构，在高层建筑物及重要的构筑物中常被采用（图 7.13），但箱形基础耗用的钢筋及混凝土用量均较大，故采用这类型的基础时，应根据地基土质情况、荷载大小及上部结构形式等各方面因素作技术、经济比较后确定。

7.3 基础埋置深度选择

为了防止基础被破坏以及让建筑物选择一个合适的地基，基础需要有一定的埋置深度。

基础的埋置深度一般是指室外设计地面至基础底面的距离。

基础埋深的确定对建筑物的安全和正常使用以及对施工工期、工程造价、施工技术等都有影响。所以选择合理的基础埋置深度是很重要的。

一般来说，在保证建筑物安全稳定、耐久适用的前提下，基础应尽量浅埋，以节省工程量且便于施工。如何确定基础的埋置深度，应综合考虑下列因素。

7.3.1 建筑物用途，有无地下室、设备基础和地下设施，基础的形式及构造

确定基础埋深时，应了解建筑物的用途及使用要求。当有地下室、设备基础和地下设

施时，建筑物就需要根据地下部分的设计标高、管沟及设备基础的具体标高加大基础的埋深。又如，对于高层建筑物，为满足稳定性及抗震要求，基础也应该加大埋深。

另外，基础的形式和构造有时也对基础埋深起决定性作用。例如，采用无筋扩展基础，当基础底面积确定后，由于基础本身的构造要求（即满足台阶宽高比允许值要求），就决定了基础的最小高度，从而决定了基础的埋深。此外，为了保证基础不受人类及生物活动的影响，基础埋置地表以下的最小埋深为 0.5m（岩石地基可不受此限制）。

7.3.2 作用在地基土的荷载大小和性质

基础埋深的选择必须考虑荷载的性质和大小的影响。一般来说，荷载大的基础需要承载力高、压缩性低的土层作为持力层。比如对同一层土而言，对荷载小的基础可能是良好的持力层；而对荷载大的基础则可能不适宜作持力层，尤其是承受较大的水平荷载的基础或承受较大的上拔力的基础（如输电塔等），往往需要有较大的基础埋深，以提供足够的抗拔力，保证基础的稳定性。

7.3.3 工程地质和水文地质条件

1. 工程地质条件

工程地质条件往往对基础设计方案起着决定性的作用。实际工程中，常遇到地基上下各层土软硬不相同的情况，这时应根据岩土工程勘察成果报告的地质剖面图，分析各土层的深度、层厚、地基承载力大小与压缩性高低，结合上部结构情况进行技术与经济比较，确定最佳的基础埋深方案。一般来说，应选择地基承载力高、压缩性低的坚实土层作为地基持力层，另外应考虑将基础尽量浅埋，由此确定基础的埋置深度。

若地基表层土较好，下层土软弱，则基础尽量浅埋，利用表层好土作为地基持力层，如图 7.14（a）所示，如某建筑物第①层土是粉土，厚约 4m。地基承载力特征值为 180kPa。第②层土是粉砂，厚约 8m。地基承载力特征值为 120kPa。因此选择第①层土作为持力层。

若地基表层土软弱，下层土较好，则要权衡利弊、区别对待。当软弱表层土较薄，厚度小于 2m 时，应将软弱土挖除，将基础置于下层坚实土上，如图 7.14（b）所示。若表层软弱土较厚，厚度达 2～4m 时，可以考虑把基础放在表层土，扩大基础底面积，或者把基础放在下层土，减小基础底面积。这时就需要结合上部结构情况进行技术与经济比

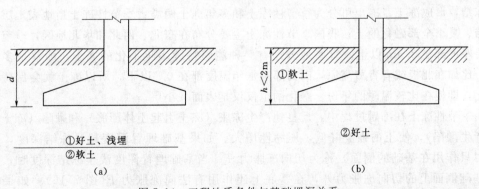

图 7.14 工程地质条件与基础埋深关系

较，确定最佳的基础埋深方案。若表层软弱土较厚，厚度达 5m 以上时，挖除软弱土的工程量太大，宜利用上层土作为持力层，或者采用地基处理及桩基础。

2. 水文地质条件

如果存在地下水，宜将基础埋在地下水位以上，以避免地下水对基坑开挖、基础施工以及使用期间的影响。若基础必须埋在地下水位以下时，应考虑施工期间的基坑降水、坑壁支撑以及是否会产生流沙、涌水等现象。需采取必要的施工措施，保护地基土不受扰动。对于有侵蚀性的地下水，应采取防止基础受侵蚀破坏的措施。对位于江河岸边的基础，其埋深应考虑流水的冲刷作用，施工时宜采取相应的保护措施。

7.3.4 相邻建筑物的基础埋深

新基础离原有建筑物基础很近时，在确定基础埋深时，应保证相邻原有建筑物的安全和正常使用。一般新建筑物基础埋深不宜大于相邻原有建筑物基础，当必须大于原有建筑物基础埋深时，两相邻基础之间应保持一定净距，其数值应根据原有建筑荷载大小和土质情况确定。一般取两相邻基础底面高差的 1～2 倍，如图 7.15 所示。若不能满足上述要求，在施工中应采取有效措施，如分段施工、设置临时支撑、打板桩、浇注地下连续墙等。

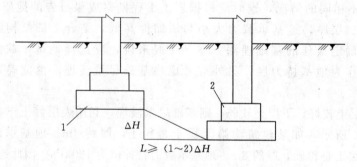

图 7.15 相邻基础的埋深
1—原有基础；2—新基础

7.3.5 地基土冻胀和融陷的影响

1. 地基土冻胀和融陷的危害

地表以下一定深度的地层温度是随大气温度而变化的。当地层温度低于 0℃ 时，土中水冻结，形成冻土。冻土可分为季节性冻土和多年冻土两类：季节性冻土指地表土层冬季冻结、夏季全部融化的土；我国季节性冻土主要分布在东北、西北和华北地区，季节性冻土层厚度都在 0.5m 以上。有些地方还有一种能够持续多年不化的冻土，那就是多年冻土，比如在北极或者青藏高原，因为那里常年温度都在 0℃ 以下，所以冻土就会保持常年不化，即使在比较温暖的年份，融化的也仅仅是表面一小层。

季节性冻土在冻融过程中，反复地产生冻胀（冻土引起土体膨胀）和融陷（冻土融化后产生融陷），使土的强度降低，压缩性增大。如果基础埋置深度超过冻结深度，则冻胀力只作用在基础的侧面，称为切向冻胀力 T；当基础埋置深度浅于冻结深度时，则除了基础侧面上的切向冻胀力外，在基底上还作用有法向冻胀力 P（图 7.16）。如果上部结构荷载 F_K 加上基础自重 G_K 小于冻胀力时，则基础将被抬起，融化时冻胀力消失而使基础下陷。由于这种上抬和下陷的不均匀性，造成建筑物墙体产生方向相反、互相交叉的斜裂缝，严重时使建筑物受到破坏。

季节性冻土的冻胀性和融陷性是相互关联的，为避免地基土发生冻胀和融陷事故，基础埋深必须考虑冻深要求。

2. 地基土的冻胀性分类

冻胀的程度与地基土的类别、冻前含水量、冻结期间地下水位变化等因素有关。《建筑地基基础设计规范》（GB 50007—2011）将地基的冻胀类别根据冻土层的平均冻胀率 η 的大小分为五类，即不冻胀、弱冻胀、冻胀、强冻胀、特强冻胀，可按表 7.4 查取。

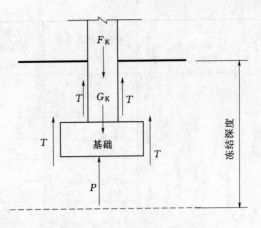

图 7.16　作用在基础上的冻胀力

表 7.4　　　　　　　　　　　　地基土的冻胀性分类

土 的 名 称	冻前天然含水量 $\omega/\%$	冻结期间地下水位居冻结面的最小距离 h_w/m	平均冻胀率 $\eta/\%$	冻胀等级	冻胀类别
碎（卵）石，砾、粗、中砂（粒径小于 0.075mm 的颗粒含量大于 15%），细砂（粒径小于 0.075mm 的颗粒含量大于 10%）	$\omega\leqslant12$	>1.0	$\eta\leqslant1$	I	不冻胀
		$\leqslant1.0$	$1<\eta\leqslant3.5$	II	弱冻胀
	$12<\omega\leqslant18$	>1.0			
		$\leqslant1.0$	$3.5<\eta\leqslant6$	III	冻胀
	$\omega>18$	>0.5			
		$\leqslant0.5$	$6<\eta\leqslant12$	IV	强冻胀
粉砂	$\omega\leqslant14$	>1.0	$\eta\leqslant1$	I	不冻胀
		$\leqslant1.0$	$1<\eta\leqslant3.5$	II	弱冻胀
	$14<\omega\leqslant19$	>1.0			
		$\leqslant1.0$	$3.5<\eta\leqslant6$	III	冻胀
	$19<\omega\leqslant23$	>1.0			
		$\leqslant1.0$	$6<\eta\leqslant12$	IV	强冻胀
	$\omega>23$	不考虑	$\eta>12$	V	特强冻胀
粉土	$\omega\leqslant19$	>1.5	$\eta\leqslant1$	I	不冻胀
		$\leqslant1.5$	$1<\eta\leqslant3.5$	II	弱冻胀
	$19<\omega\leqslant22$	>1.5	$1<\eta\leqslant3.5$	II	弱冻胀
		$\leqslant1.5$	$3.5<\eta\leqslant6$	III	冻胀
	$22<\omega\leqslant26$	>1.5			
		$\leqslant1.5$	$6<\eta\leqslant12$	IV	强冻胀
	$26<\omega\leqslant30$	>1.5			
		$\leqslant1.5$	$\eta>12$	V	特强冻胀
	$\omega>30$	不考虑			

续表

土 的 名 称	冻前天然含水量 $\omega/\%$	冻结期间地下水位居冻结面的最小距离 h_w/m	平均冻胀率 $\eta/\%$	冻胀等级	冻胀类别
黏性土	$\omega \leqslant \omega_P+2$	>2.0	$\eta \leqslant 1$	I	不冻胀
		≤2.0	$1<\eta\leqslant3.5$	II	弱冻胀
	$\omega_P+2<\omega\leqslant\omega_P+5$	>2.0			
		≤2.0	$3.5<\eta\leqslant6$	III	冻胀
	$\omega_P+5<\omega\leqslant\omega_P+9$	>2.0			
		≤2.0	$6<\eta\leqslant12$	IV	强冻胀
	$\omega_P+9<\omega\leqslant\omega_P+15$	>2.0			
		≤2.0	$\eta>12$	V	特强冻胀
	$\omega>\omega_P+15$	不考虑			

注 1. ω_P 为塑限含水量（%）；ω 为在冻土层内冻前天然含水量的平均值。
    2. 盐渍化冻土不在表列。
    3. 塑性指数大于 22 时，冻胀性降低一级。
    4. 粒径小于 0.005mm 的颗粒含量大于 60%，为不冻胀土。
    5. 碎石类土当充填物大于全部质量的 40% 时，其冻胀性按充填物土的类别判断。
    6. 碎石土、砾砂、粗砂、中砂（粒径小于 0.075mm 颗粒含量不大于 15%）、细砂（粒径小于 0.075mm 颗粒含量不大于 10%）均按不冻胀考虑。

3. 基础最小埋深的确定

为了使建筑免遭冻害，对于埋置在冻胀土中的基础，应保证基础有相应的最小埋置深度。分下列几个步骤来确定。

（1）基底下允许残留冻土层厚度的确定。什么叫基底下允许残留冻土层厚度？基底下为何允许冻土层存在？根据试验表明，冻胀力与冻胀量在冻深范围内，并不是均匀分布，而是随深度增加而减小。靠地表的上部冻土称为有效冻胀区。当基础埋深超过有效冻胀区的深度时，尽管基底下还残留少量冻土层，但其冻胀力与冻胀量很小，不影响建筑使用。

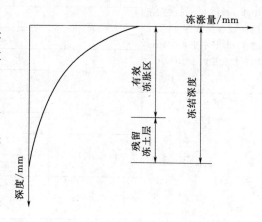

图 7.17　土的冻胀量示意图

此残留的冻土层厚度称为基底下允许残留冻土层厚度 h_{max}（图 7.17）。应根据土的冻胀性、基础形式、采暖情况、基底平均压力等条件确定 h_{max}（表 7.8）。

（2）设计冻结深度 z_d 的确定。

$$z_d = z_0 \psi_{zs} \psi_{zw} \psi_{ze} \tag{7.5}$$

式中　z_d——设计冻深，m，若当地有多年实测资料时，可按 $z_d = h' - \Delta z$ 计算，h' 和 Δz
　　　　　分别为最大冻深出现时场地最大冻土层厚度和最大冻深出现时地表冻胀量；
　　　　　当无实测资料时，z_d 应按上式计算；

z_0——标准冻深，m，系采用在地表平坦、裸露、城市之外的空旷场地中不少于 10
年实测最大冻深的平均值。当无实测资料时，按《建筑地基基础设计规范》
（GB 50007—2011）中的附录 F 采用。

ψ_{zs}——土的类别对冻结深度的影响系数，按表 7.5 查取；

ψ_{zw}——土的冻胀性对冻结深度的影响系数，按表 7.6 查取；

ψ_{ze}——环境对冻结深度的影响系数，按表 7.7 查取。

表 7.5 土的类别对冻结深度的影响系数

土的类别	影响系数 ψ_{zs}	土的类别	影响系数 ψ_{zs}
黏性土	1.00	中砂、粗砂、砾砂	1.30
细砂、粉砂、粉土	1.20	碎石土	1.40

表 7.6 土的冻胀性对冻结深度的影响系数

冻胀性	影响系数 ψ_{zw}	冻胀性	影响系数 ψ_{zw}
不冻胀	1.00	强冻胀	0.85
弱冻胀	0.95	特强冻胀	0.80
冻胀	0.90		

表 7.7 环境对冻结深度的影响系数

周围环境	影响系数 ψ_{ze}	周围环境	影响系数 ψ_{ze}
村、镇、旷野	1.00	城市市区	0.90
城市近郊	0.95		

注 环境影响系数，当城市市区人口为 20 万～50 万人，按城市近郊取值；当城市市区人口大于 50 万人时，按城市
市区取值；当城市市区人口超过 100 万人时，除计入市区影响外，尚应考虑 5km 以内的郊区按城市近郊取值。

表 7.8 建筑基底下允许残留冻土层厚度 h_{max} 单位：m

冻胀性	基础形式	采暖情况	基底平均压力/kPa					
			110	130	150	170	190	210
弱冻胀土	方形基础	采暖	0.90	0.95	1.00	1.10	1.15	1.20
		不采暖	0.70	0.80	0.95	1.00	1.05	1.10
	条形基础	采暖	>2.50	>2.50	>2.50	>2.50	>2.50	>2.50
		不采暖	2.20	2.50	>2.50	>2.50	>2.50	>2.50
冻胀土	方形基础	采暖	0.65	0.70	0.75	0.80	0.85	—
		不采暖	0.55	0.60	0.65	0.70	0.75	—
	条形基础	采暖	1.55	1.80	2.00	2.20	2.50	—
		不采暖	1.15	1.35	1.55	1.75	1.95	—

注 1. 本表只计算法向冻胀力，如果基侧存在切向冻胀力，应采取防切向力措施。
   2. 基础宽度小于 0.6m 时不适用，矩形基础取短边尺寸按方形基础计算。
   3. 表中数据不适用于淤泥、淤泥质土和欠固结土。
   4. 表中基底平均压力数值为永久荷载标准值乘以 0.9，可以内插。

4. 地基防冻害的措施

对冻胀、强冻胀、特强冻胀地基土，应采用下列防冻害措施。

（1）对在地下水位以上的基础，基础侧面应回填不冻胀性的中、粗砂，其厚度不应小于 200mm。对在地下水位以下的基础，可采用桩基础、保温性基础、自锚式基础（冻土层下有扩大板或扩底短桩），也可将独立基础或条形基础做成正梯形的斜面基础。

（2）宜选择地势高、地下水位低、地表排水良好的建筑场地。对低洼场地，建筑物的室外地坪标高应至少高出自然地面 300～500mm，其范围不宜小于建筑四周向外各一倍冻结深度距离的范围。

（3）应做好排水设施，施工和使用期间防止水浸入建筑地基。在山区应设截水沟或在建筑物下设置暗沟，以排走地表水和潜水。

（4）在强冻胀性土和特强冻胀性地基上，其基础结构应设置钢筋混凝土圈梁和基础梁，并控制上部建筑物长高比。

（5）当独立基础联系梁下或桩基础承台下有冻土时，应在梁或承台下留有相当于该土层冻胀量的空隙。

（6）外门斗、室外台阶和散水坡等部位应与主体结构断开，散水坡分段不宜超过 1.5m，坡度不宜小于 3%，其下宜填入非冻胀性材料。

（7）对跨年度施工的建筑，入冬前应对地基采取相应的防护措施；按采暖设计的建筑物，当冬期不能正常采暖时，也应对地基采取保温措施。

7.4　基础底面尺寸的确定

根据修正后的地基承载力特征值、基础埋置深度及作用在基础上的荷载值等条件，就可以计算出基础的底面积。传至基础底面上的荷载效应应按正常使用极限状态下荷载效应的标准组合。

按照实际荷载的不同组合，基础底面尺寸设计分为轴心荷载作用与偏心荷载作用两种情况分别进行。

7.4.1　轴心荷载作用下基础底面尺寸的确定

轴心荷载作用下基础又称轴心受压基础。

轴心荷载作用下基础底面积的确定，依据的公式就是基础底面处的平均压应力值应小于或等于修正后的地基承载力特征值（图 7.18），即

$$P_K = \frac{F_K + G_K}{A} = \frac{F_K + \gamma_G A \bar{h}}{A} \leqslant f_a$$

可得基础底面积为

$$A \geqslant \frac{F_K}{f_a - \gamma_G \bar{h}} \tag{7.6}$$

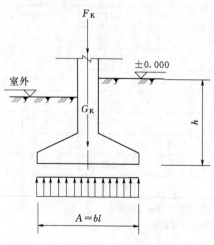

图 7.18　轴心受压基础计算图

1. 独立基础

对于独立基础，基础底面积 $A=l\times b$，l 及 b 分别为基础长度及宽度。一般来说，轴心荷载作用下的基础都采用正方形基础，即 $A=b^2$，可得

$$b\geqslant\sqrt{\frac{F_{\mathrm{K}}}{f_{\mathrm{a}}-\gamma_{\mathrm{G}}\bar{h}}} \tag{7.7}$$

如因场地限制等原因有必要采用长方形基础时，则取适当的 l/b（l/b 一般小于 2），即可求得基础底面尺寸。

2. 条形基础

对于条形基础，长度取 $l=1\mathrm{m}$ 为计算单元，即 $A=b$，可得

$$b\geqslant\frac{F_{\mathrm{K}}}{f_{\mathrm{a}}-\gamma_{\mathrm{G}}\bar{h}} \tag{7.8}$$

式中　F_{K}——相应于荷载效应标准组合时，上部结构传至基础顶面的竖向力值，当为独立基础时竖向力值单位为 kN，当为墙下条形基础时竖向力值单位为 kN/m；

f_{a}——基底处修正后的地基承载力特征值，kPa；

γ_{G}——基础及基础以上填土的平均重度，取 $\bar{\gamma}=20\mathrm{kN/m^3}$；当有地下水时取 $\bar{\gamma}=20-10=10\mathrm{kN/m^3}$；

$\bar{h}$——计算基础及基础以上填土的重量 G_{K} 时的平均高度，m。

另外，由式（7.7）或式（7.8）可以看出，要确定基础底面宽度 b，需要知道修正后的地基承载力特征值 f_{a}，而 $f_{\mathrm{a}}=f_{\mathrm{ak}}+\eta_{\mathrm{b}}\gamma(b-3)+\eta_{\mathrm{d}}\gamma_{\mathrm{m}}(d-0.5)$，又与基础宽度 b 有关。因此，一般应采用试算法计算。即先假定 $b<3\mathrm{m}$，这时仅按埋置深度修正地基承载力特征值，然后按式（7.7）或式（7.8）算出基础宽度 b。如 $b<3\mathrm{m}$，表示假设正确，算得的基础宽度即为所求；否则，需重新修正，再进行计算。一般建筑物的基础宽度多小于 3m，故大多数情况下不需要进行第二次计算。此外，基础底面尺寸还应符合施工要求及构造要求。

【例 7.1】　图 7.19 所示为某教学楼外墙条形基础剖面图，基础埋深 $d=2\mathrm{m}$，室内外高差为 0.45m，相应于荷载效应标准组合上部结构传至基础顶面的荷载标准值 $F_{\mathrm{K}}=240\mathrm{kN/m}$，基础底面以上土的加权平均重度 $\gamma_{\mathrm{m}}=17\mathrm{kN/m^3}$，地基持力层为粉质黏土，$\eta_{\mathrm{b}}=0.3$，$\eta_{\mathrm{d}}=1.6$，地基承载力特征值 $f_{\mathrm{ak}}=200\mathrm{kPa}$。试确定基础底面宽度。

【解】　（1）求修正后的地基承载力特征值。假定基础宽度 $b<3\mathrm{m}$，因埋深 $d>0.5\mathrm{m}$，所以只进行地基承载力深度修正。

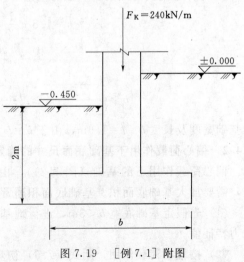

图 7.19　[例 7.1] 附图

$$f_a = f_{ak} + \eta_d \gamma_m (d - 0.5)$$
$$= 200 + 1.6 \times 17 \times (2 - 0.5)$$
$$= 240.8 (kPa)$$

（2）求基础宽度。因室内外高差为 0.45m，计算基础及基础以上填土的重量 G_K 的平均高度 $\bar{h}$ 为

$$\bar{h} = 2 + \frac{1}{2} \times 0.45 = 2.23 (m)$$

所以基础宽度为

$$b \geqslant \frac{F_K}{f_a - \gamma_G \bar{h}} = \frac{240}{240.8 - 20 \times 2.23} = 1.22 (m)$$

取 $b = 1.3m$，由于 $b < 3m$，与假定相符，最后取 $b = 1.3m$。

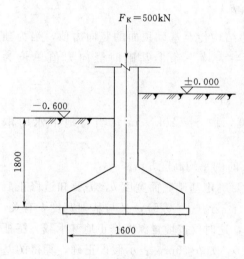

$F_K = 500kN$

± 0.000

-0.600

1800

1600

图 7.20　[例 7.2] 附图（单位：mm）

【例 7.2】　图 7.20 所示为某边柱下独立基础剖面图，上部结构传来的荷载值为 500kN，基础埋置深度 $d = 1.8m$，基础底面以上土的加权平均重度 $\gamma_m = 17kN/m^3$，室内外高差为 0.6m，地基持力层为中砂，地基承载力特征值为 $f_{ak} = 185kPa$。试确定基础底面尺寸。

【解】　（1）求修正后的地基承载力特征值。假设 $b < 3m$，因 $d = 1.8m > 0.5m$，故只需对地基承载力特征值进行深度修正。查表 4.3 得 $\eta_d = 4.4$，按式（4.21）得

$$f_a = f_{ak} + \eta_d \gamma_m (d - 0.5)$$
$$= 185 + 4.4 \times 17 \times (1.8 - 0.5)$$
$$= 282.24 (kPa)$$

（2）求基础底面尺寸。因室内外高差为 0.6m，计算基础及基础以上填土的重量 G_K 的平均高度 $\bar{h}$ 为

$$\bar{h} = 1.8 + \frac{1}{2} \times 0.6 = 2.1 (m)$$

取

$$\frac{b}{l} = 1$$

则

$$b \geqslant \sqrt{\frac{F_K}{f_a - \gamma_G \bar{h}}} \geqslant \sqrt{\frac{500}{282.2 - 20 \times 2.1}} = 1.44 (m)$$

取基础宽度及长度 $b = l = 1.6m$，由于 $b = l < 3m$，与假定相符。

7.4.2　偏心荷载作用下基础底面尺寸的确定

偏心荷载作用下的基础（图 7.21），由于有弯矩或剪力的存在，基础底面受力不均匀，需要加大基础底面积。基础底面积通常采用试算的方法确定，其具体步骤如下。

（1）先假定基础底宽 $b < 3m$，进行地基承载力特征值深度修正，得到修正后的地基承载力特征值。

（2）按轴心荷载作用，用式（7.6）初步算出基础底面积 A_0。

（3）考虑偏心荷载的影响，根据偏心距的大小，将基础底面积 A_0 扩大 $10\%\sim40\%$，即 $A=(1.1-1.4)A_0$。

（4）按适当比例确定基础长度 l 及宽度 b。

（5）将得到的基础底面积 A 用下述承载力条件验算。

$$P_{Kmax}\leqslant1.2f_a \tag{7.9}$$

$$P_K\leqslant f_a \tag{7.10}$$

如果不满足地基承载力要求，需重新调整基底尺寸，直到符合要求为止。

【**例 7.3**】　某中柱下钢筋混凝土独立基础，如图 7.22 所示。已知按荷载效应标准组合时传至基础顶面的内力值 $F_K=820\mathrm{kN}$，$V_K=15\mathrm{kN}$，$M_K=200\mathrm{kN\cdot m}$；埋置深度范围内的土及地基土均为粉质黏土，其重度 $\gamma=18\mathrm{kN/m^3}$，$\eta_b=0.3$，$\eta_d=1.6$，室内外高差为 $0.3\mathrm{m}$，地基承载力特征值 $f_{ak}=180\mathrm{kPa}$。基础埋深 $d=1.5\mathrm{m}$。试确定基础底面尺寸。

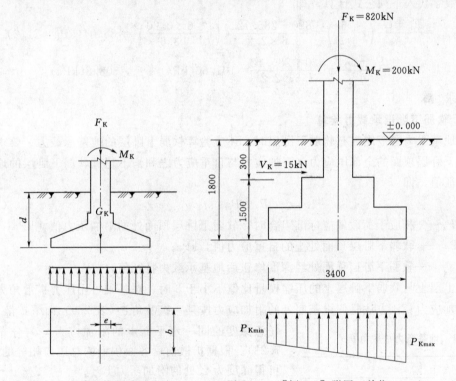

图 7.21　单向偏心受压基础　　图 7.22　［例 7.3］附图（单位：mm）

【**解**】　（1）求修正后的地基承载力特征值。先假定基础宽度小于 3m，则

$$\begin{aligned}f_a&=f_{ak}+\eta_d\gamma_m(d-0.5)\\&=180+1.6\times18\times(1.5-0.5)\\&=208.8(\mathrm{kPa})\end{aligned}$$

（2）按轴心荷载作用估算出基础底面积 A_0。

$$A_0\geqslant\frac{F_K}{f_a-\gamma_G\overline{h}}\geqslant\frac{820}{208.8-20\times1.8}=4.75(\mathrm{m^2})$$

（3）考虑偏心荷载的影响，根据偏心距的大小，将基础底面积 A_0 扩大 20%，即

$$A = 1.2A_0 = 1.2 \times 4.75 = 5.7 (\text{m}^2)$$

（4）按适当比例确定基础长度 l 及宽度 b。取 $l/b=2$，得 $b = \sqrt{\dfrac{A}{2}} = 1.69\text{m}$，取 $b = 1.7\text{m}$，$l = 3.4\text{m}$。

（5）将得到的基础底面积 A 用承载力条件验算基础自重及基础上土重为

$$G_K = \gamma_G A \bar{h} = 20 \times 3.4 \times 1.7 \times 1.8 = 208.08 (\text{kN})$$

基底处弯矩为

$$M_K = 200 + 15 \times 1.5 = 222.5 (\text{kN·m})$$

底面偏心矩为

$$e = \frac{M_K}{F_K + G_K} = \frac{222.5}{820 + 208.08} = 0.20(\text{m}) < \frac{b}{6} = 0.60(\text{m})$$

将以上数字代入下列公式计算，即

$$P_{K\max} = \frac{F_K + G_K}{A}\left(1 + \frac{6e}{l}\right) = \frac{820 + 285.12}{3.6 \times 2.2} \times \left(1 + \frac{6 \times 0.20}{3.6}\right) = 186.04(\text{kPa}) \leqslant 1.2f_a$$

$$P_K = \frac{F_K + G_K}{A} = \frac{820 + 285.12}{3.6 \times 2.2} = 101.66(\text{kPa}) \leqslant f_a = 208.8(\text{kPa})$$

满足要求。

7.4.3 软弱下卧层承载力验算

当地基受力层范围内有软弱下卧层时，还应验算软弱下卧层的地基承载力。要求作用在软弱下卧层顶面的全部压应力（附加应力与自重应力之和）不超过软弱下卧层的地基承载力特征值，即

$$P_z + P_{cz} < f_a \tag{7.11}$$

式中　P_z——相应于荷载效应标准组合时，软弱下卧层顶面处的附加压力值，kPa；

　　　P_{cz}——软弱下卧层顶面处土的自重应力值，kPa；

　　　f_a——软弱下卧层顶面处经深度修正后地基承载力特征值，kPa。

当上层土与软弱下卧层土的压缩模量比值不小于 3 时，对基础可用压力扩散角方法求土中附加应力。该方法是假设基底处的附加应力按某一扩散角 θ（表 7.9）向下扩散，在任意深度的同一水平面上的附加应力均匀分布（图 7.23）。根据扩散前后各面积上的总压力相等的条件，可得深度为 Z 处的附加压力 P_z。

对于条形基础，有

$$P_z = \frac{bP_0}{b + 2z\tan\theta} \tag{7.12}$$

对于矩形基础，有

$$P_z = \frac{lbP_0}{(b + 2z\tan\theta)(l + 2z\tan\theta)} \tag{7.13}$$

其中

$$P_0 = P_K - P_c$$

式中　b——矩形基础或条形基础底边的宽度，m；

表 7.9 地基压力扩散角 θ

E_{s1}/E_{s2}	z/b	
	0.25	0.50
3	6°	23°
5	10°	25°
10	20°	30°

注　1. E_{s1} 为上层土压缩模量；E_{s2} 为下层土压缩模量。
　　2. $z/b < 0.25$ 时一般取 $\theta=0°$，必要时宜由试验确定；$z/b > 0.5$ 时 θ 值不变。
　　3. z/b 在 0.25～0.5 之间可插值使用。

l——矩形基础底边的长度，m；

P_0——基底附加压力，kPa；

P_c——基础底面处土的自重压力值，kPa；

z——基础底面至软弱下卧层顶面的距离，m；

θ——地基压力扩散线与垂直线的夹角，(°)，可按表7.9选用；

P_K——基底压力，kPa。

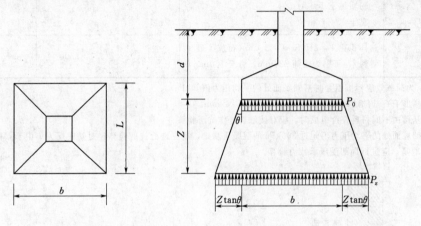

图7.23　土压力扩散角法计算图

7.5　无筋扩展基础设计

7.5.1　无筋扩展基础的适用范围

无筋扩展基础即刚性基础，刚性基础是指由砖、毛石、混凝土或毛石混凝土、灰土和三合土等材料组成而且不配置钢筋的条形基础或独立基础。

因为刚性基础都是用抗压性能较高、抗弯及抗剪性能较差的材料建造的，在受弯、剪时很容易因弯曲变形过大而拉坏。因此，刚性基础一般设计成轴心抗压基础。当上部结构荷载较小时适用。

7.5.2　无筋扩展基础的设计及构造要求

刚性基础（图7.24）在地基反力的作用下实际上相当于倒置的悬臂梁，基础有向上弯曲的趋势，如果弯曲过大，就会使基础沿危险截面有裂开的可能。因此，需要控制基础台阶的宽高比，让基础台阶的宽高比 b_2/H_0 不大于台阶宽高比的允许值 $[b_2/H_0]$（表7.10）。

表7.10　　　　　　　　　无筋扩展基础台阶宽高比的允许值

基础材料	质量要求	台阶宽高比的允许值		
		$P_K \leqslant 100$	$100 < P_K \leqslant 200$	$200 < P_K \leqslant 300$
混凝土基础	C15混凝土	1:1.00	1:1.00	1:1.25
毛石混凝土基础	C15混凝土	1:1.00	1:1.25	1:1.50
砖基础	砖不低于MU10、砂浆不低于M5	1:1.25	1:1.50	1:1.50

基础材料	质量要求	台阶宽高比的允许值		
		$P_K \leqslant 100$	$100 < P_K \leqslant 200$	$200 < P_K \leqslant 300$
毛石基础	砂浆不低于 M5	1 : 1.25	1 : 1.50	—
灰土基础	体积比 3 : 7 或 2 : 8 的灰土，其最小干密度粉土 1.55t/m³； 粉质黏土 1.50t/m³； 黏土 1.45t/m³	1 : 1.25	1 : 1.50	—
三合土基础	体积比 1 : 2 : 4～1 : 3 : 6（石灰：砂：骨料），每层约虚铺 220mm，夯至 150mm	1 : 1.50	1 : 2.00	—

注　1. P_K 为荷载效应标准组合时基础底面处的平均压力值（kPa）。

2. 阶梯形毛石基础的每阶伸出宽度，不宜大于 200mm。

3. 当基础由不同材料叠合组成时，应对接触部分作抗压验算。

4. 基础底面处的平均压力值超过 300kPa 的混凝土基础，还应进行抗剪验算；对基底反力集中于立柱附近的岩石地基，应进行局部受压承载力验算。

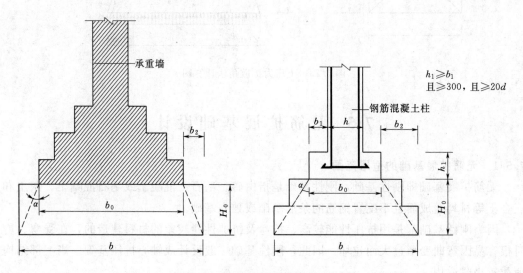

图 7.24　无筋扩展基础构造示意图

即

$$\frac{b_2}{H_0} \leqslant \left[\frac{b_2}{H_0}\right] = \tan\alpha \qquad (7.14)$$

当台阶宽度确定时，基础高度为

$$H_0 \geqslant \frac{b - b_0}{2\left[\dfrac{b_2}{H_0}\right]} = \frac{b_2}{\tan\alpha} \qquad (7.15)$$

当台阶高度确定时，台阶宽度为

$$b_2 \leqslant \left[\frac{b_2}{H_0}\right] H_0 = \tan\alpha H_0 \qquad (7.16)$$

式中　b——基础底面宽度，m；

　　　b_0——基础顶面的墙体宽度或柱脚宽度，m；

　　　H_0——基础高度或台阶高度，m；

　　　b_2——基础台阶宽度，m；

　　$\tan\alpha$——基础台阶宽高比的 b_2/H_0，其允许值按表 7.10 选用。

无筋扩展基础的设计步骤如下。

（1）根据上部结构传来的荷载、基础埋置深度以及修正后的地基承载力特征值确定基础底面尺寸。

（2）根据水文地质条件和材料供应情况，选定基础材料及类型。

（3）根据基础底面尺寸、表 7.10 台阶宽高比的允许值及构造要求确定基础高度和每台阶的尺寸。

【例 7.4】　某中学教学楼内墙厚为 240mm，拟采用砖基础。土层分布是第一层土为 0.8m 厚的杂填土，其重度 $\gamma=18\text{kN/m}^3$；第二层土为 3.5m 厚的粉土，粉土地基承载力特征值为 $f_{ak}=180\text{kPa}$（$\eta_b=0.5$、$\eta_d=2.0$），其重度 $\gamma=18\text{kN/m}^3$。已知按荷载效应标准组合时传至基础顶面的内力值 $F_K=200\text{kN/m}$，室内外高差为 0.3m，基础埋深 $d=1.2\text{m}$，试设计该墙下条形基础。

【解】　（1）求修正后的地基承载力特征值。

首先假定基础宽度 $b<3\text{m}$，则

$$f_a = f_{ak} + \eta_d \gamma_m (d - 0.5)$$
$$= 180 + 2.0 \times 18 \times (1.2 - 0.5)$$
$$= 205.2(\text{kPa})$$

（2）确定基础底面宽度。

$$b \geqslant \frac{F_K}{f_a - \gamma_G \overline{h}} \geqslant \frac{200}{216 - 20 \times 1.5} = 1.08(\text{m})$$

取基础底面宽度 $b=1.1\text{m}$。

（3）确定基础剖面尺寸。

基础下层采用 300mm 厚 C15 素混凝土层，其上层采用 MU10 砖 M5 砂浆砌二一间隔收的砖基础。

先进行混凝土垫层设计。

基底压力为

$$P_K = \frac{F_K + G_K}{A} = \frac{200 + 20 \times 1.1 \times 1 \times 1.5}{1.1 \times 1} = 211.8(\text{kPa})$$

由表 7.10 查得 C15 混凝土垫层的宽高比允许值 $[b_2/H_0]=1:1.25$，混凝土垫层每边悬挑 250mm，垫层高 400mm。

砖基础所需台阶数　$n = \frac{1100 - 240 - 2 \times 300}{60} \times \frac{1}{2} = 3$

基础高度 $\qquad H_0 = 120 \times 2 + 60 \times 1 + 400 = 700(\text{mm})$

（4）基础剖面图。

基础剖面形状及尺寸如图7.25所示。

【**例7.5**】 某地区学生宿舍，底层外纵墙厚0.37m，已知按荷载效应标准组合时传至基础顶面的内力值 $F_K = 180\text{kN/m}$，已知基础埋深 $d = 1.5\text{m}$（室内外高差为0.3m），基础材料采用毛石，砂浆采用M5水泥砂浆砌筑，地基土为黏土，其重度 $\gamma = 18\text{kN/m}^3$，经深度修正后的地基承载力特征值 $f_{ak} = 214\text{kPa}$。试确定毛石基础宽度及剖面尺寸，并绘出基础剖面图形。

【**解**】 （1）确定基础宽度。

$$b \geqslant \frac{F_K}{f_a - \gamma_G \bar{h}} \geqslant \frac{180}{214 - 20 \times 1.65} = 0.99(\text{m})$$

取基础底面宽度 $b = 1.10\text{m}$。

（2）确定台阶宽高比允许值。

基底压力 $\qquad P_K = \dfrac{F_K + G_K}{A} = \dfrac{180 + 20 \times 1.1 \times 1 \times 1.65}{1.1 \times 1} = 196.6(\text{kPa})$

由表7.10查得毛石基础台阶宽高比允许值为1:1.5。

（3）毛石基础所需台阶数（要求每台阶宽≤200mm）。

$$n = \frac{b - b_0}{2} \times \frac{1}{200} = \frac{1100 - 370}{2} \times \frac{1}{200} = 1.825$$

设三步台阶。

（4）确定基础剖面尺寸并绘出基础剖面图形（图7.26）。

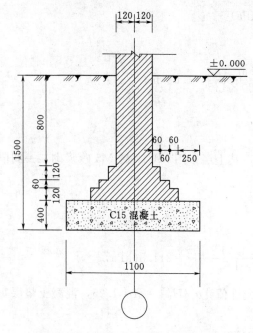

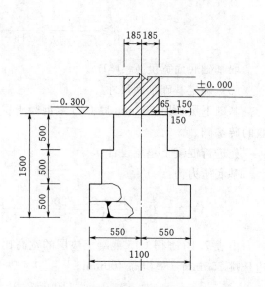

图7.25 ［例7.4］附图（单位：mm） 　　　图7.26 ［例7.5］附图（单位：mm）

（5）验算台阶宽高比。

基础宽高比 $b_2/H_0 = 365/1500 \leqslant 1/1.5$。

每阶宽高比 $b_2/H_0 = 100/200 \leqslant 1/1.5$，满足要求。

7.6 扩展基础设计

7.6.1 扩展基础的适用范围

独立基础是柱下基础的基本形式。墙下钢筋混凝土条形基础是承重墙下基础的主要形式之一。当上部结构荷载较大而地基土又较软弱时，需要加大基础的底面积而又不想增加基础高度和埋置深度时可采用扩展基础。

7.6.2 扩展基础的构造要求

（1）锥形基础的截面形式如图 7.27 所示。锥形基础的边缘高度不宜小于 200mm；顶部做成平台，每边从柱边缘放出不少于 50mm，以便于柱支模。

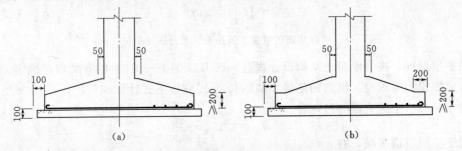

图 7.27　现浇柱锥形基础形式（单位：mm）

（2）阶梯形基础的每阶高度值为 300～500mm。当基础高度 $h \leqslant 500$mm 时，宜用一阶；当基础高度 $500 < h \leqslant 900$ 时，宜用两阶；当 $h > 900$ 时，宜用三阶。阶梯形基础尺寸一般采用 50mm 的倍数。由于阶梯形基础的施工质量容易保证，宜优先考虑采用。

（3）扩展基础下通常设素混凝土垫层，基础垫层的厚度不宜小于 70mm；垫层混凝土强度等级不宜低于 C10。

（4）扩展基础受力钢筋最小配筋率不应小于 0.15%，最小直径不应小于 10mm；间距不应大于 200mm，也不应小于 100mm。墙下钢筋混凝土条形基础纵向分布钢筋的直径不应小于 8mm；间距不应大于 300mm；每延米分布钢筋的面积应不小于受力钢筋面积的 15%。当有垫层时钢筋保护层的厚度不应小于 40mm；无垫层时不应小于 70mm。

（5）扩展基础混凝土强度等级不应低于 C20。

（6）当柱下钢筋混凝土独立基础的边长和墙下钢筋混凝土条形基础的宽度不小于 2.5m 时，底板受力钢筋的长度可取边长或宽度的 0.9 倍，并宜交错布置［图 7.28（a）］。

（7）钢筋混凝土条形基础底板在 T 形及十字交叉形交接处，底板横向受力钢筋仅沿一个主要受力方向通长布置，另一方向的横向受力钢筋可布置到主要受力方向底板宽度 1/4 处［图 7.28（b）］。在拐角处底板横向受力钢筋应沿两个方向布置［图 7.28（c）］。

（8）钢筋混凝土柱和剪力墙纵向受力钢筋在基础内的锚固长度应根据钢筋在基础内的

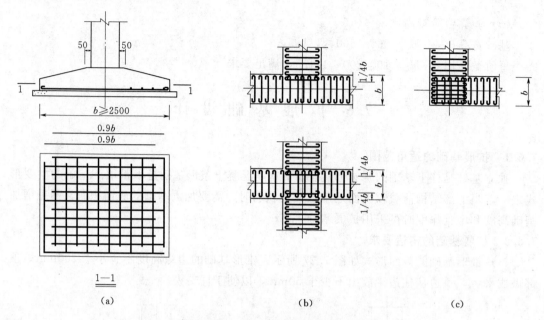

图 7.28 扩展基础底板受力钢筋布置示意图（单位：mm）

最小保护层厚度，按《混凝土结构设计规范》（GB 50010—2010）的有关规定确定。

有抗震设防要求时，纵向钢筋最小锚固长度 l_{aE} 应按下式计算。

对于一级、二级抗震等级，有

$$l_{aE} = 1.15 l_a \tag{7.17}$$

对于三级抗震等级，有

$$l_{aE} = 1.05 l_a \tag{7.18}$$

对于四级抗震等级，有

$$l_{aE} = l_a \tag{7.19}$$

式中 l_a——受拉钢筋的锚固长度。

（9）现浇柱的基础，其插筋的数量、直径以及钢筋种类应与柱内纵向受力钢筋相同。

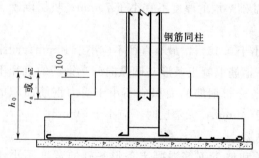

图 7.29 现浇柱的基础上插筋构造示意图

插筋的锚固长度应满足上述要求，插筋与柱内纵向受力钢筋的连接方法，应符合现行《混凝土结构设计规范》（GB 50010—2010）的规定。插筋的下端宜作成直钩放在基础底板钢筋网上。当符合下列条件之一时，可仅将四角的插筋伸至底板钢筋网，其余插筋锚固在基础顶面下 l_a 或 l_{aE} 处（图7.29）。

1）柱为轴心受压或小偏心受压，基础高度不小于1200mm。

2）柱为大偏心受压，基础高度不小于1400mm。

（10）预制柱下独立基础通常做成杯形基础，如图 7.30 所示，预制柱与杯形基础的连接应符合下列要求。

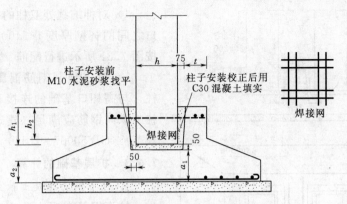

图 7.30　预制钢筋混凝土柱独立基础示意图

注：$a_2 > a_1$。

1）柱插入杯口深度，可按表 7.11 选用，并应满足钢筋锚固长度的要求及吊装时柱的稳定性（即不小于吊装时柱长的 0.05 倍）。

表 7.11 　　　　　　　　　　　**柱 插 入 杯 口 深 度**　　　　　　　　　单位：mm

矩形或工字形柱				双肢柱
$h < 500$	$500 \leqslant h < 800$	$800 \leqslant h \leqslant 1000$	$h > 1000$	
$h \sim 1.2h$	h	$0.9h$ 且 $\geqslant 800$	$0.8h$ $\geqslant 1000$	$(1/3 \sim 2/3)h_a$ $(1.5 \sim 1.8)h_b$

注　1. h 为柱截面长边尺寸；h_a 为双肢柱全截面长边尺寸；h_b 为双肢柱全截面短边尺寸。

　　2. 柱轴心受压或小偏心受压时，h_1 可适当减小，偏心距大于 $2h$ 时，则应适当加大。

2）基础的杯底厚度和杯壁厚度，可按表 7.12 选用。

表 7.12 　　　　　　　　　**基础的杯底厚度和杯壁厚度**　　　　　　　单位：mm

柱截面长边尺寸 h	杯底厚度 a_1	杯壁厚度 t	柱截面长边尺寸 h	杯底厚度 a_1	杯壁厚度 t
$h < 500$	$\geqslant 150$	$150 \sim 200$	$1000 \leqslant h < 1500$	$\geqslant 250$	$\geqslant 350$
$500 \leqslant h < 800$	$\geqslant 200$	$\geqslant 200$	$1500 \leqslant h < 2000$	$\geqslant 300$	$\geqslant 400$
$800 \leqslant h < 1000$	$\geqslant 200$	$\geqslant 300$			

注　1. 双肢柱的杯底厚度值可适当加大。

　　2. 当有基础梁时，基础梁下的杯壁厚度，应满足其支承宽度的要求。

　　3. 柱子插入杯口部分的表面应凿毛，柱与杯口之间的空隙，应用比基础混凝土强度等级高一级的细石混凝土充填密实，当达到材料设计强度的 70% 以上时，方能进行上部吊装。

3）当柱为轴心受压或小偏心受压且 $t/h_2 \geqslant 0.65$ 时，或大偏心受压且 $t/h_2 \geqslant 0.75$ 时，杯壁可不配筋；当柱为轴心受压或小偏心受压且 $0.5 \leqslant t/h_2 < 0.65$ 时，杯壁可按表 7.13 构造配筋；其他情况下，应按计算配筋。

表 7.13 　　　　　　　　　　　　　**杯 壁 构 造 配 筋**

柱截面长边尺寸/mm	$h < 1000$	$1000 \leqslant h < 1500$	$1500 \leqslant h \leqslant 2000$
钢筋直筋/mm	$8 \sim 10$	$10 \sim 12$	$12 \sim 16$

注　表中钢筋置于杯口顶部，每边两根（图 7.30）。

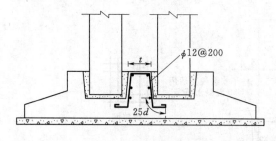

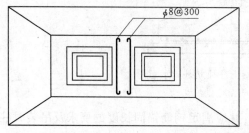

图 7.31 双杯口基础中间杯壁构造配筋示意图

4）对伸缩缝处双柱的杯形基础，两杯口之间的杯壁厚度 $t < 400$mm 时，杯壁可按图 7.31 所示进行配筋。

5）对于预制钢筋混凝土柱包括双肢柱，与高杯口基础的连接和高杯口基础短柱的纵向钢筋应满足《建筑地基基础设计规范》（GB 50007—2011）的有关规定。

7.6.3　扩展基础的计算

1. 柱下钢筋混凝土独立基础的计算

柱下钢筋混凝土独立基础的计算，主要包括基础底面尺寸的确定、基础冲切承载力验算以及基础底板配筋。基础底面尺寸的确定在 7.4 节已阐述。

在基础冲切承载力验算和基础底板配筋计算时，上部结构传来的荷载效应组合和相应的基底反力应按承载能力极限状态下荷载效应的基本组合，采用相应的分项系数。分项系数可按《建筑结构荷载规范》（GB 50009—2012）的规定选用。

（1）柱下钢筋混凝土独立基础冲切承载力验算。

当基础承受柱子传来的荷载时，若底板面积较大，而高度较薄时，基础就会发生冲切破坏，即基础从柱子（或变阶处）四周开始，沿着 45°斜面拉裂，从而形成冲切角锥体（图 7.32）。

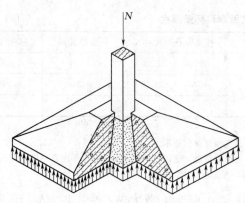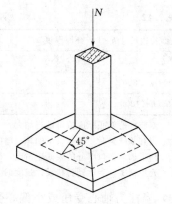

图 7.32　基础冲切破坏

为了防止这种破坏，基础应进行冲切承载力验算，即在基础冲切角锥体以外，由地基反力产生的冲切荷载 F_l 应小于基础冲切面上的抗冲切强度。对矩形截面柱的矩形基础，在柱与基础交接处以及基础变阶处的冲切强度可按下列公式计算（图 7.33）。

$$F_l \leqslant 0.7\beta_{hp}f_t a_m h_0 \tag{7.20}$$

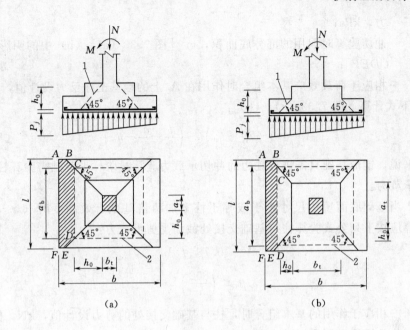

图 7.33　基础冲切验算计算图

$$a_m = \frac{a_t + a_b}{2} \tag{7.21}$$

$$F_1 = P_j A_1 \tag{7.22}$$

式中　β_{hp}——受冲切承载力截面高度影响系数，当 $h \leqslant 800mm$ 时，β_{hp} 取 1.0；当 $h \geqslant 2000mm$ 时，β_{hp} 取 0.9，按线性内插法取用；

f_t——混凝土轴心抗拉强度设计值，kPa；

h_0——基础冲切破坏锥体的有效高度，m；

a_m——冲切破坏锥体最不利一侧计算长度，即斜截面上下边长 a_t、a_b 的平均值（图 7.34），m；

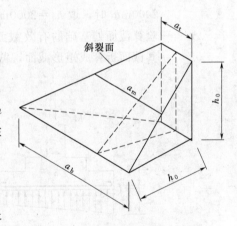

图 7.34　冲切斜截面边长

a_t——冲切破坏锥体最不利一侧斜截面的上边长，当计算柱与基础交接处的受冲切承载力时，取柱宽；当计算基础变阶处的受冲切承载力时，取上阶宽，m；

a_b——冲切破坏锥体最不利一侧斜截面在基础底面积范围内的下边长，当冲切破坏锥体的底面落在基础底面以内 [图 7.33（a）、（b）]，计算柱与基础交接处的受冲切承载力时，取柱宽加两倍基础有效高度；当计算基础变阶处的受冲切承载力时，取上阶宽加两倍该处的基础有效高度。

P_j——扣除基础自重及其上土重后相应于荷载效应基本组合时的地基土单位面积净反力，对偏心受压基础可取基础边缘处最大地基土单位面积净反力，kPa；

A_l——冲切验算时取用的部分底面积，m^2［图 7.33 (a)、(b) 中的阴影面积 AB-$CDEF$］；

F_l——相应于荷载效应基本组合时作用在 A_l 上的地基土净反力设计值，kN。

A_l 按下式计算［图 7.33 (a)、(b)］：

$$A_l = \left(\frac{b}{2} - \frac{h_c}{2} - h_0 \right) l - \left(\frac{l}{2} - \frac{a_t}{2} - h_0 \right)^2 \tag{7.23}$$

一般来说，锥形基础只需进行柱边的冲切承载力验算，阶梯形基础需验算柱边及变阶处的冲切承载力。

另外，当基础底面短边尺寸小于或等于柱宽加两倍基础有效高度时（$l \leqslant a_t + 2h_0$），抗冲切验算应按下列公式验算柱与基础交接处截面受剪承载力：

$$V_s \leqslant 0.7 \beta_{hs} f_t A_0 \tag{7.24}$$

$$\beta_{hs} \leqslant \left(\frac{800}{h_0} \right)^{1/4} \tag{7.25}$$

式中　V_s——相应于作用的基本组合时，柱与基础交接处的剪力设计值，kN，图 7.35 中的阴影面积乘以基底平均净反力；

β_{hs}——受剪切承载力截面高度影响系数，当 $h_0 < 800mm$ 时，取 $h_0 = 800mm$；当 $h_0 > 2000mm$ 时，取 $h_0 = 2000mm$；

A_0——验算截面处基础的有效截面面积，m^2；当验算截面为阶形或锥形时，可将其截面折算成矩形截面，截面的折算宽度按式（7.26）～式（7.29）计算。

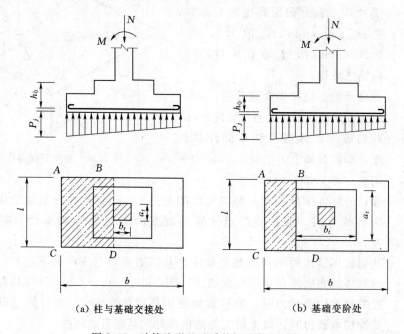

(a) 柱与基础交接处　　　　　　　　(b) 基础变阶处

图 7.35　验算阶形基础受剪切承载力示意图

阶梯形承台及锥形承台斜截面受剪的截面宽度这样确定：

1）对于阶梯形承台应分别在变阶处（A_1—A_1、B_1—B_1）及柱边处（A_2—A_2、B_2—B_2）进行斜截面受剪计算［图 7.36（a）］，并应符合下列规定：

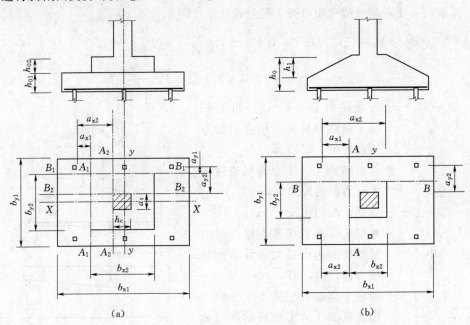

图 7.36　阶梯形承台斜截面受剪计算图及锥形承台受剪计算

计算变阶处截面 A_1—A_1、B_1—B_1 的斜截面受剪承载力时，其截面有效高度均为 h_{01}，截面计算宽度分别为 b_{y1} 和 b_{x1}。

计算柱边截面 A_2—A_2、B_2—B_2 处的斜截面受剪承载力时，其截面有效高度均为 $h_{01}+h_{02}$，截面计算宽度按下式进行计算：

对 A_2—A_2：
$$b_{y0}=\frac{b_{y1}h_{01}+b_{y2}h_{02}}{h_{01}+h_{02}} \tag{7.26}$$

对 B_2—B_2：
$$b_{x0}=\frac{b_{x1}h_{01}+b_{x2}h_{02}}{h_{01}+h_{02}} \tag{7.27}$$

2）对于锥形承台应对 A—A 及 B—B 两个截面进行受剪承载力计算［图 7.36（b）］，截面有效高度均为 h_0，截面的计算宽度按下式计算：

对 A—A：
$$b_{y0}=\left[1-0.5\frac{h_1}{h_0}\left(1-\frac{b_{y2}}{b_{y1}}\right)\right]b_{y1} \tag{7.28}$$

对 B—B：
$$b_{x0}=\left[1-0.5\frac{h_1}{h_0}\left(1-\frac{b_{x2}}{b_{x1}}\right)\right]b_{x1} \tag{7.29}$$

对于柱下钢筋混凝土独立基础抗冲切验算，一般来说，应先按经验假定基础高度，确定 h_0，然后再按式（7.20）和式（7.24）进行抗冲切验算或截面受剪承载力，当不满足要求时，调整基础高度尺寸，直到满足要求为止。

（2）柱下钢筋混凝土独立基础底板配筋计算。

在地基净反力 P_j 作用下，基础底板在两个方向均发生向上的弯曲，底部受拉，顶部受压。在危险截面内的弯曲应力超过底板的受弯承载力时，底板就会发生弯曲破坏，为了防止这种破坏，需要在基础底板下部配置钢筋。

1）对于矩形基础，当台阶的宽高比小于或等于 2.5 和偏心距小于或等于 1/6 基础宽度时，基础底板任意截面的弯矩可按下列公式计算（图 7.37）：

$$M_{\mathrm{I}} = \frac{1}{12} a_1^2 \left[(2l + a') \left(P_{\max} + P - \frac{2G}{A} \right) + (P_{\max} - P)l \right] \quad (7.30)$$

$$M_{\mathrm{II}} = \frac{1}{48} (l - a')^2 (2b + b') \left(P_{\max} + P_{\min} - \frac{2G}{A} \right) \quad (7.31)$$

式中　M_{I}、M_{II}——任意截面 Ⅰ—Ⅰ、Ⅱ—Ⅱ 处相应于荷载效应基本组合时的弯矩设计值，kN·m；

a_1——任意截面 Ⅰ—Ⅰ 至基底边缘最大反力处的距离，m；

l、b——基础底面的边长，m；

$P_{\max}$、$P_{\min}$——相应于荷载效应基本组合时的基础底面边缘最大和最小地基反力设计值，kPa；

P——相应于荷载效应基本组合时在任意截面 Ⅰ—Ⅰ 处基础底面地基反力设计值，kPa；

G——考虑荷载分项系数的基础自重及其上的土重；当组合值由永久荷载控制时，$G = 1.35 G_{\mathrm{K}}$，G_{K} 为基础及其上土的自重标准值，kN。

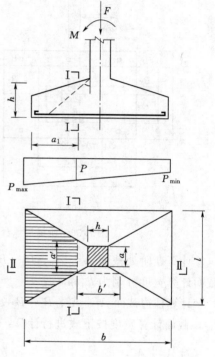

图 7.37　矩形基础底板的计算示意图

2）基础底板的配筋按下式计算：

$$A_{\mathrm{s}} = \frac{M}{0.9 f_{\mathrm{y}} h_0} \quad (7.32)$$

式中　M——计算截面的弯矩设计值，N·mm；

f_{y}——钢筋抗拉强度设计值，N/mm²；

h_0——基础的有效高度，mm。

一般来说，锥形基础需计算柱边的弯矩及其配筋，阶梯形基础需计算柱边及变阶处的弯矩及其配筋，此时只要用台阶平面尺寸代替柱截面尺寸即可，计算方法同前。

2. 墙下钢筋混凝土条形基础的计算

墙下钢筋混凝土条形基础的设计主要包括确定基础宽度、基础危险截面处的抗弯及抗剪验算。基础宽度的确定，在 7.4 节已阐述。

在基础危险截面处的抗弯及抗剪验算时，上部结构传来的荷载效应组合和相应的基底反力应按承载能力极限状态下荷载效应的基本组合，采用相应的分项系数。分项系数可按《建筑结构荷载规范》（GB 50009—2012）的规定选用。

1）墙下钢筋混凝土条形基础抗弯承载力验算。

对于墙下钢筋混凝土条形基础任意截面每延米宽度的弯矩（图7.38），可按下式进行计算：

$$M_{\mathrm{I}} = \frac{1}{6}a_1^2\left(2P_{\max} + P - \frac{3G}{A}\right) \qquad (7.33)$$

其最大弯矩截面的位置，应符合下列规定：

当墙体材料为混凝土时，取 $a_1 = b_1$；如墙体为砖墙且放脚不大于 1/4 砖长时，取 $a_1 = b_1 + 1/4$ 砖长。

基础底板的配筋按式（7.32）进行计算，即：

$$A_s = \frac{M}{0.9f_y h_0}$$

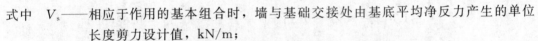

图7.38　墙下条形基础的计算示意图

2）墙下钢筋混凝土条形基础抗剪承载力验算。

基础底板在剪力的作用下，应满足下列条件：

$$V_s \leqslant 0.7\beta_{\mathrm{hs}} f_t A_0 \qquad (7.34)$$

$$\beta_{\mathrm{hs}} = \left(\frac{800}{h_0}\right)^{1/4} \qquad (7.35)$$

式中　V_s——相应于作用的基本组合时，墙与基础交接处由基底平均净反力产生的单位长度剪力设计值，kN/m；

　　　β_{hs}——受剪切承载力截面高度影响系数，当 $h_0 < 800$mm 时，取 $h_0 = 800$mm；当 $h_0 > 2000$mm 时，取 $h_0 = 2000$mm；

　　　f_t——混凝土轴心抗拉强度设计值，kN/m²；

　　　A_0——验算截面处基础底板的单位长度垂直截面有效面积。

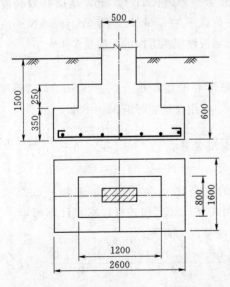

图7.39　阶梯形基础的计算示意图

【例7.6】　如图7.39所示，某柱下独立基础为阶梯形基础，基底尺寸为 $b \times l = 2.6\text{m} \times 1.6\text{m}$，基础高度为 $h = 600$mm，设 100mm 厚 C15 素混凝土垫层，钢筋保护层厚度为 40mm，取 $a_s = 50$mm。柱截面尺寸为 500mm × 400mm。基础混凝土采用 C30（$f_t = 1.43\text{N/mm}^2$），基础顶面处由上部结构传来相应于作用的基本组合的弯矩值 $M = 100\text{kN} \cdot \text{m}$，轴向力 $F = 650$kN，基本组合由永久作用控制。求（1）确定基底净反力值；（2）对柱与基础交接处进行抗冲切验算；（3）对基础变阶处进行抗冲切验算。

【解】　（1）确定基底净反力值。

$$e_j = \frac{M}{F} = \frac{100}{650} = 0.153(\text{m}) < \frac{b}{6} = 0.43(\text{m})$$

故地基反力及净反力呈梯形分布。

$$p_{j\max} = \frac{F}{A} + \frac{6M}{b^2 l} = \frac{650}{2.6 \times 1.6} + \frac{6 \times 100}{2.6^2 \times 1.6} = 211.72(\text{kPa})$$

（2）柱与基础交接处抗冲切验算（$h_0 = 600 - 50 = 550\text{mm}$）。

$$a_t + 2h_0 = 400 + 2 \times 550 = 1500(\text{mm}) < l = 1600(\text{mm})$$

$$A_1 = l\left(\frac{b}{2} - \frac{b_t}{2} - h_0\right) - 2 \times \frac{1}{2}\left(\frac{l}{2} - \frac{a_t}{2} - h_0\right)^2$$

$$= 1.6 \times \left(\frac{2.6}{2} - \frac{0.5}{2} - 0.55\right) - \left(\frac{1.6}{2} - \frac{0.4}{2} - 0.55\right)^2$$

$$= 0.7975(\text{m}^2)$$

$$F_1 = p_{j\max}A_1 = 211.72 \times 0.7975 = 168.85(\text{kN})$$

因 $h = 600\text{mm} < 800\text{mm}$，取 $\beta_{hp} = 1.0$。

$$a_m = \frac{a_t + a_b}{2} = \frac{a_t + a_t + 2h_0}{2} = a_t + h_0 = 0.4 + 0.55 = 0.95(\text{m})$$

$0.7\beta_{hp}f_t a_m h_0 = 0.7 \times 1.0 \times 1.43 \times 950 \times 550 = 523.0\text{kN} > F_1 = 168.85\text{kN}$，满足要求。

（3）基础变阶处抗冲切验算（$h_{01} = 350 - 50 = 300\text{mm}$）。

$$a_t + 2h_{01} = 0.8 + 2(0.35 - 0.05) = 1.4(\text{m}) < 1.6(\text{m})$$

$$A_l = l\left(\frac{b}{2} - \frac{b_t}{2} - h_{01}\right) - 2 \times \frac{1}{2}\left(\frac{l}{2} - \frac{a_t}{2} - h_{01}\right)^2$$

$$= 1.6\left(\frac{2.6}{2} - \frac{1.2}{2} - 0.3\right) - \left(\frac{1.6}{2} - \frac{0.8}{2} - 0.3\right)^2 = 0.63(\text{m}^2)$$

$$F_1 = p_{j\max}A_1 = 211.72 \times 0.63 = 133.38(\text{kN})$$

因 $h = 350\text{mm} < 800\text{mm}$，取 $\beta_{hp} = 1.0$，$a_m = \frac{a_t + a_b}{2} = a_t + h_{01} = 0.8 + 0.3 = 1.1\text{m}$。

$$0.7\beta_{hp}f_t a_m h_{01} = 0.7 \times 1.0 \times 1.43 \times 1100 \times 300 = 330.3(\text{kN}) > F_l = 133.38(\text{kN})$$

【例7.7】　如图7.40所示，某锥形基础底面为正方形，边长 $B = 2.5\text{m}$，基础有效高度 $h_0 = 0.46\text{m}$；作用在基础上的荷载效应标准组合为轴心荷载 $F_K = 556\text{kN}$，弯矩 $M_K = 80\text{kN} \cdot \text{m}$；正方形柱截面边长 $b = 0.4\text{m}$，基础埋深 $h = 2.0\text{m}$。基础底板纵横两方向的配筋是多少？

【解】　（1）台阶宽高比和偏心距的确认。

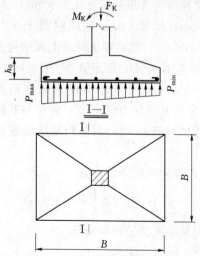

图7.40　正方形基础的计算示意图

作用在基底形心垂直力 $F_K + G_K = 556 + 20 \times 2.5 \times 2.5 \times 2 = 806\text{kN}$，作用在基底弯矩 $M_K = 80\text{kN} \cdot \text{m}$。

$$e_j = \frac{1.35M_K}{1.35F_K} = \frac{1.35 \times 80}{1.35 \times 556} = 0.144 < \frac{B}{6} = \frac{2.5}{6} = 0.417(\text{m})$$

台阶的宽度 $a_1 = (B - 0.4)/2 = (2.5 - 0.4)/2 = 1.05\text{m}$，台阶的宽高比 $a_1/h_0 = 1.05/0.46 = 2.28 < 2.5$，故能应用式（7.30）和式（7.31）计算弯矩。

（2）柱边地基反力计算。

$$P_{\max} = \frac{(F_K + G_K) \times 1.35}{A} + \frac{M_K \times 1.35}{W}$$

$$= \frac{806 \times 1.35}{2.5 \times 2.5} + \frac{80 \times 1.35}{\dfrac{2.5 \times 2.5^2}{6}}$$

$$= 174.1 + 41.5 = 215.6(\text{kPa})$$

$$P_{min}=\frac{(F_K+G_K)\times1.35}{A}-\frac{M_K\times1.35}{W}=\frac{806\times1.35}{2.5\times2.5}-\frac{80\times1.35}{\frac{2.5\times2.5^2}{6}}$$

$$=174.1-41.5=132.6(kPa)$$

$$P_I=\frac{(P_{max}-P_{min})\times(B-a_1)}{B}+P_{min}$$

$$=\frac{(215.6-132.6)\times(2.5-1.05)}{2.5}+132.6=180.7(kPa)$$

（3）柱边两方向弯矩。

$$M_I=\frac{1}{12}a_1^2\left[(2l+a')\left(P_{max}+P-\frac{2G}{A}\right)+(P_{max}-P)l\right]$$

$$=\frac{1}{12}\times1.05^2\left[(2\times2.5+0.4)\left(215.6+180.7-\frac{2\times2.5\times2.5\times2\times20\times1.35}{2.5^2}\right)\right.$$

$$\left.+(215.6-180.7)\times2.5\right]=151.3(kN\cdot m)$$

$$M_{II}=\frac{1}{48}(l-a')^2(2b+b')\left(P_{max}+P_{min}-\frac{2G}{A}\right)$$

$$=\frac{1}{48}(2.5-0.4)^2(2\times2.5+0.4)\left(215.6+132.6-\frac{2\times2.5\times2.5\times2\times20\times1.35}{2.5^2}\right)$$

$$=119.2(kN\cdot m)$$

（4）钢筋配置。

$$A_{sI}=\frac{M_I}{0.9f_yh_0}=\frac{151.3\times10^6}{0.9\times360\times460}=1015.16(mm^2)$$

$$A_{sII}=\frac{M_{II}}{0.9f_yh_0}=\frac{1119.2\times10^6}{0.9\times360\times460}=799.8(mm^2)$$

$$A_{smin}=0.15\%\times b\times h=0.15\%\times2500\times(460+40)=1875(mm^2)$$

$$A_{sI}<A_{smin}，配筋取1875mm^2$$

7.7　减轻不均匀沉降的措施

由于建筑物荷载的作用，使地基土改变了原有的受力状态，从而产生了一定的压密变形，导致建筑物随之沉降。如果地基土比较软弱，会产生过大的沉降或不均匀沉降，引起上部结构开裂与破坏。因此，为保证建筑的安全和正常作用，应采取合理的建筑措施、结构措施及施工措施，减少基础的不均沉降。

7.7.1　建筑措施

1. 建筑体型力求简单

建筑平面应少转折。因平面形状复杂的建筑物，如 L 形、T 形、工字形等，在其纵横单元相交处，基础密集，地基中应力集中，该处的沉降往往大于其他部位的沉降，使附近墙体出现裂缝。尤其在建筑平面的突出部位更易开裂（图 7.41 中的虚线表示最易开裂部位），因此建筑物平面以简单为宜。

若建筑立面有较大高差，由于荷载差异大，将使建筑物高低相接处产生沉降差而导致轻低部分损坏，所以建筑立面高差不宜悬殊。

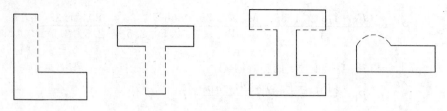

图 7.41 复杂平面的裂缝位置

2. 设置沉降缝

建筑物的下列部位，宜设置沉降缝：

（1）建筑平面的转折部位。

（2）高度差异或荷载差异较大处。

（3）长高比过大的砌体承重结构或钢筋混凝土框架结构的适当部位。

（4）地基土的压缩性有显著差异处。

（5）建筑结构或基础类型不同处。

（6）分期建造房屋的交界处。

表 7.14　　　房屋沉降缝的宽度

房屋层数	沉降缝宽度/mm
二～三	50～80
四～五	80～120
五层以上	≥120

沉降缝应从屋面至基础底面将房屋垂直断开，分割成若干独立的刚度较好的单元，形成各自的沉降体系。沉降缝应有足够的宽度，以防止基础不均匀沉降引起房屋碰撞。其缝宽可按表 7.14 选用。

基础沉降缝做法根据房屋结构类型及基础类型不同，一般采用悬挑或 [图 7.42（a）、（b）]、跨越式 [图 7.42（c）]、平行式 [图 7.42（d）] 等。对于刚度较大的筏形基础沉降缝做法如图 7.42（e）所示。

3. 相邻建筑物基础间的净距

如果相邻建筑物距离太近，由于地基附加应力的扩散作用，会引起相邻建筑物产生附加沉降。在一般情况下，相邻建筑物基础的影响与被影响之间的关系为：重且高的建筑物基础影响轻且低的建筑物基础；新建筑物基础影响旧建筑特基础。所以相邻建筑物基础之间（尤其是在软弱地基上）应保留一定净距，可按表 7.15 选用。

4. 控制建筑物标高

建筑物各组成部分的标高，应根据可能产生的不均匀沉降，采取下列相应措施：

（1）室内地坪和地下设施的标高，应根据预估沉降量予以提高。建筑物各部分（或设备）有联系时，可将沉降较大者标高提高。

（2）建筑物与设备之间，应留有足够的净空。与建筑物有管道穿过时，应预留孔洞，或采用柔性的管道接头等。

7.7.2 结构措施

1. 减轻结构自重

建筑物的自重在基底压力中占有较重的比例，一般民用建筑中可高达 60%～70%，工业建筑中约占 50%。因此，减少基础不均匀沉降应首先考虑减轻结构的自重。

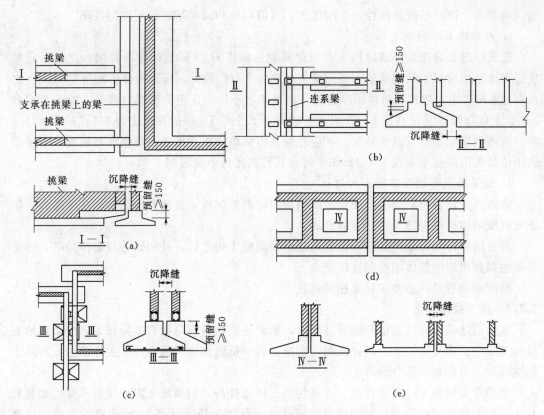

图 7.42　基础沉降缝做法

表 7.15 　　　　　　　　　　　　**相邻建筑物基础间的净距** 　　　　　　　　　　单位：m

影响建筑的预估平均沉降量 s/mm ＼ 被影响建筑的长高比	$2.0 \leqslant \dfrac{L}{H_\mathrm{f}} < 3.0$	$3.0 \leqslant \dfrac{L}{H_\mathrm{f}} < 5.0$
70～150	2～3	3～6
160～250	3～6	6～9
260～400	6～9	9～12
＞400	9～12	≥12

注　1. 表中 L 为建筑物长度或沉降缝分隔的单元长度（m）；H_f 为自基础底面标高算起的建筑物高度（m）。
　　2. 当被影响建筑的长高比为 $1.5 < L/H_\mathrm{f} < 2.0$，其间距净距可适当缩小。

（1）选用轻型结构，如轻钢结构，预应力混凝土结构以及各种轻型空间结构。

（2）采用轻质材料，如空心砌块或其他轻质墙等。

（3）减轻基础及其回填土的重量，采用架空地板代替室内填土、设置半地下室或地下室等，尽量采用覆土少、自重轻的基础。从基底附加压力 $P_\mathrm{o} = P - r_\mathrm{m} d$ 公式可以看出，增加基础埋深 d，可以相应地减少基底附加压力 p_o，从而可以减少地基的变形，建筑物的不均匀沉降也随之减少。

2. 加强基础整体刚度

对于建筑物体型复杂，荷载差异较大的框架结构及地基比较软弱时，可采用桩基、筏基、箱基等。这些基础整体性好、刚度大，可以调整和减少基础的不均匀沉降。

3. 控制建筑物的长高比

建筑物的长高比是建筑的长度 L 与建筑物总高度 H_f（从基础底面算起）之比。它是决定砌体结构房屋空间刚度的主要因素。长高比 L/H_f 越大，建筑物整体刚度越差；反之长高比 L/H_f 小，建筑物整体刚度越好，对地基的不均匀变形调整能力越强。对于 3 层和 3 层以上的房屋，其长高比 L/H_f 宜小于或等于 2.5；当房屋的长高比为 $2.5 < L/H_f \leq 3.0$ 时，宜做到纵墙不转折或少转折，并应控制其内横墙间距或增强基础刚度和强度。当房屋的预估最大沉降量小于或等于 120mm 时，其长高比可不受限制。

4. 设置圈梁和钢筋混凝土构造柱

墙体内宜设置钢筋混凝土圈梁，以增加房屋的整体性，提高砌体结构的抗弯能力，防止或延缓墙体出现裂缝及阻止裂缝开展。

若在墙体转角及适当部位，设置现浇钢筋混凝土构造柱，并用锚筋与墙体拉结，可更有效地提高房屋的整体刚度和抗震能力。

圈梁的设置及构造要求详见相关规定。

7.7.3 施工措施

在软弱地基上开挖基槽和砌筑基础时，如果建筑物各部分荷载差异较大，应合理地安排施工顺序。即先施工重、高建筑物，后施工轻、低建筑物；或先施工主体部分，再施工附属部分，可调整一部分沉降差。

淤泥及淤泥质土，其强度低、渗透性差、压缩性高，因而施工时应注意不要扰动其原状土。在开挖基槽时，可以暂开挖至基底标高，通常在基底保留 200mm 厚的土层，待基础施工时再挖除。如发现槽底土已被扰动，应将扰动的土挖掉，并用砂、石回填分层夯实至要求的标高。一般先铺一层中粗砂，然后用碎石等进行处理。

此外，应尽量避免在新建基础及新建筑物侧边堆放大量土方、建筑材料地面堆载，应根据使用要求、堆载特点，结构类型、地质条件确定允许堆载量和范围，堆载量不应超过地基承载力特征值。如有大面积填土，宜在基础施工前 3 个月完成，以减少地基的不均匀变形。

习 题

7.1 天然地基上浅基础的设计，应按哪些步骤进行？

7.2 无筋扩展基础有哪些类型？主要应满足哪些构造要求？

7.3 确定基础埋深时应考虑哪些因素？

7.4 何谓扩展基础？它们的基础高度如何确定？

7.5 在轴心荷载及偏心荷载作用下，基础底面积如何确定？

7.6 何谓地基净反力？在进行基础内力计算时为什么要用地基净反力？

7.7 为什么现浇柱基础要预留基础插筋？它与柱的搭接位置在何处为宜？

7.8 减轻不均匀沉降的危害应采取哪些措施？

7.9 为什么基底下可以保留一定厚度的冻土层？

7.10 某边柱下单独基础底面积尺寸 $l \times b = 4\text{m} \times 2\text{m}$，已知相应于荷载效应标准组合时，柱传至室内设计标高处的荷载 $F_K = 1100\text{kN}$，基础埋深 $d = 1.5\text{m}$，室内外高差为 0.45m。基础两侧及地基土为黏土（e、I_L 均小于 0.85），重度 $\gamma = 18\text{kN/m}^3$，地基承载力特征值 $f_{ak} = 180\text{kPa}$。试求修正后的地基承载力特征值 f_a，并验算地基承载力是否满足。

7.11 某综合住宅楼底层内柱截面尺寸为 300mm×400mm，已知相应于荷载效应标准组合时，柱传至室内设计标高处的荷载 $F_K = 780\text{kN}$，$M_K = 110\text{kN} \cdot \text{m}$，基础两侧及地基土为粉质黏土，$\gamma = 18\text{kN/m}^3$，$f_{ak} = 165\text{kPa}$，承载力修正系数 $\eta_b = 0.3$，$\eta_d = 1.6$，基础埋深 $d = 1.3\text{m}$，室内外高差为 0.3m。试确定基础底面尺寸。

7.12 某住宅砖墙承重，外墙厚 0.49m，已知相应于荷载效应标准组合时，柱传至室内设计标高处的荷载 $F_K = 220\text{kN/m}$，基础埋深 $d = 1.6\text{m}$，室内外高差为 0.6m，基础两侧及地基土为为粉土，经修正后的地基承载力特征值 $f_a = 200\text{kPa}$，基础材料采用毛石，砂浆采用 M5，试设计该墙下条形基础，并绘出基础剖面图形。

桩 基 础 设 计

（1）桩的适用性、类型、施工工艺及基本构造。

（2）单桩竖向承载力、水平承载力、抗拔承载力及群桩竖向承载力的确定方法。

（3）桩基础设计的方法。

桩基础是建筑物常用的基础形式之一，当采用天然地基上的浅基础不能满足地基基础设计的承载力和变形要求时，可采用地基加固，或采用桩基础将荷载传至承载力高的深部土层。桩基础具有较大的整体性和刚性，承载力高、稳定性好、沉降量小而均匀、便于机械化施工、适应性强等特点，能适应高、重、大的建筑物的要求。

本项目将分别阐明桩的类型、单桩竖向承载力、水平承载力、抗拔承载力及群桩竖向承载力的确定方法，从而了解桩基础设计的方法。

8.1 概 述

桩基础，简称桩基，通常由桩体与连接桩顶的承台组成，如图 8.1 所示。当承台底面低于地面以下时，承台称为低桩承台，相应的桩基础称为低承台桩基础，如图 8.1（a）所示。当承台底面高于地面时，承台称为高桩承台，相应的桩基础称为高承台桩基础，如图 8.1（b）所示。工业与民用建筑多用低承台桩基础。

8.1.1 桩基础的适用范围

桩基础是建筑物常用的基础形式之一，当建筑场地浅层地基土比较软弱，不能满足建筑物对地基承载力和变形的要求，又不适宜采取地基处理措施时，可考虑选择桩基础，以下部坚实土层或岩层作为持力层。作为基础结构的桩，是将承台荷载（竖向的和水平的）

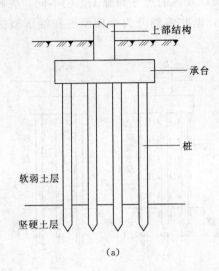
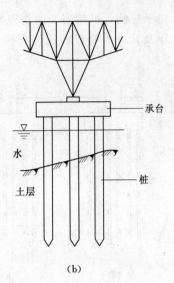

图 8.1 桩基础
(a) 低承台桩基础；(b) 高承台桩基础

全部或部分传递给地基土（或岩层）的具有一定刚度和抗弯能力的杆件。

桩基础通过承台把若干根桩的顶部连接成整体，共同承受荷载，其结构形式根据上部结构的特点和地质条件选用。

（1）在框架结构的承重柱下或桥梁墩台下，通常借助承台设置若干根桩，构成独立的桩基础，若上部为剪力墙结构，可在墙下设置排桩，因为桩径一般大于剪力墙厚度，故需设置构造性的过渡梁。

（2）若承台采用筏板，则在筏板下满堂布桩，或按柱网轴线布桩，使板不承受桩的冲剪力，只承受水浮力和有限的土反力。

（3）当地下室由具有底板、顶板、外墙和若干纵横内隔墙构成空箱结构时，也可满堂布桩，或按桩网轴线布桩，由于箱体结构的刚度很大，能有效地调整不均匀沉降，因此这种桩基础适用于任何软弱、复杂地质条件下的任何结构形式的建筑物。

桩基的主要功能就是将上部结构的荷载传至地下一定深度的密实岩土层，以满足承载力、稳定性和变形的要求。由于桩基础能够承受比较大而且复杂的荷载形式，适宜各种地质条件，因而在对基础沉降有严格要求的高层建筑、重型工业厂房、高耸的构筑物等情况下成为比较理想的基础选型。

桩基础具有较高的承载能力与稳定性，是减少建筑物沉降与不均匀沉降的良好措施，具有良好的抗震性能，且布置灵活，对结构体系、范围及荷载变化等有较强的适应能力。但造价高，施工复杂，打入桩存在振动及噪声等环境问题，灌注桩给场地环境卫生带来影响。

8.1.2 桩基础的类型

1. 按承载性状分类

桩在竖向荷载作用下，桩顶部的荷载由桩与桩侧岩土层间的侧阻力和桩端的端阻力共同承担。由于桩侧、桩端岩土的物理力学性质以及桩的尺寸和施工工艺不同，桩侧和桩端阻力的大小及其分担荷载的比例有很大差异，据此将桩分为摩擦型桩和端承型桩，如图8.2所示。

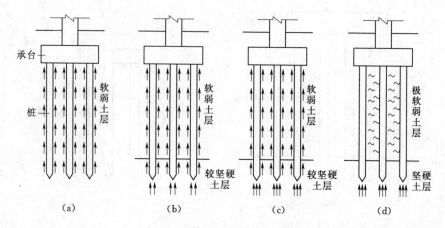

图 8.2 摩擦型桩和端承型桩
（a）摩擦桩；（b）端承摩擦桩；（c）摩擦端承桩；（d）端承桩

（1）摩擦型桩。摩擦型桩是指在竖向极限荷载的作用下，桩顶荷载全部或主要由桩侧阻力承受。根据桩侧阻力分担荷载的大小，摩擦型桩可以分为摩擦桩和端承摩擦桩两类。摩擦桩是指桩顶荷载的绝大部分由桩侧阻力承受，桩端阻力小到可以忽略不计的桩。端承摩擦桩是指桩顶荷载由桩侧阻力和桩端阻力共同承担，但大部分由桩侧阻力承受的桩。

（2）端承型桩。端承型桩是指在竖向极限荷载的作用下，桩顶荷载全部或主要由桩端阻力承受。根据桩端阻力发挥的程度和分担荷载的比例，端承型桩又可分为摩擦端承桩和端承桩两类。桩顶荷载由桩侧阻力和桩端阻力共同承担，但主要由桩端阻力承受的称为摩擦端承桩。桩顶荷载绝大部分由桩端阻力承受，桩侧阻力小到可以忽略不计的称为端承桩。

2. 按使用功能分类

当上部结构完工后，承台下部的桩不但要承受上部结构传递过来的竖向荷载，还担负着由于风和振动作用引起的水平力和力矩，保证建筑物的安全稳定。根据桩在使用状态下的抗力性能和工作机理，把桩分为四类。

（1）竖向抗压桩，主要承受竖向荷载的桩。

（2）竖向抗拔桩，主要承受向上拔荷载的桩。

（3）水平受荷桩，主要承受水平方向上荷载的桩。

（4）复合受荷桩，承受竖向、水平向荷载均较大的桩。

3. 桩按桩身材料分类

桩根据其构成材料的不同分为以下三类。

（1）混凝土桩。按制作方法不同又可分为灌注桩和预制桩。在现场采用机械或人工挖掘成孔，就地浇灌混凝土成桩，称为灌注桩。这种桩可在桩内设置钢筋笼以增强桩的强度，也可不配筋。预制桩是在工厂或现场预制成型的混凝土桩，有实心（或空心）方桩、管桩之分。为提高预制桩的抗裂性能和节约钢材可做成预应力桩，为减小沉桩挤土效应可做成敞口式预应力管桩。

（2）钢桩。其主要有钢管桩和 H 形钢桩等。钢桩的抗弯抗压强度均较高，施工方便；但造价高，易腐蚀。

（3）组合材料桩。组合材料桩是指用两种材料组合而成的桩，如钢管内填充混凝土，或上部为钢管桩而下部为混凝土等形式的桩。

4．桩按成桩方法分类

成桩过程对建筑场地内的土层结构有扰动，并产生挤土效应，引发施工环境问题。根据成桩方法和挤土效应将桩划分为非挤土桩、部分挤土桩和挤土桩三类。

（1）非挤土桩。采用干作业法、泥浆护壁法或套管护壁法施工而成的桩。由于在成孔过程中已将孔中的土体清除掉，故没有产生成桩时的挤土作用。

（2）部分挤土桩。采用预钻孔打入式预制桩、打入式敞口桩或部分挤土灌注桩。上述成桩过程对桩周土的强度及变形性质会产生一定的影响。

（3）挤土桩。挤土灌注桩（如沉管灌注桩），实心的预制桩在锤击、振入或压入过程中都需将桩位处的土完全排挤开才能成桩，因而使土的结构遭受严重破坏。这种成桩方式还会对场地周围环境造成较大影响，因而事先必须对成桩所引起的挤土效应进行评价，并采取相应的防护措施。

5．桩按桩径大小分类

（1）小桩：$d \leqslant 250\text{mm}$。

（2）中等直径桩：$250\text{mm} < d < 800\text{mm}$。

（3）大直径桩：$d \geqslant 800\text{mm}$。

d 为桩身设计直径。

现将预制桩、灌注桩以及钢桩的优、缺点以及适用范围总结于表 8.1 中。

表 8.1　　　　　　　　　　主要桩型的特点

桩型	优　点	缺　点	适用范围
预制桩	（1）预制桩制作方便； （2）桩身材料易于保证； （3）材料强度高，耐腐蚀性强； （4）桩的单位面积承载力较高	（1）打桩噪声大，振动大； （2）沉桩时有明显的挤土影响； （3）截桩困难； （4）桩的截面尺寸有限； （5）造价高	（1）适用于噪声污染、挤土和振动影响没有严格限制的地区； （2）穿透的中间层较弱或没有坚硬的土层，且持力层埋置深度变化不大的地区； （3）地下水位高或水下工程； （4）大面积打桩工程
灌注桩	（1）震动小，噪声小； （2）用钢量少，比预制桩经济； （3）工序简单，适用机具较少； （4）没有接头； （5）可做成大直径和大深度的桩	（1）桩的质量不易控制和保证，检验工作麻烦； （2）桩身强度比预制桩低； （3）采用泥浆护壁时，费泥浆； （4）处理麻烦	（1）一般不受土质条件限制，适用于各种土层； （2）一般情况下，不宜用于水下工程
钢桩	（1）钢桩材料强度很高，贯入土层能力强； （2）沉桩挤土影响最小； （3）桩长接截方便	（1）价格昂贵； （2）耐腐蚀性差； （3）锤击沉桩时噪声很大	（1）严格限制沉桩挤土影响的地区； （2）地下无腐蚀性液体或气体的地区； （3）持力层起伏较大的地区

8.1.3　桩的施工工艺简介

1. 预制桩

（1）预制桩的种类。依制桩材料不同，主要有钢筋混凝土桩、预应力钢筋混凝土桩、钢桩等多种。

1）钢筋混凝土桩。最常用的是方桩，断面尺寸从 300mm × 300mm 到 550mm × 550mm。桩顶主筋焊在预埋角钢上，接头采用外包钢板焊接连接；当采用静压法沉桩时，常采用空心桩；在软土层中也有采用三角形断面，以节省材料，增加侧面积和摩阻力；也有采用离心法制作的管桩，断面外径有 $\phi400$ 和 $\phi550$。壁厚 80mm，每节长 $8\sim12m$，节头为钢制法兰盘螺栓连接，当穿越砂层时，可利用桩内空腔从底部射高压水助沉，如图 8.3 所示。

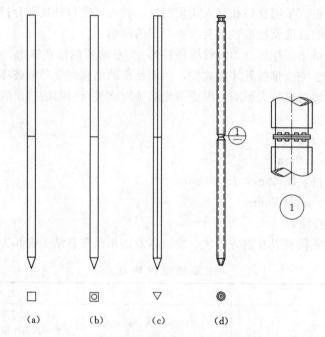

图 8.3　预制钢筋混凝土桩的主要类型

（a）预制方桩；（b）预制空心桩；（c）预制三角桩；（d）预制管桩

2）预应力钢筋混凝土桩。简称预应力桩，系将钢筋混凝土桩的部分或全部主筋作为预应力张拉钢筋，采用先张法或后张法对桩身混凝土施加预压应力，以减小桩身混凝土的拉应力和弯拉应力，提高桩的抗冲（锤）击能力和抗弯能力。预应力桩的特点是强度高、抗裂性好。

3）钢桩。钢桩具有强度高、抗冲击疲劳和贯入能力强，且便于割接和运输、质量可靠、沉桩速度快以及挤土效应较小等许多突出优点。不过钢桩造价高，宜慎重选用。钢桩有两种，即钢管桩和 H 形桩。

（2）预制桩的施工工艺。预制桩的施工工艺包括制桩与沉桩两部分，沉桩工艺又随沉桩机械而变，主要有 3 种，即锤击式、静压式和振动式。

1）锤击式。锤击式系采用蒸汽锤、柴油锤、液压锤等，依靠沉重的锤芯自由下落以及部分包含液压产生的冲击力，将桩体贯入土中，直至设计深度，俗称打桩，这种工艺会产生较大的振动、挤土和噪声，引起邻近建筑物或地下管线的附加沉降或隆起，妨碍人们的正常生活与工作，故施工时应加强对邻近建筑物和地下管线的变形监测，并采取周密的防护措施。打入桩适用于松软土质条件和较空旷的地区。

2）静压式。静压式系采用液压或机械方法对桩顶施加静压力而将桩压入土中并达到设计标高。施工过程中无振动和噪声，适宜在软土地带城区施工。但应注意，其挤土效应仍不可忽视，也应采取防挤措施。静力压桩机压桩力一般为 800～5000kN，最大压桩力已达 8000kN。

3）振动式。振动式是凭借放置于桩顶的振动锤使桩产生振动，从而使桩周土体受扰动或液化，强度和阻力大大降低，于是桩体在自重和动力荷载作用下沉入土中。选用时应考虑其振动、噪声和挤土效应。

2. 灌注桩

灌注桩系指在工程现场通过机械钻孔，钢管挤土或人力挖掘等手段在地基土中形成的桩内放置钢筋笼、灌注混凝土而做成的桩。灌注桩的优点是省去了预制桩的制作、运输、吊装和打入等工序，桩不承受这些过程中的弯折和锤击应力，从而节省了钢材和造价。同时它更能适应基岩起伏变化剧烈的地质条件。其缺点是成桩过程完全在地下"隐蔽"完成，施工过程中的许多环节把握不当会影响成桩质量。依照成孔方法可将灌注桩分为沉管灌注桩、钻孔灌注桩和挖孔灌注桩等几大类。

（1）沉管灌注桩。沉管灌注桩的沉管方法可选用锤击、振动和静压任何一种。其施工程序一般包括沉管、放笼、灌注、拔管 4 个步骤。如图 8.4 所示。沉管灌注桩的优点是在钢管内无水环境中沉放钢筋笼而浇灌混凝土，从而为桩身混凝土的质量提供了保障。沉管灌注桩的主要缺点有两个：一是在拔除钢套管时，如果提管速度过快会造成缩颈、夹泥甚至断桩；二是沉管过程中的挤土效应除产生与预制桩类似的影响外，还可能使混凝土尚未结硬的邻桩被剪断，对策是控制管速度，并使桩管产生振动，不让管内出现负压，提高桩

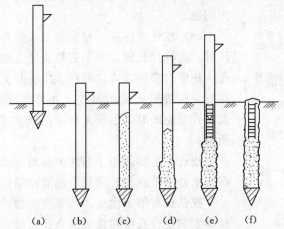

图 8.4 沉管灌注桩的施工程序示意图

（a）打桩机就位；（b）沉管；（c）浇灌混凝土；（d）边拔管边振动；

（e）安放钢筋笼后继续浇筑混凝土；（f）成型

身混凝土的密实度并保持其连续性；采用"跳打"顺序施工，待混凝土强度足够时再在它的近旁施打相邻桩。

（2）钻孔灌注桩。它泛指各种在地面用机械方法取土成孔的灌注桩，其施工顺序如图8.5所示，主要分三大步，即成孔、沉放导管和钢筋笼、浇灌水下混凝土成桩。水下钻孔桩成孔过程中，通常采用具有一定重度和黏度的泥浆进行护壁，泥浆不断循环，同时完成携土和运土的任务。

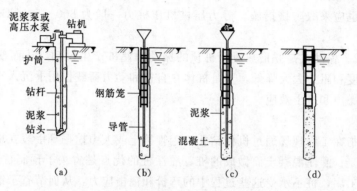

图 8.5　钻孔灌注桩的施工程序示意图
(a) 成孔；(b) 下导管和钢筋笼；(c) 浇筑水下混凝土；(d) 成桩

钻孔桩的优点在于其施工过程无挤土、无振动、噪声小，对邻近建筑物及地下管线危害较小，且桩径不受限制，是城区高层建筑常用的桩型。目前常用的直径为 600mm 和 800mm，较大的可做到 3000mm。钻孔桩的最大缺点是泥浆沉淀不易清除，以至其端部承载力不能充分发挥作用，并造成较大沉降。为克服这一缺点，可在桩底夯填碎石消除淤泥沉淀或桩底注浆，使沉淀泥浆得以置换与加固。但彻底解决这个问题的办法应是，能创造一个无水环境下浇筑混凝土的条件，从根本上避免护壁泥浆造成的一系列质量和承载力损失问题。

（3）挖孔灌注桩。它是指工人到井底挖土护壁成孔的灌注桩，简称挖孔桩，其工艺特点是边挖土边做护壁，逐层成孔。护壁有多种方式，现在多用混凝土现浇，整体性和防渗性好，构造形式灵活多变，并可做成扩底，当地下水位很低、孔壁稳固时，也可无护壁挖土。某工程挖孔桩如图8.6所示。

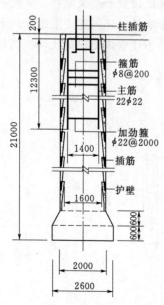

图 8.6　人工挖孔桩示例
（单位：mm）

挖孔桩主要适用于黏性土和地下水位较低的条件，最忌在含水砂层中施工，因易引起流沙塌孔，十分危险。

挖孔桩有很多优点：一是直观性，一方面能在开挖面直接鉴别和检验孔壁和孔底的直径及形状等，克服了地下工程的隐蔽性；二是干作业，挖土和浇灌混凝土都是在无水环境下进行，避免了泥水对桩身质量和承载力的影响；三是施工过程中对周围环境没有挤土影响；四是不必采用大型机械，造价较低。但挖孔桩的劳动条件较差，易发生工伤事故，若在降低地下水位后施工，应注意地下水位对周围环境的不良影响。

挖孔桩最适宜做大直径桩，能提供很高的单桩承载力，从而有可能做到柱下设单桩或墙下设单排桩。

8.1.4 桩及桩基础的构造要求

（1）桩基的最小中心距应符合表 8.2 的规定，当施工中采取减小挤土效应的可靠措施时，可根据当地经验适当减小。

表 8.2   桩 基 的 最 小 中 心 距

土类与成桩工艺		排数不少于 3 根且桩数不少于 9 根的摩擦型桩桩基	其他情况
非挤土灌注桩		3.0d	3.0d
部分挤土桩	非饱和土、饱和非黏性土	3.5d	3.0d
	饱和黏性土	4.0d	3.5d
挤土桩	非饱和土、饱和非黏性土	4.0d	3.5d
	饱和黏性土	4.5d	4.0d
钻、挖孔扩底桩		2D 或 $D+2.0$m（当 $D>2$m）	1.5D 或 $D+1.5$m（当 $D>2$m）
沉管夯扩、钻孔挤扩桩	非饱和土、饱和非黏性土	2.2D 且 4.0d	2.0D 且 3.5d
	饱和黏性土	2.5D 且 4.5d	2.2D 且 4.0d

注　1. d 为圆桩设计直径或方桩设计边长；D 为扩大端设计直径。

　　2. 当纵横向桩距不相等时，其最小中心距应满足"其他情况"一栏的规定。

　　3. 当为端承桩时，非挤土灌注桩的"其他情况"一栏可减小至 2.5d。

（2）扩底灌注桩（图 8.7）扩底尺寸应符合下列规定。

1）对于持力层承载力较高、上覆土层较差的抗压桩和桩端以上有一定厚度较好土层的抗拔桩，可采用扩底；扩底端直径与桩身直径之比 D/d，应根据承载力要求及扩底端侧面和桩端持力层土性特征以及扩底施工方法确定；挖孔桩的 D/d 不应大于 3，钻孔桩的 D/d 不应大于 2.5。

2）扩底端侧面的斜率应根据实际成孔及土体自立条件确定，a/h_c 可取 1/4～1/2，砂土可取 1/4，粉土、黏性土可取 1/3～1/2。

3）抗压桩扩底端底面宜呈锅底形，矢高 h_b 可取（0.15～0.20）D。

（3）排列桩基时，宜使桩群承载力合力点与竖向永久荷载作用点重合，并使桩基受水平力合力矩较大方向有较大抗弯截面模量。

（4）应选择较硬土层作为桩端持力层。桩端全断面进入持力层的深度，对于黏性土、粉土不宜小于 2d。当存在软弱下卧层时，桩端以下硬持力层厚度不宜小于 3d。

（5）对于嵌岩桩，嵌岩深度应综合荷载、上覆土层、基岩、桩径、桩长诸因素确定；对于嵌入倾斜、完整的和较完整全断面深度

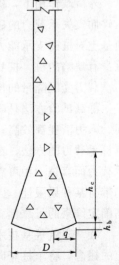

图 8.7　扩底桩构造

不宜小于 0.4d 且不小于 0.5m，倾斜度大于 30％的中风化岩，宜根据倾斜度及岩石完整性适当加大嵌岩深度；对于嵌入平整、完整的坚硬岩和较硬岩的深度不宜小于 0.2d，且不应小于 0.2m。

（6）预制桩的混凝土强度等级不宜低 C30，预应力混凝土实心桩的混凝土强度等级不应低于 C40，灌注桩桩身混凝土强度等级不得低于 C25，混凝土预制桩尖强度等级不得低于 C30。

（7）桩的主筋应经计算确定。采用锤击法沉桩时，预制桩的最小配筋率不宜小于 0.8％。采用静压法沉桩时，最小配筋率不宜小于 0.6％，灌注桩的最小配筋率不宜小于 0.2％～0.65％（小直径桩取高值）。

（8）配筋长度。

1）端承型桩和位于坡地、岸边的桩基应沿桩身等截面或变截面通常配筋。

2）摩擦型灌注桩配筋长度不应小于 2/3 桩长；当受水平荷载时，配筋长度还不应小于 4.0/α（α 为桩的水平变形系数）。

3）对于受地震作用的桩基，桩身配筋长度应穿过可液化土层和软弱土层，进入稳定土层的深度不应小于抗震设防区桩基的设计原则的有关规定。

4）受负摩阻力的桩，因先成桩后开挖基坑而随地基土回弹的桩，其配筋长度应穿过软弱土层并进入稳定土层，进入的深度不应小于（2～3）d。

5）抗拔桩及因地震作用、冻胀或膨胀力作用而受拔力的桩，应等截面或变截面通长配筋。

（9）承台及地下室周围的回填中，应满足填土密实性的要求。

8.2 桩 的 承 载 力

8.2.1 单桩竖向承载力

外荷载作用下，桩基础破坏大致可分为两类：①桩的自身材料强度不足，发生桩身被压碎而丧失承载力的破坏；②地基土对桩支承能力不足而引起的破坏。通常桩的承载力由地基土对桩的支承能力控制，桩身材料的强度得不到充分发挥，但对于端承桩、超长桩或桩身有缺陷的桩，桩身材料的强度就起着控制作用。另外，对沉降有特殊要求的结构，桩的承载力受沉降量的控制。

静载试验方法是确定单桩竖向承载力最可靠的方法，但由于单桩静载试验的费用、时间、人力消耗都较高，大量推广应用是不现实的。因此，应根据建筑物的重要性选择确定单桩承载力的方法，在可靠性与经济性之间合理选择。虽然单桩静载试验就评价试验桩的承载力而言是一种可靠性较高的方法，但因试桩数量很少，评价整栋建筑物桩基的承载力仍带有某种局限性。因此，对各类建筑物，均应采用多种方法综合分析确定承载力，以提高确定结果的可靠性。

在《建筑桩基技术规范》（JGJ 94—2008）中，桩基设计采用了单桩竖向承载力特征值的概念，将单桩竖向极限承载力标准值除以安全系数 K（K＝2），定义为单桩竖向承载力特征值；《建筑桩基技术规范》（JGJ 94—2008）对单桩竖向极限承载力标准值的确定规定如下。

（1）设计等级为甲级的建筑桩基，应通过单桩静载试验确定。

（2）设计等级为乙级的建筑桩基，当地基条件简单时，可参照地质条件相同的试桩资料，结合静力触探等原位测试和经验参数综合确定；其余均应通过单桩静载试验确定。

（3）设计等级为丙级的建筑桩基，可根据原位测试和经验参数确定。

上述规定明确了静载试验是确定单桩竖向承载力的基本标准，其他方法是静载试验的补充。

单桩竖向承载力特征值的确定应符合下列规定。

（1）单桩竖向承载力特征值应通过单桩竖向静载荷试验确定。在同一条件下的试桩数量，不宜少于总桩数的 1%，且不应少于 3 根。

当桩端持力层为密实砂卵石或其他承载力类似的土层时，对单桩承载力很高的大直径端承型桩，可采用深层平板载荷试验确定桩端土的承载力特征值。

（2）地基基础设计等级为丙级的建筑物，可采用静力触探及标贯试验参数确定承载力特征值。

（3）初步设计时，单桩竖向承载力特征值可按公式估算。

1. 静载试验法

（1）试验目的。在建筑工程现场实际工程地质条件下用与设计采用的工程桩规格尺寸完全相同的试桩，进行静载荷试验，直至加载破坏，确定单桩竖向极限承载力，并进一步计算出单桩竖向承载力特征值。

（2）试验准备。

1）在工地选择有代表性的桩位，将与设计工程桩完全相同截面与长度的试桩，沉至设计标高。

2）根据工程的规模、试桩的尺寸、地质情况、设计采用的单桩竖向承载力及经费情况确定加载装置。

3）筹备荷载与沉降的量测仪表。

4）从成桩到试桩需间歇的时间。在桩身强度达到设计要求的前提下，对于砂类土不应少于 10d；对于粉土和一般性黏土不应少于 15d；对于淤泥或淤泥质土中的桩不应少于 25d。用以消散沉桩时产生的孔隙水压力和触变等影响，才能反映真实的桩端承力与桩侧摩擦力的大小。

（3）试验加载装置。一般采用油压千斤顶加载，千斤顶反力装置常用下列形式。

1）锚桩横梁反力装置，见图 8.8（a）。试桩与两端锚桩的中心距不小于桩径，如果采用工程桩作为锚桩时，锚桩数量不得少于 4 根，并应检测试验过程中锚桩的上拔量。

2）压重平台反力装置，见图 8.8（b）。压重平台支墩边到试桩的净距不应小于 3 倍桩径，并大于 1.5m。压重量不得少于预计试桩荷载的 1.2 倍。

3）锚桩压重联合反力装置。当试桩最大加载量超过锚桩的抗拔能力时，可在横梁上放置一定重物，由锚桩和重物共同承担反力。

（4）荷载与沉降的量测。桩顶荷载量测有以下两种方法。

1）在千斤顶上安置应力环和应变式压力传感器直接测定，或采用连于千斤顶上的压

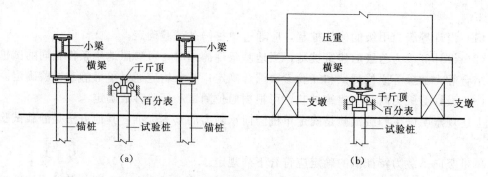

图 8.8 单桩静载荷试验的装置

(a) 锚桩横梁反力式；(b) 压重平台反力式

力表测定油压，根据千斤顶率定曲线换算荷载。

2）试桩沉降量测一般采用百分表或电子位移计。对于大直径桩应在其两个正交直径方向对称安装 4 个百分表；中小直径桩径可安装 2 或 3 个百分表。

（5）静载荷试验要点。

1）加载采用慢速维持荷载法，即逐级加载。加荷分级不应小于 8 级，每级加载量为预估极限荷载的 $1/10\sim1/8$。

2）测读桩沉降量的间隔时间。每级加载后，第 5min、10min、15min 读一次，累计 1h 后每隔 30min 读一次。

3）沉降相对稳定标准。在每级荷载下，桩的沉降量连续两次在每小时内小于 0.1mm 时可视为稳定。

4）终止加载条件。符合下列条件之一时可终止加载。

a. 当荷载—沉降（$Q\text{-}s$）曲线上有可判定极限承载力的陡降段，且桩顶总沉降量超过 40mm 时，如图 8.9（a）所示。

b. $\dfrac{\Delta s_{n+1}}{\Delta s_n}\geqslant 2$，$\Delta s_n$ 为第 n 级荷载的沉降增量；Δs_{n+1} 为第 $n+1$ 级荷载的沉降增量。且经 24h 尚未达到稳定，如图 8.9（b）所示。

c. 25m 以上的嵌岩桩，曲线呈缓变型时，桩顶总沉降量为 60～80mm，如图 8.9（c）

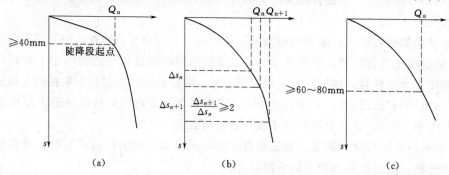

图 8.9 由 $Q\text{-}s$ 曲线确定极限荷载 Q

(a) 明显转折点法；(b) 沉降荷载增量比法；(c) 按沉降量取值法

所示。

d. 在特殊条件下，可根据具体要求加载至桩顶总沉降量大于 100mm。

e. 桩底支承在坚硬岩（土）层上，桩的沉降量很小时，最大加载量不应小于设计荷载的 2 倍。

5）卸载观测的规定。每级卸载值为加载值的 2 倍。卸载后隔 15min 测读一次，读两次后，隔 30min 再读一次，即可卸下一级荷载。全部卸载后，隔 3～4h 再测读一次。

（6）单桩竖向极限承载力的确定。单桩竖向极限承载力按下列方法确定。

1）作荷载—沉降（Q-s）曲线和其他辅助分析所需的曲线。

2）当陡降段明显时，取相应于陡降段起点的荷载值。

3）当 $\dfrac{\Delta s_{n+1}}{\Delta s_n} \geqslant 2$，且经 24h 尚未达到稳定时，取前一级荷载值。

4）Q-s 曲线呈缓变形时，取桩顶总沉降量 $s = 40$mm 所对应的荷载值，当桩长大于 40m 时，宜考虑桩身的弹性压缩。

5）当按上述方法判断有困难时，可结合其他辅助分析方法综合判定、对桩基沉降有特殊要求者，应根据具体情况选取。

（7）单桩竖向承载力特征值的确定。参加统计的试桩，当满足其极差不超过平均值的 30% 时，可取其平均值为单桩竖向极限承载力。极差超过平均值的 30% 时，宜增加试桩数量并分析离差过大的原因，结合工程具体情况确定极限承载力。

对桩数为 3 根及 3 根以下的柱下桩台，取最小值作为单桩竖向承载力极限值。

将单桩竖向极限承载力极限值除以安全系数 2，为单桩竖向承载力特征值 R_a。

2. 静力触探法

静力触探法依单桥探头和双桥探头分为两种。本书仅以后者为例进行简要说明。

根据双桥探头静力触探资料确定混凝土预制桩单桩竖向极限承载力标准值时，对于黏性土、粉土和砂土，如无当地经验时可按式（8.1）计算，即

$$Q_{uk} = u \sum l_i \beta_i f_{si} + \alpha q_c A_p \tag{8.1}$$

式中　f_{si}——桩侧第 i 层土的探头摩阻力平均值，当其值小于 5kPa 时，可取为 5kPa；

　　　q_c——桩端平面上、下的探头阻力平均值，取桩端平面以上 $4d$（d 为桩的直径或边长）范围内按土层厚度加权的探头阻力平均值，然后再与桩端平面以下 $1d$ 范围内的探头阻力进行平均；

　　　α——桩端阻力修正系数，对黏性土、粉土取 0.67，饱和砂土取 0.5；

　　　β_i——第 i 层土桩侧摩阻力综合修正系数，按下式计算。

对于黏性土、粉土，有

$$\beta_i = 10.04 (f_{si})^{-0.55}$$

对于砂土，有

$$\beta_i = 5.05 (f_{si})^{-0.45}$$

双桥探头的圆锥底面积为 15cm²，锥角 60°，摩擦套筒高 21.85cm，侧面积 300cm²。

3. 按土的物理指标确定单桩极限承载力标准值

静力学公式是根据桩侧摩阻力、桩端阻力与土层的物理力学状态指标的经验关系来确

定单桩竖向承载力。这种方法可用于初估单桩承载力特征值及桩数,在各地区各部门均有大量应用。

(1) 一般钢筋混凝土桩的单桩极限承载力标准值。根据土的物理指标与承载力参数之间的经验关系,确定单桩竖向极限承载力标准值时,可按式(8.2)计算,即

$$Q_{uk} = Q_{sk} + Q_{pk} = u \sum q_{sik} l_i + q_{pk} A_p \tag{8.2}$$

式中　Q_{uk}——单桩竖向极限承载力标准值;

　　　q_{sik}——桩侧第 i 层土的极限侧阻力标准值,如无当地经验值时,可按表 8.3 取值;

　　　q_{pk}——极限端阻力标准值,如无当地经验值时,可按表 8.4 取值;

　　　A_p——柱底端横截面面积;

　　　u——桩身周长;

　　　l_i——第 i 层岩土的厚度。

表 8.3　　　　　　桩的极限侧阻力 q_{sik} 标准值　　　　　　单位:kPa

土的名称	土的状态	混凝土预制桩	泥浆护壁钻(冲)孔桩	干作业钻孔桩
填土		22~30	20~28	20~28
淤泥		14~20	12~18	12~18
淤泥质土		22~30	20~28	20~28
黏土	$I_L > 1$	24~40	21~38	21~38
	$0.75 < I_L \leqslant 1.0$	40~55	38~53	38~53
	$0.50 < I_L \leqslant 0.75$	55~70	53~68	53~66
	$0.25 < I_L \leqslant 0.50$	70~86	68~84	66~82
	$0 < I_L \leqslant 0.25$	86~98	84~96	82~94
	$I_L \leqslant 0$	98~105	96~102	94~106
红黏土	$0.7 < a_w \leqslant 1$	13~32	12~30	12~30
	$0.5 < a_w \leqslant 0.7$	32~74	30~70	30~70
粉土	$e > 0.9$	26~46	24~42	24~42
	$0.75 \leqslant e \leqslant 0.9$	46~66	42~62	42~62
	$e < 0.75$	66~88	62~82	62~82
粉细砂	稍密	24~48	22~46	22~46
	中密	48~66	46~64	46~64
	密实	66~88	64~86	64~86
中砂	中密	54~74	53~72	53~72
	密实	74~95	72~94	72~94
粗砂	中密	74~95	74~95	76~98
	密实	95~116	95~116	98~120
砾砂	稍密	70~110	50~90	60~100
	中密(密实)	116~138	116~130	112~130
圆砾、角砾	中密、密实	160~200	135~150	135~150

土的名称	土的状态	混凝土预制桩	泥浆护壁钻（冲）孔桩	干作业钻孔桩
碎石、卵石	中密、密实	200~300	140~170	150~170
全风化软质岩	—	100~120	80~100	80~100
全风化硬质岩	—	140~160	120~140	120~150
强风化软质岩	—	160~240	140~200	140~220
强风化硬质岩	—	220~300	160~240	160~260

注 1. 对于尚未完成自重固结的填土和以生活垃圾为主的杂填土，不计算其侧阻力。

2. α_w 为含水比，$\alpha_w=w/w_l$，w 为土的天然含水量，w_l 为土的液限。

表 8.4 桩的极限端阻力 q_{pk} 标准值 单位：kPa

土名称	土的状态	桩型	混凝土预制桩桩长 l/m				泥浆护壁钻（冲）孔桩桩长 l/m				干作业钻孔桩桩长 l/m		
			$l\le9$	$9<l\le16$	$16<l\le30$	$l>30$	$5\le l<10$	$10\le l<15$	$15\le l<30$	$30\le l$	$5\le l<10$	$10l<15$	$15\le l$
黏性土	软塑	$0.75<I_L\le1$	210~850	65~1400	1200~1800	1300~1900	150~250	250~300	300~450	300~450	200~400	400~700	700~950
	可塑	$0.50<I_L\le0.75$	850~1700	1400~2200	1900~2800	2300~3600	350~450	450~600	600~750	750~800	500~700	800~1100	1000~1600
	硬可塑	$0.25<I_L\le0.50$	1500~2300	2300~3300	2700~3600	3600~4400	800~900	900~1000	1000~1200	1200~1400	850~1100	1500~1700	1700~1900
	硬塑	$0<I_L\le0.25$	2500~3800	3800~5500	5500~6000	6000~6800	1100~1200	1200~1400	1400~1600	1600~1800	1600~1800	2200~2400	2600~2800
粉土	中密	$0.75\le e\le0.9$	950~1700	1400~2100	190~2700	2500~3400	300~500	500~650	650~750	750~850	800~1200	1200~1400	1400~1600
	密实	$e<0.75$	1500~2600	2100~3000	2700~3600	3600~4400	650~900	750~950	900~1100	1100~1200	1200~1700	1400~1900	1600~2100
粉砂	稍密	$10<N\le15$	1000~1600	1500~2300	1900~2700	2100~3000	350~500	450~600	600~700	650~750	500~950	1300~1600	1500~1700
	中密、密实	$N>15$	1400~2200	2100~3000	3000~4500	3800~5500	600~750	750~900	900~1100	1100~1200		1700~1900	1700~1900
细砂	中密、密实	$N>15$	2500~4000	3600~5000	4400~6000	5300~7000	650~850	900~1200	1200~1500	1500~1800	1200~1600	2000~2400	2400~2700
中砂	中密、密实	$N>15$	4000~6000	5500~7000	6500~8000	7500~9000	850~1050	1100~1500	1500~1900	1900~2100	1800~2400	2800~3800	3600~4400
粗砂	中密、密实	$N>15$	5700~7500	7500~8500	8500~10000	9500~11000	1500~1800	2100~2400	2400~2600	2600~2800	2900~3600	4000~4600	4600~5200
砾砂	中密、密实	$N>15$	6000~9500		9000~10500		1400~2000		2000~3200		3500~5000		
角砾、圆砾		$N_{63.5}>10$	7000~10000		9500~11500		1800~2200		2200~3600		4000~5500		
碎石、卵石		$N_{63.5}>10$	8000~11000		10500~13000		2000~3000		3000~4000		4500~6500		

土名称	桩型		混凝土预制桩桩长 l/m				泥浆护壁钻（冲）孔桩桩长 l/m				干作业钻孔桩桩长 l/m		
土的状态			$l \leqslant 9$	$9 < l \leqslant 16$	$16 < l \leqslant 30$	$l > 30$	$5 \leqslant l < 10$	$10 \leqslant l < 15$	$15 \leqslant l < 30$	$30 \leqslant l$	$5 \leqslant l < 10$	$10 l < 15$	$15 \leqslant l$
全风化软质岩	全风化	$30 < N \leqslant 50$	4000～6000				1000～1600				1200～2000		
全风化硬质岩	全风化	$30 < N \leqslant 50$	5000～8000				1200～2000				1400～2400		
强风化软质岩	强风化	$N_{63.5} > 10$	6000～9000				1400～2200				1600～2600		
强风化硬质岩	强风化	$N_{63.5} > 10$	7000～11000				1800～2800				2000～3000		

注 1. 砂土和碎石类土中桩的极限端阻力取值，以综合考虑土的密实度，桩端进入持力层的深径比 h_b/d，土越密实，h_b/d 越大，取值越高。

2. 预制桩的岩石极限端阻力指桩端支撑于中、微风化基岩表面或进入强风化岩，软质岩一定深度条件下极限端阻力。

3. 全风化、强风化软质岩和全风化、强风化硬质岩及其母岩分别为 $f_{rk} \leqslant 15$MPa、$f_{rk} > 30$MPa 的岩石。

（2）大直径桩的单桩极限承载力标准值。大直径桩（$d \geqslant 800$mm）施工质量较易控制，尤其是人工挖孔桩更是如此。由于通常大直径桩置于较好持力层，又常用扩底。单桩静载荷试验的 Q-s 曲线一般呈缓变型。《建筑桩基技术规范》（JGJ 94—2014）依据 40 根大直径桩试桩资料，实测允许承载力取为按 $s = 15$mm 和 $s = 0.01D$（D 为桩端直径）的两种方法的试验允许承载力的平均值；由于侧阻力所占比例不大，故其极限端阻力取为实测允许端阻力的 2 倍，据此规定大直径桩单桩竖向极限承载力标准值按式（8.3）计算，即

$$Q_{uk} = Q_{sk} + Q_{pk} = U \sum \psi_{si} q_{sik} l_i + \psi_p q_{pk} A_p \tag{8.3}$$

式中　q_{sik}——桩侧第 i 层土的极限侧阻力标准值，如无当地经验，可按表 8.3 取值，对于扩底桩变截面以上 $2d$ 长度范围内不计侧阻力；

q_{pk}——桩径 800mm 的极限端阻力标准值，对于干作业挖孔（清底干净）可采用深层载荷板试验确定；当不能进行深层载荷板试验时，可按表 8.5 取值；

ψ_{si}、ψ_p——大直径桩侧阻、端阻尺寸效应系数，按表 8.6 取值。

4. 桩身材料验算

钢筋混凝土轴心受压桩正截面受压承载力应符合下列规定。

（1）当桩顶以下 $5d$ 范围的桩身螺旋式箍筋间距不大于 100mm，且符合《建筑桩基技术规范》（JGJ 94—2014）第 4.1.1 的规定时，有

$$N = \psi_c f_c A_{ps} + 0.9 f'_y A'_s \tag{8.4}$$

（2）当桩身配筋不符合上述规定时，有

$$N \leqslant \psi_c f_c A_{ps} \tag{8.5}$$

式中　N——荷载效应基本组合下的桩顶轴心压力设计值；

ψ_c——成桩工艺系数；对于混凝土预制桩、预应力混凝土空心桩：$\psi_c = 0.85$；干作业非挤土灌注桩：$\psi_c = 0.90$；泥浆护壁和套管护壁非挤土灌注桩、部分挤土灌注桩、挤土灌注桩：$\psi_c = 0.7 \sim 0.8$；软土地区挤土灌注桩：$\psi_c = 0.6$。

f_c——混凝土轴心抗压强度设计值；

f'_y——纵向主筋抗压强度设计值；

A_{ps}——桩身断面积；

A'_s——纵向主筋截面面积。

表8.5　　　　　干作业（清底干净，$D=800mm$）极限端阻力 q_{pk} 值　　　　单位：kPa

土　名　称		状　态		
黏性土		$0.25<I_L\leqslant0.75$	$0<I_L\leqslant0.25$	$I_L\leqslant0$
		$800\sim1800$	$1800\sim2400$	$2400\sim300$
粉土		—	$0.75\leqslant e\leqslant0.9$	$e<0.75$
		—	$1000\sim1500$	$1500\sim2000$
砂土、碎石类土		稍密	中密	密实
	粉砂	$500\sim700$	$800\sim1100$	$1200\sim2000$
	细砂	$700\sim1100$	$1200\sim1800$	$2000\sim2500$
	中砂	$1000\sim2000$	$2200\sim3200$	$3500\sim5000$
	粗砂	$1200\sim2200$	$2500\sim3500$	$4000\sim5500$
	砾砂	$1400\sim2400$	$2600\sim4000$	$5000\sim7000$
	圆砾、角砾	$1600\sim3000$	$3200\sim4000$	$6000\sim9000$
	卵石、碎石	$2000\sim3000$	$3300\sim5000$	$7000\sim11000$

表8.6　　　　　大直径桩侧阻、端阻尺寸效应系数 ψ_{si} 和 ψ_p

土类型	黏性土、粉土	砂土、碎石类土
ψ_{si}	$(0.8/d)^{1/5}$	$(0.8/d)^{1/3}$
ψ_p	$(0.8/D)^{1/4}$	$(0.8/D)^{1/3}$

注　当为等直径桩时，$D=d$。

【例8.1】　根据静载荷试验结果确定单桩的竖向承载力。

条件：某工程为混凝土灌注桩。

在建筑场地现场已进行的 3 根桩的静载荷试验（$\phi377mm$ 的振动沉管灌注桩），其报告提供根据有关曲线确定桩的极限承载力标准值分别为 595kN、600kN、625kN。

要求：确定单桩竖向极限承载力特征值 R_a。

【解】　由静载荷试验得出单桩的竖向极限承载力，3 次试验的平均值为

$$Q_{um}=\frac{590+605+620}{3}=605(kN)$$

极差 $=620-590=30(kN)<605\times30\%=181.5(kN)$

故取　　　　　　　　$Q_{uk}=Q_{um}=605(kN)$

$$R_a=\frac{Q_{uk}}{2}=\frac{605}{2}=302.5(kN)$$

【例8.2】　某预制桩截面尺寸为 $500mm\times500mm$，桩长 15m，依次穿越：厚度 $h_1=4m$、液性指数 $I_1=0.85$ 的黏土层；厚度 $h_2=5m$、孔隙比 $e=0.805$ 的粉土层和厚度 $h_3=4m$、中密的

粉细砂层,进入密实的中砂层3m,假定承台埋深1.5m。试确定该预制桩的极限承载力标准值。

【解】 由表8.3查得桩的极限侧阻力标准值 q_{sik} 为

黏土层:$q_{sik}=40\sim55$kPa,取 $q_{sik}=50$kPa。

粉土层:$q_{sik}=46\sim66$kPa,取 $q_{sik}=54$kPa。

粉细砂层:$q_{sik}=48\sim66$kPa,取 $q_{sik}=54$kPa。

中砂层:$q_{sik}=74\sim95$kPa,取 $q_{sik}=85$kPa。

由表8.4查得桩的极限端阻力标准值 q_{pk} 为 $5500\sim7000$kPa,取 $q_{pk}=6000$kPa。

故单桩竖向极限承载力标准值为

$$Q_{uk}=Q_{sk}+Q_{pk}=u_p\sum q_{sik}l_i+q_{pk}A_p$$

$$=4\times0.5\times(50\times2.5+54\times5.0+54\times4.0+85\times3.5)+0.5\times0.5\times6000$$

$$=1817+1500$$

$$=3317(\text{kPa})$$

8.2.2 单桩水平承载力

根据桩的入土深度,桩侧土软硬程度以及桩受力分析方法,桩可分为长桩、中长桩与短桩3种类型,其中短桩为刚性桩,而长桩及中长桩属于弹性桩。

作用于桩基上的水平荷载主要有挡土结构物上的土及水压力、拱结构拱脚水平推

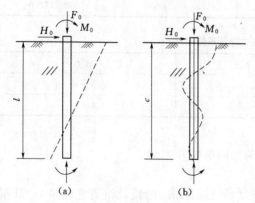

图8.10 单桩水平受力与变形情况
(a) 刚性桩;(b) 弹性桩

力、厂房吊车制动力、风力及水平地震惯性力等。水平荷载作用下桩身的水平位移按刚性桩与弹性桩考虑有较大差别,当地基土比较松软而桩长较小时,桩的相对抗弯刚度大,故桩体如刚性体一样绕桩体或土体某一点转动,如图8.10(a)所示。当桩前方土体受到桩侧水平挤压应力作用而达到屈服破坏时,桩体的侧向变形迅速增大甚至倾覆,失去承载作用。图8.10(b)所示为弹性桩的受力变形情况。这种情况下,桩的入土深度较大而桩周土比较硬,桩身产生弹性挠曲变形。随着水平荷载的增加,桩侧土的屈服由上向下发展,但不会出现全范围内的屈服。当水平位移过大时,可因桩体开裂而造成破坏。

单桩水平承载力取决于桩的材料与断面尺寸、入土深度、土质条件及桩顶约束条件等因素。单桩极限水平承载力特征值应满足两个方面条件,即:①桩侧土不因为水平位移过大而造成塑性挤出、丧失对桩的水平约束作用,故桩的水平位移应较小,使桩长范围内大部分桩侧土处于弹性变形阶段;②对于桩身而言,或不允许开裂、或限制开裂宽度并在卸载后裂缝闭合,使桩身处于弹性工作状态的假定不致导致过大的误差。

桩的水平承载力一般通过现场载荷试验确定,也可用理论方法估算。

8.2.3　单桩抗拔承载力

桩基础承载受上拔力的结构类型较多，主要有高压输电线路铁塔、高耸建筑物（如电视塔等）、受地下水浮力的地下结构物（如地下室、水池、深井泵房、车库等）、水平荷载作用下出现上拔力的结构物以及膨胀土地基上建筑物等。

一般来讲，桩在承受上拔荷载后，其抗力可来自，即桩侧摩阻力、桩重以及有扩大端头桩的桩端阻力 3 个方面。其中对直桩来讲，桩侧摩阻力是最主要的。抗拔桩一般以抗拔静载试验确定单桩抗拔承载力，重要工程均应进行现场抗拔试验。对次要工程或无条件进行抗拔试验时，实用上可按经验公式估算单桩抗拔承载力。

8.2.4　群桩竖向承载力

1. 群桩的特点

当建筑物上部荷载远大于单桩承载力时，通常由多根桩组成群桩共同承受上部荷载，群桩的受力情况与承载力计算是否与单桩完全相同，由图 8.11 加以说明。

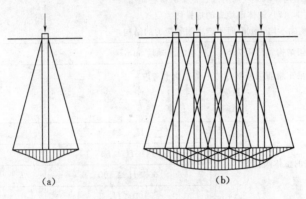

图 8.11　摩擦桩应力传递
（a）单桩受力；（b）群桩受力

图 8.11（a）所示为单桩受力情况，桩顶轴向荷载 N 由桩端阻力与桩周摩擦力共同承受。图 8.11（b）所示为群桩受力情况，同样每根桩的桩顶轴向荷载由桩端阻力与桩周摩擦力共同承担，但因桩距小，桩间摩擦力不能充分发挥作用，同时在桩端产生应力叠加，因此群桩的承载力小于单桩承载力与桩数的乘积。

群桩承载力验算应按荷载效应标准组合取值与承载力特征进行比较。

除了端承桩基外，对于群桩效应较强的桩基，应验算软弱下卧层的地基承载力，可把桩群连同所围土体作为一个实体深基础来分析。

2. 桩基软弱下卧层验算

当桩端持力层下存在软弱下卧层时，必须验算其强度是否满足。此时桩基作为实体深基础，假设作用于桩基的竖向荷载全部传到持力层顶面，并作用于桩群外包线所围的面积上，该荷载以 α 角扩散到软弱下卧层顶面，对软弱下卧层顶面处的承载能力进行验算。

3. 群桩沉降的计算及变形验算

现有群桩沉降计算方法主要有以下两类：①分层总和法；②明德林-盖得斯法。详见有关资料。

桩基变形验算，应采用荷载效应准永久组合，不计入风荷载与地震作用。

对于各种桩基础，其变形主要有 4 种类型，即沉降量、沉降差、倾斜及水平侧移。这些变形特征均应满足结构物正常使用所确定的限量值要求，即

$$\Delta \leqslant [\Delta] \tag{8.6}$$

式中　Δ——桩基变形特征计算值；

　　　$[\Delta]$——桩基变形特征允许值。

《建筑桩基技术规范》（JGJ 94—2008）规定建筑物桩基变形允许值见表 8.7。

表 8.7　　　　　　　　　　　　建筑物桩基变形允许值

变　形　特　征		允许值
砌体承重结构基础的局部倾斜		0.002
各类建筑相邻柱基的沉降差 （1）框架结构、框架—剪力墙、框架—核心筒结构 （2）砌体墙填充的边排柱 （3）当基础不均匀沉降时不产生附加应力的结构		$0.002l_0$ $0.0007l_0$ $0.005l_0$
单层排架结构（柱距为 6m）柱基的沉降量/mm		120
桥式吊车轨面的倾斜（按不调整轨道考虑） 纵向 横向		0.004 0.003
多层和高层建筑的整体倾斜	$H_g \leqslant 24$	0.004
	$24 < H_g \leqslant 60$	0.003
	$60 < H_g \leqslant 100$	0.0025
	$100 < H_g$	0.002
高耸结构桩基的整体倾斜	$H_g \leqslant 20$	0.008
	$20 < H_g \leqslant 50$	0.006
	$50 < H_g \leqslant 100$	0.005
	$100 < H_g \leqslant 150$	0.004
	$150 < H_g \leqslant 200$	0.003
	$200 < H_g \leqslant 250$	0.002
高耸结构基础的沉降量/mm	$H_g \leqslant 100$	350
	$100 < H_g \leqslant 200$	250
	$200 < H_g \leqslant 250$	150
体型简单的剪力墙结构高层建筑 桩基最大沉降量/mm	—	200

注　l_0 为相邻柱（墙）两测点间距离；H_g 为自室外地面起算的建筑高度（m）。

8.3　桩 基 础 设 计

桩基的设计应满足两方面的要求：①在外荷载的作用下，桩与地基之间的相互作用能

保证有足够的竖向（抗拔或抗压）或水平承载力；②桩基的沉降（或沉降差）、水平位移及桩身挠曲在允许范围内。同时，还应考虑技术和经济上的合理性与可行性。一般桩基设计按下列步骤进行。

(1) 调查研究、收集相关的设计资料。

(2) 根据工程地质勘探资料、荷载、上部结构的条件要求等确定桩基持力层。

(3) 选定桩材、桩型、尺寸，确定基本构造。

(4) 计算并确定单桩承载力。

(5) 根据上部结构及荷载情况，初拟桩的平面布置和数量。

(6) 根据桩的平面布置拟定承台尺寸和底面高程。

(7) 桩基础验算。

(8) 桩身、承台结构设计。

(9) 绘制桩基（桩和承台）的结构施工图。

8.3.1 设计资料的收集

在进行桩基设计之前，应进行深入的调查研究，充分掌握相关的原始资料，包括：①建筑物上部结构的类型、尺寸、构造和使用要求以及上部结构的荷载；②符合国家现行规范规定的工程地质勘探报告和现场勘察资料；③当地建筑材料的供应及施工条件（包括沉桩机具、施工方法、施工经验等）；④施工场地及周围环境（包括交通、进出场条件、有无对振动敏感的建筑物、有无噪声限制等）。

8.3.2 桩型、桩断面尺寸及桩长的选择

1. 桩型的选择

桩型的选择应综合考虑上部结构荷载的大小及性质、工程地质条件、施工条件等多方面因素，选择经济合理、安全适用的桩型和成桩工艺，充分利用各桩型的特点来适应建筑物的安全、经济及工期等方面的要求。

2. 断面尺寸的选择

如采用混凝土灌注桩、断面尺寸均为圆形，其直径一般随成桩工艺有较大变化。对于沉管灌注桩，直径一般为 $300\sim500\text{mm}$；对钻孔灌注桩，直径多为 $500\sim1200\text{mm}$；对扩底钻孔灌注桩，扩底直径一般为桩身直径的 $1.5\sim2$ 倍。混凝土预制桩断面常用方形，边长一般不超过 550mm。

3. 桩长的选择

桩长的选择与桩的材料、施工工艺等因素有关，但关键在于选择桩端持力层。一般应选择较硬土层作为桩端持力层。桩端全截面进入持力层的深度，对于黏性土、粉土，不宜小于 $2d$，对于砂土，不宜小于 $1.5d$，对于碎石类土，不宜小于 $1d$。当存在软弱下卧层时，桩基以下硬持力层厚度不宜小于 $3d$。嵌岩桩周边嵌入倾斜、完整的和较完整岩的全断面深度不宜小于 $0.4d$ 且不小于 0.5m，桩底以下 3 倍桩径范围内应无软弱夹层、断裂带、洞穴或空隙，在桩端应力扩散的范围内无岩体临空现象。摩擦桩桩长的确定与桩基的承载力和沉降量有关，因此在确定桩长时，应综合考虑桩基的承载力和沉降量。桩的实际长度应包括桩尖及嵌入承台的长度。桩端下土层的厚度对保证桩端提供可行的承载力有重要意义。

在选择桩长时还应该注意对同一建筑物尽量采用同一类型的桩，尤其不应同时使用端

承桩和摩擦桩。除落于斜岩面上的端承桩外，桩端标高之差不宜超过相邻桩的中心距；对于摩擦型桩，在相同土层中不宜超过桩长的 1/10。

对于楼层高、荷载大的建筑物，宜采用大直径桩，尤其是大直径人工挖孔桩较为经济实用。

如已选择的桩长不能满足承载力或变形等方面的要求，可考虑适当调整桩的长度，必要时需调整桩型、断面尺寸及成桩工艺等。

8.3.3 确定单桩承载力

根据结构物对桩功能要求及荷载特性，需明确单桩承载力的类型，如抗压、抗拔及水平受荷等，并根据确定承载力的具体方法及有关规范要求给出单桩承载力特征值。按照上部结构和使用功能的要求可以确定承台底面的埋深，而桩的持力层和入土深度已经选定，于是桩的有效长度便确定了。根据桩周与桩底土层情况，即可利用规范经验方法或静力触探资料初步估算单桩承载力。对于重要的或用桩量很大的工程，应按规范规定通过一定数量的静载试验确定单桩承载力，作为设计的依据。

8.3.4 桩的数量计算及桩的平面布置

1. 桩的数量计算

对于承受竖向中心荷载的桩基，可按式（8.7）计算桩数 n，即

$$n \geqslant \frac{F_k + G_k}{R_a} \tag{8.7}$$

式中　F_k——相应于荷载效应标准组合时作用于桩基承台顶面的竖向力；

G_k——桩基承台自重及承台上土自重标准值；

R_a——单桩竖向承载力特征值；

n——桩基中的桩数。

对于承受竖向偏心荷载的桩基，各桩受力不均匀，先按式（8.8）估算桩数，待桩布置完以后，再根据实际荷载（复合荷载）确定受力最大的桩，并验算其竖向承载力，最后确定桩数。

$$n \geqslant \mu \frac{F_k + G_k}{R_a} \tag{8.8}$$

式中　μ——桩基偏心增大系数，通常取 1.1～1.2。

2. 桩的平面布置

（1）桩的中心距。通常桩的中心距宜取（3～4）d（桩径），且不小于表 8.2 有关要求。中心距过小，桩施工时互相影响大；中心距过大，桩承台尺寸太大，不经济。

（2）桩的平面布置。根据桩基的受力情况，桩可采用多种形式的平面布置。如等间距布置、不等间距布置以及正方形、矩形网格，三角形、梅花形等布置形式。布置时，应尽量使用上部荷载的中心与桩群的中心重合或接近，以使桩基中各桩受力比较均匀。对于柱基，通常布置成梅花形或行列式。对于条形基础，通常布置成"一"字形，小型工程一排桩，大中型工程两排桩；对于烟囱、水塔基础通常布置成圆环形。桩离桩承台边缘的净距应不小于 $d/2$。

8.3.5 桩基础验算

1. 单桩受力验算

（1）轴心竖向力作用下，有

$$Q_k = \frac{F_k + G_k}{n} \leqslant R_a \tag{8.9}$$

式中　F_k——相应于荷载效应标准组合时，作用于桩基承台顶面的竖向力；

　　　G_k——桩基承台自重及承台上土自重标准值；

　　　n——桩基中的桩数。

　　　Q_k——相应于荷载效应标准组合轴心竖向力作用下任一单桩的竖向力；

　　　R_a——单桩竖向承载力特征值。

（2）偏心竖向力作用下，有

$$Q_{ik} = \frac{F_k + G_k}{n} \pm \frac{M_{xk} y_i}{\sum y_i^2} \pm \frac{M_{yk} x_i}{\sum x_i^2} \tag{8.10}$$

式中　Q_{ik}——相应于荷载效应标准组合偏心竖向力作用下第 i 根桩的竖向力；

M_{xk}、M_{yk}——相应于荷载效应标准组合时作用于承台底面通过桩群形心的 x、y 轴的力矩；

　　x_i、y_i——桩 i 至桩群形心的 y、x 轴线的距离。

　　在 Q_{ik} 中的最大值 $Q_{ik\max}$，应满足

$$Q_{ik\max} \leqslant 1.2 R_a \tag{8.11}$$

　　若不能满足式（8.11）要求，则需重新确定桩的数量 n，并进行验算，直至满足要求为止。

　　一般情况下，Q_{ik} 中的最小值 $Q_{ik\min}$，若为拉力，则有

$$Q_{ik\min} \leqslant T_a \tag{8.12}$$

式中　T_a——单桩抗拔承载力特征值。

　　（3）桩基承受水平荷载时，桩基中各桩桩顶水平位移相等，故各桩桩顶所受水平荷载可按各桩弯曲刚度进行分配。当桩材料与断面面积相同时，应满足

$$H_{ik} = \frac{H_k}{n} \leqslant R_{ha} \tag{8.13}$$

式中　H_k——相应于荷载效应标准组合时，作用于承台底面的水平力；

　　　H_{ik}——相应于荷载效应标准组合时，作用于任一单桩的水平力；

　　　R_{ha}——单桩水平承载力特征值。

　　2. 群桩承载力与变形验算

　　略。

8.3.6　桩身结构设计

　　1. 钢筋混凝土预制桩

　　设计时应分析桩在吊运、沉桩和承载各阶段的受力状况并验算桩身内力，按偏心受压柱或按受弯构件进行配筋。一般设 4 根（截面边长 $a < 300$mm）或 8 根（$a = 350 \sim 550$mm）主筋，主筋直径为 $12 \sim 25$mm。配筋率一般为 1% 左右，最小不得低于 0.8%。箍筋直径为 $6 \sim 8$mm。间距不大于 200mm。桩身混凝土的强度等级一般不低于 C30。

　　桩在吊运过程中的受力状态与梁相同。一般按两支点（桩长 $L < 18$m 时）或三支点（桩长 $L > 18$m 时）起吊和运输。在打桩架下竖起时，按一点吊立，吊点的位置应使桩身在自重下产生正负弯矩相等。按受弯构件计算，考虑到在吊运过程中可能受到的冲撞和振

动影响，而采取的动力系数，一般取 $K=1.5$。按吊运过程中引起的内力对上述配筋进行验算。通常情况下它对桩的配筋起决定作用。

打入桩在沉桩过程中产生的锤击应力（压、拉）和冲击疲劳容易使桩顶附近产生裂损，故应加强构造配筋，在桩顶 2500～3000mm 范围内将箍筋加密（间距 50～100mm），并且在桩顶放置三层钢筋网片。在桩尖附近应加密箍筋，并将主筋集中焊在一根粗的圆钢上形成坚固的尖端以利破土下沉。

2. 灌注桩

灌注桩结构设计主要考虑承载力条件。灌注桩的混凝土强度等级一般不得低于 C25。

灌注桩按偏心受压柱或受弯构件计算，若经计算表明桩身混凝土强度满足要求时，桩身可不配受压钢筋，只需在桩顶设置插入承台的构造钢筋。轴心受压桩主筋的最小配筋率不宜小于 0.2%，受弯时不宜小于 0.4%。当桩周上部土层软弱或为可液化土层时，主筋长度应超过该土层底面。抗拔桩应全长配筋。

灌注桩的混凝土保护层厚度不宜小于 35mm，水下浇筑时不得小于 50mm。箍筋宜采用焊接环式或螺旋箍筋，直径不小于 6mm，间距为 200～300mm。每隔 2m 设一道加劲箍筋。

8.3.7 承台设计

承台设计应包括确定承台的形状、尺寸、高度及配筋等，必须进行局部受压、受剪和受弯承载力的验算，并应符合构造要求。

1. 构造要求

桩承台的宽度不应小于 500mm。边桩中心至承台边缘的距离不宜小于桩的直径或边长，且桩的外缘至承台边缘的距离不小于 150mm。对于条形承台梁，桩的外边缘至承台梁边缘的距离不小于 75mm。承台的最小厚度不应小于 300mm。

承台的配筋，对于矩形承台，其钢筋应按双向均匀通长布置，见图 8.12（a），钢筋直径不宜小于 12mm，间距不宜大于 200mm；对于三桩承台，钢筋应按三向板带均匀布置，且最里面的 3 根钢筋围成的三角形应在柱截面范围内，见图 8.12（b）；承台梁的主筋除满足计算要求外，尚应符合最小配筋率的要求，主筋直径不宜小于 12mm，架立筋不宜小于 10mm，箍筋直径不宜小于 6mm，见图 8.12（c）。

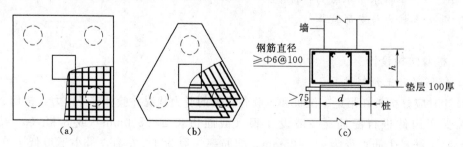

图 8.12 承台配筋示意图

（a）矩形承台配筋；（b）三桩承台配筋；（c）承台梁

承台纵向钢筋的混凝土保护层厚度不应小于 70mm，当有混凝土垫层时，不应小于 50mm。

2. 承台板正截面受弯承载力验算

多桩（如 6 根以上）矩形承台的弯矩计算截面取在柱边和承台厚度突变处（杯口外侧或台阶边缘），如图 8.13 所示，两个方向的正截面弯矩表达式分别为

$$M_x = \sum N_i y_i \tag{8.14}$$

$$M_y = \sum N_i x_i \tag{8.15}$$

式中　M_x、M_y——垂直 y 轴和 x 轴方向计算截面处的弯矩设计值；

　　　　x_i、y_i——垂直 y 轴和 x 轴方向自桩轴线相应计算截面的距离；

　　　　N_i——扣除承台和其上填土自重后相应于荷载效应基本组合时的第 i 桩竖向力设计值。

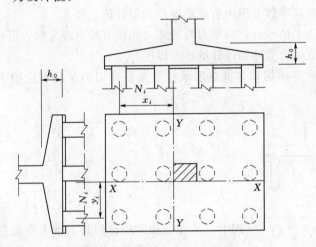

图 8.13　承台弯矩计算示意图

3. 承台板的冲切验算

承台板的冲切有两种情况，分别缘起于桩底竖向力和柱顶竖向力。

（1）柱对承台的冲切，可按下列公式计算冲切承载力，如图 8.14 所示。

$$F_1 \leqslant 2[\beta_{0x}(b_c + a_{0y}) + \beta_{0y}(h_c + a_{0x})]\beta_{hp} f_t h_0 \tag{8.16}$$

$$F_1 = F - \sum N_i \tag{8.17}$$

$$\beta_{0x} = \frac{0.84}{\lambda_{0x} + 0.2}$$

$$\beta_{0y} = \frac{0.84}{\lambda_{0y} + 0.2}$$

式中　F_1——扣除承台及其上填土自重，作用在冲切破坏锥体上相应于荷载效应基本组合的冲切力设计值，冲切破坏锥体应采用自柱边或承台弯阶处至相应桩顶

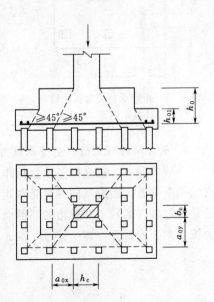

图 8.14　柱对承台的冲切计算示意图

边缘连线构成的锥体，锥体与承台底面的夹角不小于 $45°$；

h_0——冲切破坏锥体的有效高度；

β_{hp}——受冲切承载力截面设计影响系数，其值按本规范规定取值；

β_{0x}、β_{0y}——冲切系数；

λ_{0x}、λ_{0y}——冲跨比，$\lambda_{0x}=a_{0x}/h_0$、$\lambda_{0y}=a_{0y}/h_0$、a_{0x}，a_{0y} 为柱边变阶处至柱边的水平距离；当 $a_{0x}(a_{0y}) < 0.2h_0$ 时，$a_{0x}(a_{0y})=0.2h_0$；当 $a_{0x}(a_{0y}) > h_0$ 时，$a_{0x}(a_{0y})=h_0$；

f_t——承台混凝土抗拉强度设计值；

F——不计承台及其上土重，在荷载效应基本组合作用下柱（墙）底的竖向荷载设计值；

$\sum N_i$——冲切破坏锥体范围内各桩的净反力设计值之和。

对中低压缩性土上的承台，当承台与地基之间没有脱空现象时，可根据地区经验适当减小柱下桩基础独立承台受冲切计算的承台厚度。

（2）角桩对承台的冲切，多桩矩形承台受角桩冲切的承载力应按下列公式计算（图 8.15），即

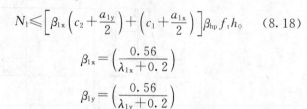

$$N_1 \leqslant \left[\beta_{1x}\left(c_2+\frac{a_{1y}}{2}\right) + \left(c_1+\frac{a_{1x}}{2}\right) \right]\beta_{hp}f_t h_0 \qquad (8.18)$$

$$\beta_{1x}=\left(\frac{0.56}{\lambda_{1x}+0.2}\right)$$

$$\beta_{1y}=\left(\frac{0.56}{\lambda_{1y}+0.2}\right)$$

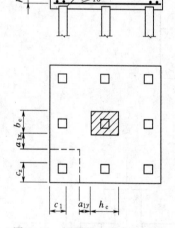

式中 N_1——扣除承台和其上填土自重后的角桩桩顶相当于荷载效应基本组合时的竖向力设计值；

β_{1x}、β_{1y}——角桩冲切系数；

λ_{1x}、λ_{1y}——角桩冲跨比，其值满足 $0.2 \sim 1.0$，$\lambda_{1x}=a_{1x}/h_0$，$\lambda_{1y}=a_{1y}/h_0$。

c_1、c_2——从角桩内边缘至承台外边缘的距离；

a_{1x}、a_{1y}——从承台底角桩内边缘引 $45°$ 冲切线与承台顶面或承台变阶处相交点至角桩内边缘的水平距离；

h_0——承台外边缘的有效高度。

图 8.15 矩形承台受角桩冲切计算示意图

4. 承台板的斜截面积受剪承载力验算

一般情况下，独立桩基承台板作为受弯构件，验算斜截面受剪承载力必须考虑互相正交的两个截面；当桩基同时承受弯矩时，则应取与弯矩作用面相交的斜截面作为验算面，通常以过柱（墙）边和桩边的斜截面作为剪切破坏面，如图 8.16 所示。斜截面受剪承载力按下列公式验算，即

$$V \leqslant \beta_{hs}\alpha f_t b_0 h_0 \qquad (8.19)$$

$$\alpha=\frac{1.75}{\lambda+1}$$

$$\beta_{hs} = \left(\frac{800}{h_0}\right)^{1/4}$$

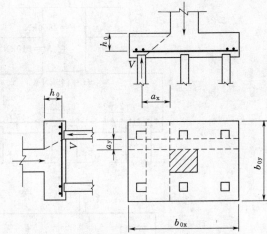

式中 V——扣除承台及其上填土自重后相应于荷载效应基本组合时斜截面的最大剪力设计值；

     b_0——承台计算截面处的计算宽度。阶梯形承台变阶处的计算宽度、锥形承台的计算宽度应按本规范附录确定；

     h_0——计算宽度处的承台有效高度；

     α——剪切系数；

     β_{hs}——受剪切承载力截面高度影响系数，板的有效高度 $h_0 <$

图 8.16   承台斜截面受剪计算示意图

800mm 时，h_0 取 800mm；$h_0 >$ 2000mm 时，h_0 取 2000mm；

     λ——计算截面的剪跨比，$\lambda_x = \dfrac{a_x}{h_0}$，$\lambda_y = \dfrac{a_y}{h_0}$。$a_x$、$a_y$ 为柱边或承台变阶处至 x、y 方向计算一排桩的桩边水平距离，当 $\lambda < 0.25$，取 $\lambda = 0.25$；当 $\lambda > 3$ 时，取 $\lambda = 3$。

5. **局部承压验算**

当承台的混凝土强度等级低于柱或桩的混凝土强度等级时，尚应验算柱下或桩上承台的局部受压承载力。

6. **承台之间的连接**

（1）单桩承台，宜在两个互相垂直的方向上设置联系梁。

（2）两桩承台，宜在其短方向设置联系梁。

（3）有抗震要求的柱下独立承台，宜在两个主轴方向设置联系梁。

（4）联系梁顶面宜与承台位于同一标高。联系梁的宽度不应小于 250mm，梁的高度可取承台中心距的 1/15～1/10。

（5）联系梁的主筋应按计算要求确定。联系梁内上、下纵向钢筋直径不应小于 12mm 且不应少于两根，并应按受拉要求锚入承台。

【**例 8.3**】 桩基承台的承载力验算。

条件：某二级建筑桩基如图 8.17 所示，柱截面尺寸为 450mm×600mm，作用在基础顶面的荷载设计值为：$F = 2800$kN，$M = 210$kN·m（作用于长边方向），$H = 145$kN，采用截面为 350mm×350mm 的预制混凝土方桩，承台长边和短边为：$a = 2.8$m，$b = 1.75$m，承台埋深 1.3m，承台高 0.8m，桩顶伸入承台 50mm，钢筋保护层取 40mm，承台有效高度为

$$h_0 = 0.8 - 0.050 - 0.040 = 0.710(\text{m}) = 710(\text{mm})$$

承台混凝土强度等级为 C20，配置 HRB335 级钢筋。

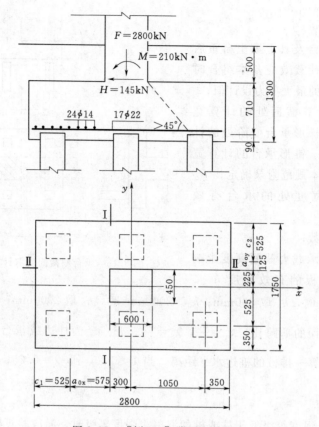

图 8.17　[例 8.3] 附图（单位：mm）

要求：验算承台承载力。

【解】　（1）计算柱顶荷载设计值。取承台及其上土的平均重度 $\gamma_G = 20 \text{kN/m}^3$，则桩顶平均竖向力设计值为

$$N = \frac{F+G}{n} = \frac{2800 + 1.2 \times 20 \times 2.8 \times 1.75 \times 1.3}{6} = 492.1 (\text{kN})$$

$$N_{\min}^{\max} = N \pm \frac{(M+Hh)x_{\max}}{\sum x_i^2} = 492.1 \pm \frac{(210+145 \times 0.8) \times 1.05}{4 \times 1.05^2}$$

$$= 492.1 \pm 77.6 = \frac{569.7}{414.5} (\text{kN})$$

（2）承台受弯承载力计算。

$$x_i = 1050 - \frac{600}{2} = 750 (\text{mm}) = 0.75 (\text{m})$$

$$y_i = 525 - \frac{450}{2} = 300 (\text{mm}) = 0.3 (\text{m})$$

由公式可得

$$M_x = \sum N_i y_i = 3 \times 492.1 \times 0.3 = 442.89 (\text{kN} \cdot \text{m})$$

$$A_s = \frac{M_x}{0.9 f_y h_0} = \frac{442.89 \times 10^6}{0.9 \times 300 \times 710} = 2310 (\text{mm}^2)$$

选用 22 Φ 12，$A_s = 2488\text{mm}^2$。

$$M_y = \sum N_i x_i = 2 \times 569.7 \times 0.75 = 854.55 (\text{kN} \cdot \text{m})$$

$$A_s = \frac{M_y}{0.9 f_y h_0} = \frac{854.55 \times 10^6}{0.98 \times 300 \times 710} = 4458 (\text{mm}^2)$$

选用 14 Φ 20，$A_s = 4398\text{mm}^2$。

（3）承台受冲切承载力验算。

1）柱对承台的冲切。

$$\lambda_{0x} = \frac{a_{0x}}{h_0} = \frac{0.575}{0.710} = 0.810 < 1.0$$

$$\beta_{0x} = \frac{0.84}{\lambda_{0x} + 0.2} = \frac{0.84}{0.84 + 0.2} = 0.832$$

$$\lambda_{0y} = \frac{a_{0y}}{h_0} = \frac{0.125}{0.710} = 0.176 < 0.2，\text{取} \lambda_{0y} = 0.20$$

$$\beta_{0y} = \frac{0.84}{\lambda_{0y} + 0.2} = \frac{0.84}{0.2 + 0.2} = 2.10$$

因 $h = 800\text{mm}$，故 $\beta_{ph} = 1.0$

$$2[\beta_{0x}(b_c + a_{0y}) + \beta_{0y}(h_c + a_{0x})]\beta_{hp} f_t h_0$$
$$= 2[0.832(0.45 + 0.125) + 2.10(0.60 + 0.575)] \times 1.0 \times 1.1 \times 710$$
$$= 4601.5 \times 10^3 (\text{N})$$
$$= 4601.5 (\text{kN}) > \gamma_0 F_1 = 1.0 \times (2800 - 0) = 2800 (\text{kN})$$

满足要求。

2）角柱对承台的冲切。

$$c_1 = c_2 = 0.525 (\text{m})$$
$$a_{1x} = a_{0x} = 0.575 (\text{m})，\lambda_{0x} = \lambda_{1x} = 0.810$$
$$a_{1y} = a_{0y} = 0.125 (\text{m})，\lambda_{1y} = \lambda_{0y} = 0.20$$

$$\beta_{1x} = \frac{0.56}{\lambda_{1x} + 0.2} = \frac{0.56}{0.81 + 2} = 0.554$$

$$\beta_{1y} = \frac{0.56}{\lambda_{1y} + 0.2} = \frac{0.56}{0.2 + 0.2} = 1.4$$

$$= 1142.6 (\text{kN}) > \gamma N_{max} = 1.0 \times 569.7 = 569.7 (\text{kN})$$

满足要求。

（4）承台受剪承载力计算。

剪跨比与以上冲跨比相同，故对 I—I 斜截面有

$$\lambda_x = \lambda_{0x} = 0.810$$

$$\alpha = \frac{1.75}{\lambda + 1.0} = \frac{1.75}{0.81 + 1.0} = 0.967$$

因 $h_0 = 710\text{mm} < 800\text{mm}$，故取

$$\beta_{hs} = 1.0$$

$$\beta_{hs} \alpha f_t b_0 h_0 = 1.0 \times 0.967 \times 1100 \times 1.75 \times 0.71 = 1321.6 (\text{kN})$$

$$> 2\gamma_0 N_{max} = 2 \times 1.0 \times 569.7 = 1139.4 (\text{kN})$$

满足要求。

对Ⅱ—Ⅱ斜截面，因取 $\lambda=0.3$，其受剪切承载力更大，故验算从略。

习　题

8.1　桩可分为哪几种类型？端承桩与摩擦桩的受力情况有什么不同？本地区的桩通常属于哪几类？

8.2　何为单桩竖向承载力？确定单桩竖向承载力的方法有哪几种？

8.3　已知桩的静载试验成果 $p\text{-}s$ 曲线，如何确定单桩竖向承载力特征值？

8.4　桩基础设计包括哪些内容？偏心受压情况下桩的数量如何确定？桩基础初步设计后还要进行哪些验算？如果验算不满足要求应如何解决？

地 基 处 理

项目要点

（1）地基处理、不良地基、淤泥、淤泥质土、杂填土、冲填土、最优含水量、最大干密度等概念。

（2）地基处理的目的、意义与对象。

（3）地基处理方法分类与选用原则。

（4）地基处理的常用方法。

地基分为天然地基和人工地基。当天然地基在承载能力以及变形方面不满足工程建设的需要时，则需要进行人工处理，根据不同的地质条件、工况要求，选择不同的处理方法，对于提升地基承载力的各种方法，理论上都是通过提升黏聚力、内摩擦角或两个指标同时提升。

通过本项目的学习，熟悉地基处理中常用的概念及其专业术语，掌握机械压实法、强夯法、换填垫层法、预压地基法、水泥粉煤灰碎石桩复合地基法、注浆加固法常用地基处理的设计与施工方法，质量检验的原则。

9.1 概　　述

当建筑物直接建造在未经加固的天然土层上时，这种地基称为天然地基。若天然地基不能满足强度和变形等要求，为提高地基强度，改善其变形性质或渗透性质而采取的技术措施称为地基处理，所形成的地基称为人工地基。

9.1.1 地基处理的目的和意义

建筑物可能出现的地基问题主要有强度及稳定性、压缩及不均匀沉降、液化、渗漏等。地基处理的目的就是针对上述问题，采取相应的措施，改善地基条件，以保证建筑物的安全与正常使用。这些措施主要包括以下几个方面。

（1）改善剪切特性，增加地基土的抗剪强度。

（2）改善压缩特性，减少地基土的沉降或不均匀沉降。

（3）改善透水特性，使地基土变成不透水或减轻其水压力。

（4）改善动力特性，防止地基土液化，提高抗震性能。

（5）改善特殊土的不良特性，满足工程的需要。

地基虽不是建筑物本身的一部分，但它在建筑中占有十分重要的地位。地基问题处理得恰当与否，不仅直接影响建筑物的造价，而且直接影响建筑物的安危。关系到整个工程的质量、投资和进度，其重要性已越来越多地被人们所认识。在进行地基处理时，不仅要善于针对不同的地质条件和不同结构物选取最恰当的方法，而且要善于选取最合适的基础形式。

9.1.2　地基处理的对象

地基处理的对象是软弱地基和不良地基。

1. 软弱地基

软弱地基是指主要由淤泥、淤泥质土、冲填土、杂填土或其他高压缩性土层构成的地基。

淤泥和淤泥质土，是指在静水或缓慢的流水环境中沉积，并经生物和化学作用形成，天然含水量大于液限、天然孔隙比大于 1，含有机质的黏性土。通常可以采用天然含水量 ω、液限 ω_L 和天然孔隙比 e 来划分，$\omega > \omega_L$，且 $1.0 \leqslant e < 1.5$ 时的黏性土或粉土，称为淤泥质土；当 $\omega > \omega_L$，且 $e \geqslant 1.5$ 时的黏性土，称为淤泥；有机质含量不小于 10％且不大于 60％的土为泥炭质土；有机质含量大于 60％的土为泥炭。

冲填土为水力冲填泥沙形成的填土。其工程特征与土的颗粒级配、排水固结条件有关。

软土的特性是：含水量高，孔隙比大；抗剪强度低；压缩性高；渗透性小；具有明显的结构性和流变性。因此，软土的工程特性很差，在其上建造建筑物时，就应对地基进行人工处理，以改善土的物理力学性能。

2. 不良地基

不良地基是指饱和松散粉细砂、湿陷性黄土、膨胀土、红黏土、盐渍土、冻土、岩溶与土洞等特殊土构成的地基，大部分带有区域性特点。

9.1.3　地基处理方法分类

地基处理方法按加固机理不同，可分为碾压夯实法、排水固结法、换填垫层法、挤密振密法、化学加固法和土工合成材料加固法等多种，见表 9.1。

9.1.4　地基处理方法的选择

地基处理方法虽众多，但各自都有不同的适用范围和作用原理，且不同地区地质条件差别很大，上部建筑对地基要求各不相同，施工单位机具千差万别。因此，选择地基处理方法，应综合考虑场地工程地质条件、水文地质条件、上部结构情况和采用天然地基存在的问题等因素的影响，确定处理的目的、处理范围和处理后要求达到的各项技术经济指标，并在结合现场试验的基础上，通过几种可供采用方案的比较，择优选择一种技术先进、经济合理、施工可行的方案。

表 9.1 地基处理的方法、原理及作用和适用范围

分 类	处 理 方 法	原 理 及 作 用	适 用 范 围
碾压及夯实	重锤夯实、机械碾压、振动压实、强夯	利用压实原理,通过机械碾压夯击,把表层地基土压实;强夯则利用强大的夯击能,在地基中产生强烈的冲击波和动应力,迫使土动力固结密实	适用于碎石土、砂土、粉土、低饱和度的黏性土、杂填土等
换填垫层	砂石垫层、素土垫层、灰土垫层、矿渣垫层、加筋土垫层	以砂石、素土、灰土和矿渣等强度较高的材料,置换地基表层软弱土,提高持力层的承载力,扩散应力,减少沉降量	适用于处理地基表层软弱土和暗沟、暗塘等软弱土地基
排水固结	堆载预压法、砂井堆载预压法、真空预压法、降水预压法、电渗排水法	在地基中增设竖向排水体,加速地基的固结和增长速度,提高地基的稳定性;加速沉降发展,使基础沉降提前完成	适用于处理饱和软弱黏土层;对于渗透性极低的泥炭土,必须慎重对待
振密挤密	振冲挤密、沉桩振密、灰土挤密、砂桩、石灰桩、爆破挤密等	采用一定的技术措施,通过振动或挤密,使土体的孔隙减少,强度提高;必要时在振动挤密的过程中,回填砂、砾石、灰土、素土等,与地基土组成复合地基,从而提高地基的承载力,减少沉降量	适用于处理松砂、粉土、杂填土及湿陷性黄土,非饱和黏性土等
置换及拌入	振冲置换、冲抓置换、深层搅拌、高压喷射注浆、石灰桩等	采用专门的技术措施,以砂、碎石等置换软弱土地基中部分软弱土,或在部分软弱土地基中掺入水泥、石灰或砂浆等形成加固题,与未处理部分土组成复合地基,从而提高地基承载力,减少沉降量	黏性土、冲填土、粉砂、细砂等。振冲置换法限于不排水抗剪强度 $c_u > 20\text{kPa}$ 的地基土
加筋	土工合成材料加筋、锚固、树根桩、加筋土	在地基或土体中埋设强度较大的土工合成材料、钢片等加筋材料,使地基或土体能承受抗拉力,防止断裂,保持整体性,提高刚度,改变地基土体的应力场和应变场,从而提高地基的承载力,改善变形特性	软弱土地基、填土及陡坡填土、砂土

9.2 机 械 压 实 法

一定含水量范围内的土,可通过机械压实或落锤夯实以降低其孔隙比,提高其密实度,从而提高其强度,降低其压缩性。本节采用一般机具进行的影响深度有限的方法,包括重锤夯实法、机械碾压法、振动压实法等,统称为一般机械压实法。

机械压实法适用于地下水位以上的填土压实。非黏性土或黏粒含量少、透水性好的松散填土宜采用振动压实法。

9.2.1 土的压实原理

工程实践表明,一定的压实能量,只有在适当的含水量范围内土才能被压实到最大干密度,即最密实状态。这种适当的含水量称为最优含水量,可以通过室内试验测定,如图9.1所示。

对于一般的黏性土,击实试验的方法是:将测试的黏性土分别制成含水量不同的松散试样,用同样的击实能逐一进行击实,然后测定各试样的含水量 ω 和干密度 ρ_d 绘成 $\rho_d - \omega$ 关系曲线,如图9.1所示。曲线的极值为最大干密度 $\rho_{d,max}$,相应的含水量即为最优含水

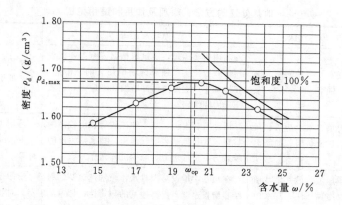

图 9.1 $\rho_d - \omega$ 关系曲线

量 ω_{op}。从图 9.1 中可以看出，含水量偏高或偏低时均不能压实。其原因是：含水量偏低时，土颗粒周围的结合水膜很薄，致使颗粒间具有很强的引力。阻止颗粒移动，击实困难；含水量偏高时，孔隙中存在着自由水，击实时孔隙中过多水分不易立即排出；当土体含水量处于特定范围时，土颗粒间的连接减弱，从而使土颗粒易于移动，获得最佳的击实效果。试验证明，最优含水量 ω_{op} 与土的塑限 ω_p 相近，大致为 $\omega_{op} = \omega_p \pm 2$。试验还证明，土的最优含水量将随夯击能量的大小与土的矿物组成的不同而有所不同。当击实能加大时，最大干密度将加大。而最优含水量将降低。当固相中黏性土矿物增多时，最优含水量将增大而最大干密度将下降。

砂性土被压实时则表现出几乎相反的性质。干砂在压力与振动作用下，也容易被压实。唯有稍湿的砂土，因颗粒间的表面张力使砂土颗粒互相约束而阻止其相互移动，导致不能压实。

9.2.2 碾压方法

1. 机械碾压法

机械碾压法是采用机械压实松软土的方法，常用的机械有刚性平碾、羊足碾、胶轮静碾压路机、胶轮振动压路机等。这些方法常用于大面积填土和杂填土地基的压实。

通过室内试验，确定在一定压实能量的条件下土的最优含水量、分层厚度和压实遍数。

黏性土压实前，被碾压的土料应先进行含水量测定。只有含水量在合适范围内的土料才允许进场。每层铺土厚度一般约为 300mm。碾压后地基的质量常以压实系数 λ_c 控制，λ_c 为实测的 ρ_d 与击实试验得出的 $\rho_{d,max}$ 之比。在有些工程中也常用 ρ_d 作为填土压实的质量控制指标。不同类别的土要求也不同。但在主要受力层范围内一般要求 $\lambda_c \geqslant 0.96$。

碾压法施工时应根据压实机械的压实能量、地基土的性质、密实度、压实系数和施工含水量等来控制，并结合现场试验确定碾压分层厚度、碾压遍数、碾压范围和有效加固深度等施工参数。初步设计时，可按表 9.2 选用。

2. 振动压实法

振动压实法是一种在地基表面施加振动把浅层松散土振密的方法。主要的机具是振动压实机。这种方法主要应用于处理杂填土、湿陷性黄土、炉渣、细砂、碎石等类土。振动压实的效果与被压实的成分和时间有关，且在开始时振密作用较为显著，随着时间的推移

表 9.2 填土每层铺填厚度及压实遍数

施 工 设 备	每层铺填厚度/mm	每层压实遍数
平碾（8～12t）	200～300	6～8
羊足碾（5～16t）	200～350	8～18
振动碾（8～15t）	500～1200	6～8
冲击碾压（冲击势能 15～25kJ）	600～1500	20～40

变形渐趋稳定。在施工前应先进行现场试验测试，根据振实的要求确定振实的时间。

振动压实的有效深度一般为 1.2～1.5m，一般杂填土的地基经振实后，承载力特征值可达 100～120kPa。如地下水位太高，则将影响振实效果。此外，还应注意振动对周围建筑物的影响，振源与建筑物的距离应大于 3m。

3. 重锤夯实法

重锤夯实法是用起重机械将重锤提到一定高度后，让其自由下落，不断重复夯击，使地基形成一层较密实的土层。这种方法可用于处理地下水距地表 0.8m 以上的非饱和黏性土或杂填土。夯打时地基土应保持最优含水量；否则不能密实。对于饱和软土层，在夯打时会出现"橡皮土"，应降低地下水位后再夯打，故不适用于饱和软黏土或地下水位以下的黏性土。

重锤夯实的夯锤宜采用圆台形，锤重宜大于 2t，锤底面单位静压力宜在 15～20kPa 内。夯锤落距宜大于 4m，落距一般采用 2.5～4.5m。重锤夯实宜一夯挨一夯按顺序进行。在独立柱基坑内，宜先外后里按顺序夯击；同一基坑底面标高不同时，应先深后浅逐层夯实。同一夯点夯击一次为一遍，夯击宜分 2～3 遍进行，累计夯击 10～15 次，最后两遍平均夯击下沉量应控制在：砂土不超过 5～10mm；细颗粒土不超过 10～20mm。

夯打遍数一般为 8～12 遍，有效夯实深度可达 1.2m 左右，夯实后的承载力特征值达 100～150kPa。

重锤夯实的质量检验时，除按夯实要求检查施工记录外，夯后总下沉量不应小于试夯总下沉量的 90%。

9.2.3 碾压施工要点

（1）铺填料前，应清除或处理场地内填土层底面以下的耕土或软弱土层等。

（2）根据使用要求、邻近结构类型和地质条件确定允许加载量和范围，并按设计要求均衡分步施加，避免大量快速集中填土。

（3）基槽内压实时，应先压实基槽两边，再压实中间。

（4）性质不同的填料，应水平分层、分段填筑、分层压实。同一水平层，应采用同一填料，不得混合填筑。填方段施工时，接头部位如不能交替填筑，应按 1:1 坡度分层留台级；如能交替填筑，则应分层相互交替搭接，搭接长度不小于 2m。压实填土的施工缝，各层应错开搭接，在施工缝的搭接处，应适当增加压实遍数；边角及转弯区域应采取其他措施压实，以达到设计标准。

（5）填土工程中，应采取防雨、防冻措施，防止填料（粉质黏土、粉土）受雨水淋湿或冻结。

9.3 强 夯 法

强夯法是将重型锤（一般为 100～600kN）以 8～20m 落距（最高可达 40m）下落，冲击能有时可达 1000～6000kN·m，进行强力夯实加固地层的深层密实方法。此法可提高土的强度，降低其压缩性，减轻甚至消除砂土振动的液化危害和消除湿陷性黄土的湿陷性等，同时还能提高土层的均匀程度、减少地基的不均匀沉降。

强夯法适用于碎石土、砂土、粉土、人工填土和湿陷性黄土等地基的处理。对于淤泥和淤泥质土地基，尤其是高灵敏度的软土，须经试验证明其加固效果时才能采用。

9.3.1 强夯法的加固机理

强夯法加固地基的机理，与重锤夯实法有着本质的不同。强夯法主要是将势能转化为夯击能，在地基中产生强大的动应力和冲击波，纵波（压缩波）使土层液化，产生超静水压力，土粒之间产生位移；横波（剪切波）剪切破坏土粒之间的连接，使土粒结构重新排列密实。强夯法对土体产生加密作用、液化作用、固结作用和时效作用。

9.3.2 强夯法的设计要点

应用强夯法加固软弱地基，一定要根据现场的地质条件和工程的使用要求，正确地选用各项技术参数。这些参数包括单击夯击能、夯击遍数、间隔时间、加固范围、夯点布置等。

1. 强夯的加固深度

强夯的加固深度与土的类别、颗粒大小等有关，参考数值见表9.3。

表9.3   **强夯的有效加固深度**

单击夯击能 $E/(kN \cdot m)$	碎石土、砂土等粗颗粒土	粉土、粉质黏土、湿陷性黄土等细颗粒土
1000	4.0～5.0	3.0～4.0
2000	5.0～6.0	4.0～5.0
3000	6.0～7.0	5.0～6.0
4000	7.0～8.0	6.0～7.0
5000	8.0～8.5	7.0～7.5
6000	8.5～9.0	7.5～8.0
8000	9.0～9.5	8.0～8.5
10000	9.5～10.0	8.5～9.0
12000	10.0～11.0	9.0～10.0

注 强夯法的有效加固深度应从最初起夯面算起；单击夯击能 $E > 12000kN \cdot m$ 时，强夯的有效加固深度应通过试验确定。

2. 强夯夯点的平面布置

夯点布置形式如图9.2所示。

3. 夯击次数

夯点的夯击次数，应根据现场试夯的夯击次数和夯沉量关系曲线确定，并应满足以下

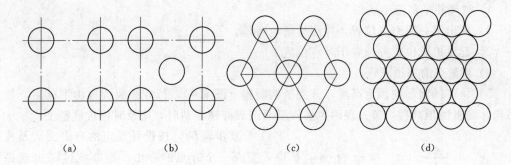

图 9.2 夯点布置形式

(a) 正方形；(b) 梅花形；(c) 正三角形；(d) 满夯布置

几点。

（1）单击夯击能 $E<12000$kN·m 时，宜满足表 9.4 的要求。

表 9.4 强夯法最后两击平均夯沉量

单击夯击能 $E/(kN·m)$	最后两击平均夯沉量/mm	单击夯击能 $E/(kN·m)$	最后两击平均夯沉量/mm
$E<4000$	50	$6000≤E<8000$	150
$4000≤E<6000$	100	$8000≤E<12000$	200

（2）单击夯击能 $E>12000$kN·m 时，应通过试验确定。

（3）夯坑周围地面不应发生过大的隆起；不因夯坑过深而发生提锤困难。

9.3.3 强夯法的施工要点

1. 夯锤

强夯夯锤质量宜为 $10\sim60$t，其底面形式宜采用圆形，锤底面积宜按土的性质确定，锤底静接地压力值可取 $25\sim80$kPa，单击夯击能高时取大值，单击夯击能低时取小值，对于细颗粒土宜取较小值。锤的底面宜对称设置若干个与其顶面贯通的排气孔，孔径可取 $300\sim400$mm。夯锤设有通孔，孔的作用是通气，避免锤被土吸附住提不起来。

强夯的夯锤可以是钢锤，也可以是钢筋混凝土外包钢板制作而成，如图 9.3 所示。同样工况情况下，夯锤采用钢锤或混凝土锤对强夯法处理地基的效果没有影响。

2. 强夯施工

（1）强夯的施工步骤如下。

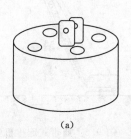
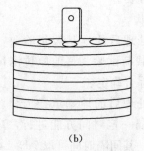

图 9.3 强夯锤

(a) 混凝土外包钢锤；(b) 钢板锤

1）清理并平整施工场地。

2）标出第一遍夯点位置，并测量场地高程。

3）起重机就位，夯锤置于夯点位置。

4）测量夯前锤顶高程。

5）将夯锤起吊到预定高度，开启脱钩装置（图9.4），待夯锤脱钩自由下落后，放下吊钩，测量锤顶高程，若发现因坑底倾斜而造成夯锤歪斜时，应及时将坑底整平。

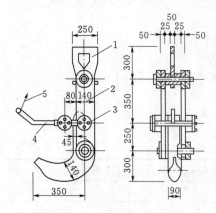

图9.4 自动脱钩装置（单位：mm）
1—吊环；2—耳板；3—销环轴辊；
4—销柄；5—拉绳

6）重复步骤5），按设计规定的夯击次数及控制标准，完成一个夯点的夯击。当夯坑过深出现提锤困难，又无明显隆起，而尚未达到控制标准时，宜将夯坑回填不超过1/2深度后继续夯击。

7）换夯点，重复步骤3）～6），按"由内向外，隔行跳打"原则，完成第一遍全部夯点的夯击。

8）用推土机将夯坑填平，并测量场地高程。

9）在规定的间隔时间后，按上述步骤逐次完成全部夯击遍数，最后用低能量满夯，将场地表层松土夯实，并测量夯后场地高程。

（2）强夯施工要点。显然，夯击能是决定土层加固深度的关键。当夯击能确定后，便可根据施工设备的条件选择锤重和落距，并通过现场试夯确定（图9.5）。夯击次数和遍数按最佳夯击能的要求确定。最佳夯击能是指地基中出现的孔隙水压力达到土的自重应力时的夯击能。一般与土的种类有关，可选择每一点夯击4～8次、1～8遍不等。为减小地基的侧向变形，夯击范围应超过建筑物边沿之外约一个加固深度值。夯点间距视压缩层厚度和土质条件确定。压缩层厚、土质差，夯点间距较大，可取7～15m；较薄软弱土层、砂质土取5～7m。按一定的间距和排列方式布置好夯点后，在每一夯点连续夯击至最后一两击的单击夯沉量符合规定为止。终止夯击的单击夯沉量速率的不同，两遍间的间歇时间也不同。砂土地基要求的间歇时间很短，甚至可以连续夯击；一般黏性土要求间歇时间为14～28d，在夯完规定遍数后，往往用低能量满夯一遍，其目的是将松动的表层土夯实。

3. 强夯验收

（1）强夯处理后的地基竣工验收，承载力检验应根据静载荷试验、其他原位测试和室内土工试验方法综合确定。

（2）强夯处理后的地基承载力检验，应在施工结束后间隔一定时间方能进行，对于碎石土和砂土地基，其间隔时间可取7d～14d；粉土和黏性土地基可取14d～28d。

（3）竣工验收检验工作量，应根据场地复

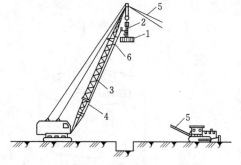

图9.5 履带式起重机强夯施工
1—夯锤；2—自动脱钩装置；3—起重臂；
4—拉绳；5—锚固绳；6—废轮胎

杂程度和建筑物的重要性确定，对于简单场地上的一般建筑物，每个建筑地基的载荷试验检验点不应少于 3 点；对于复杂场地或重要建筑地基应增加检验点数。

强夯法施工时，振动大、噪声大，对附近建筑物的安全和居民的正常生活有影响，所以在城市市区或居民密集的地段不得采用。

9.4 换填垫层法

9.4.1 换填垫层法的处理原理及适用范围

换填垫层法简称换填法，是将天然弱土层挖去，分层回填强度较高、压缩性较低且无腐蚀性的砂石、素土、灰土、工业废料等材料，压实或夯实后作为地基垫层（持力层），也称换土垫层法或开挖置换法。换填法适用于如淤泥、淤泥质土、湿陷性黄土、素填土、杂填土地基、暗塘等浅层软弱土的处理，消除黄土湿陷性、膨胀土膨胀性、冻土冻胀等以及不均匀土层的处理。

换填垫层的设计，应根据建筑体型、结构特点、荷载性质和地质条件并结合机械设备与当地材料来源等综合分析，合理选择换填材料和施工方法。换填土层的厚度宜为 0.5～3.0m。

9.4.2 设计要点

1. 垫层的厚度确定

如图 9.6 所示，垫层的厚度 z 根据下卧层土层的承载力确定，应符合式（9.1）的要求，即

$$p_z + p_{cz} \leqslant f_{az} \qquad (9.1)$$

式中　p_z——相应于荷载效应标准组合时，垫层底面处的附加压力设计值，kPa；

　　　p_{cz}——垫层底面处的自重压力值，kPa；

　　　f_{az}——垫层底面处下卧层的地基承载力特征值，kPa。

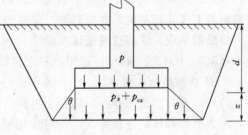

图 9.6　砂垫层剖面

垫层的厚度不宜大于 3m。垫层底面处的附加压力值 p_z 可分别按式（9.2）和式（9.3）简化计算，即

对于条形基础，有

$$p_z = \frac{b(p_k - p_c)}{b + 2z\tan\theta} \qquad (9.2)$$

对于矩形基础，有

$$p_z = \frac{bl(p_k - p_c)}{(b + 2z\tan\theta)(l + 2z\tan\theta)} \qquad (9.3)$$

式中　b——矩形基础或条形基础底面的宽度，m；

　　　l——矩形基础底面的宽度，m；

　　　p_k——相应于荷载效应标准组合时，基础底面处土的平均压力值，kPa；

z——基础底面下垫层的厚度，m；

θ——垫层的压力扩散角，(°)，可按表9.5采用；

p_c——基础底面处土的自重压力值，kPa。

表9.5　　　　　　　　　　　　　压力扩散角 θ (°)

z/b	换填材料 中砂、粗砂、砾砂、圆砾、角砾、石屑、卵石、碎石、矿渣	粉质黏土粉煤灰	灰土
0.25	20	6	28
≥0.5	30	23	

注 1. 当 $z/b<0.25$ 时，除灰土取 $\theta=28°$ 外，其他材料一律取 $\theta=0°$，必要时宜由试验确定。

　　2. 当 $0.25<z/b<0.50$ 时，θ 值内插求得。

　　3. 土工合成材料加筋垫层的压力扩散角宜通过现场静载荷试验确定。

2. 垫层的宽度确定

(1) 垫层底面宽度。垫层底面宽度应满足基础底面应力扩散的要求，可按式（9.4）计算或根据当地经验确定，即

$$b'\geq b+2z\tan\theta \tag{9.4}$$

式中　b'——垫层底面宽度，m；

　　　θ——垫层的压力扩散角，可按照表9.5采用；当 $z/b<0.25$ 时，仍按表中 $z/b=0.25$ 取值。

(2) 垫层顶面宽度。垫层顶面宽度宜超出基础底面每边不小于300mm，或从垫层底面两侧向上按开挖基坑的要求放坡。整片垫层的宽度可根据施工的要求适当加宽。

垫层的承载力应通过现场试验确定。一般工程当无试验资料时，可按《建筑地基处理技术规范》（JGJ 79—2012）选用，并应验算下卧层的承载力。

3. 垫层材料的选用

(1) 砂石。宜选用碎石、卵石、角砾、圆砾、砾砂、粗砂、中砂或石屑，应为级配良好，不含植物残体、垃圾等杂质。当使用粉细砂时，应掺入不少于总重30％的碎石或卵石。最大粒径不宜大于50mm。对湿陷性黄土地基，不得选用砂石等透水材料。

(2) 粉质黏土。粉质黏土土料中有机质含量不得超过5％，也不得含有冻土或膨胀土。当含有碎石时，其粒径不宜大于50mm。用于湿陷性黄土或膨胀土地基的粉质黏土垫层，土料中不得夹有砖、瓦和石块。

(3) 灰土。灰土体积配合比宜为2∶8或3∶7。石灰宜用新鲜的消石灰，其颗粒不得大于5mm。土料宜用粉质黏土，不宜使用块状黏土，且不得含有松软杂质，并应过筛，其颗粒不得大于15mm。

(4) 矿渣。垫层设计、施工前必须对选用的矿渣进行试验，确认其性能稳定并满足腐蚀性和放射性安全标准的要求。对易受酸、碱影响的基础或地下管网不得采用矿渣垫层。大量填筑矿渣时，应经场地地下水和土壤环境的不良影响评价合格后方可使用。

9.4.3　施工要点

(1) 施工机械。垫层施工应根据不同的换填材料选择施工机械。粉质黏土、灰土宜采用平碾、振动碾或羊足碾，以及蛙式夯、柴油夯。砂石等宜用振动碾，粉煤灰宜采用平

碾、振动碾、平板振动器、蛙式夯。矿渣宜采用平板振动器或平碾，也可采用振动碾。

（2）垫层的施工方法、分层铺填厚度、每层压实遍数等宜通过试验确定。除接触下卧软土层的垫层底部应根据施工机械设备及下卧层土质条件确定厚度外，一般情况下垫层的分层铺填厚度可取 $200\sim300mm$。为保证分层压实质量，应控制机械碾压速度。严禁扰动垫层下的软土。

（3）粉质黏土和灰土垫层土料的施工含水量宜控制在最优含水量 $\omega_{op}\pm2\%$ 的范围内，粉煤灰垫层的施工含水量宜控制在最优含水量 $\omega_{op}\pm4\%$ 的范围内。最优含水量可通过击实试验确定，也可按当地经验取用。

（4）基坑开挖时应避免坑底土层受扰动，可保留 $180\sim220mm$ 厚的土层暂不挖去，待铺填垫层前再由人工挖至设计标高。严禁扰动垫层下的软弱土层，防止其被践踏、受冻或受水浸泡。在碎石或卵石垫层底部宜设置 $150\sim300mm$ 厚的砂垫层或铺一层土工织物，并应防止基坑边坡塌土混入垫层中。

（5）换填垫层施工时，应采取基坑排水措施，除砂垫层宜采用水撼法施工外，其余垫层不得在浸水条件下施工，工程需要时应采用降低地下水位的措施。

（6）垫层底面宜设在同一标高上，如深度不同，基坑底土面应挖成阶梯或斜坡搭接，并按先深后浅的顺序进行垫层施工，搭接处应夯压密实。

（7）粉质黏土及灰土垫层分段施工时，不得在柱基、墙角及承重窗间墙下接缝。垫层上下两层的缝距不得小于 $500mm$，且接缝处应夯压密实。灰土应拌和均匀并应当日铺填夯压。灰土夯压密实后 3d 内不得受水浸泡。粉煤灰垫层铺填后宜当天压实，每层验收后应及时铺填上层或封层，防止干燥后松散起尘污染，同时应禁止车辆碾压通行。垫层施工竣工验收合格后，应及时进行基础施工与基坑回填。

9.4.4　质量检验

对粉质黏土、灰土、粉煤灰和砂石垫层的施工质量检验可用环刀法、静力触探、轻型动力触探或标准贯入试验方法检验；对碎石、矿渣垫层可用重型动力触探进行检验。压实系数也可采用环刀法、灌砂法、灌水法或其他方法检验。

垫层的质量检验必须分层进行，即每夯压完一层，检验该层平均压实系数。当其干密度或压实系数符合设计要求后铺填上层。各种垫层的压实标准见表9.6。

表 9.6　　　　　　　　　　各种垫层的压实标准

施工方法	换填材料类别	压实系数 λ_c
碾压振密或夯实	碎石、卵石	$\geqslant0.97$
	砂夹石（其中碎石、卵石占全重的 $30\%\sim50\%$）	
	土夹石（其中碎石、卵石占全重的 $30\%\sim50\%$）	
	中砂、粗砂、砾砂、角砾、圆砾、石屑	
	粉质黏土	$\geqslant0.97$
	灰土	$\geqslant0.95$
	粉煤灰	$\geqslant0.95$

当采用环刀法检验垫层的质量时，取样点应选择位于每层垫层厚度的 2/3 深度处。对

条形基础下垫层每10～20m应不少于一个点；独立基础、单个柱基基础下垫层不应少于一个点，其他基础下垫层每50～100m²应不少于一个检验点。采用标准贯入试验或动力触探法检验垫层的施工质量时，每分层平面上检验点的间距不应大于4m。

9.5 预压地基法

9.5.1 加固原理及适用范围

预压地基是指在建筑物建造以前，在地基上进行堆载预压或真空预压，或联合使用堆载和真空预压，形成固结压密后的地基。通过预压的方法，排水固结，使地基的固结沉降基本完成，以提高地基土强度的处理方法。应合理安排预压系统和排水系统。预压系统有堆载预压（图9.7）和真空预压两类以及联合预压系统；排水系统有砂井、塑料排水带等。

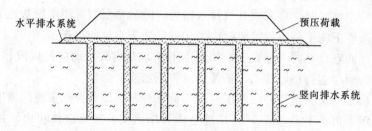

图9.7 堆载预压剖面示意图

预压地基适用于淤泥、淤泥质土、冲填土等饱和黏土的地基处理。预压地基按地基处理工艺可分为堆载预压、真空预压、真空和堆载联合预压。

预压法施工之前，应查明土层在水平和竖直方向的分布和变化，透水层的位置及水源补给条件等。应通过土工试验确定土的固结系数，孔隙比和固结压力的关系曲线，三轴抗剪强度以及原位十字板的抗剪强度指标等。

9.5.2 堆载预压法和砂井加载预压法

堆载预压法预压荷载的大小通常可与建筑物的基底压力大小相同。对沉降有严格要求的建筑物，应采取超载预压法。

1. 堆载预压法的设计

（1）排水竖井设计。对深厚软黏土地基，应设置塑料排水带或砂井等排水竖井。当软土层厚度较小或软土层中含较多薄粉砂夹层，且固结速率能满足工期要求时，可不设排水竖井。

砂井分普通砂井和袋装砂井。普通砂井直径可取300～500mm，袋装砂井直径可取70～120mm，塑料排水带的当量换算直径可按式（9.5）计算，即

$$d_p = \frac{2(b+\delta)}{\pi} \tag{9.5}$$

式中 d_p——塑料排水带当量换算直径，mm；

b——塑料排水带带宽，mm；

δ——塑料排水带厚度，mm。

（2）排水竖井的布置。砂井的平面布置可采用等边三角形或正方形排列，见图9.8。

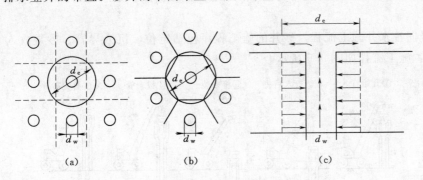

图 9.8　砂井布置

（a）正方形布置；（b）等边三角形布置；（c）砂井的排水途径

一根砂井的有效排水圆柱体直径 d_e 和砂井间距 l 的关系可按下列规定取用。

等边三角形布置，即

$$d_e = 1.05l$$

正方形布置，即

$$d_e = 1.13l$$

砂井的间距可根据地基土的固结特征和在预定时间内所要求达到的固结度来确定。通常砂井的间距可按井径比（$n = d_e/d_w$，d_w 为砂井直径，对塑料排数带可取 $d_w = d_p$）确定。普通砂井间距可按 $n = 6 \sim 8$ 选用；袋装砂井或塑料排水带的间距可按 $n = 15 \sim 22$ 选用。

砂井的深度应根据建筑物对地基的稳定性和变形的要求确定，对以变形控制的建筑工程，竖井深度应根据在限定的预压时间内需完成的变形量确定；竖井宜穿透受压土层。对以抗滑稳定性控制的工程，竖井深度应大于最危险滑动面以下 2m。

砂井加载预压的固结度、抗剪强度、竖向变形量可按《建筑地基处理技术规范》（JGJ 79—2012）中相关公式计算。

2. 堆载预压法的施工

（1）砂井施工。

1）排水竖井对用料的要求。砂井的砂料宜用中粗砂，含泥量应小于3％。

砂井的灌砂量，应按井孔的体积和砂在中密时的干密度计算，其实际灌砂量不得小于计算值的95％。灌入砂袋的砂宜用干砂，并应灌制密实，塑料排水带和袋装井砂袋埋入砂垫层中的长度不应小于500mm。

袋装砂井施工时所用钢管内径宜略大于砂井直径，以减少施工过程中对地基土的扰动。

塑料排水带和袋装砂井施工时，平面井距偏差不应大于井径，垂直度偏差不应大于1.5％，深度不得小于设计要求。

塑料排水带应有良好的透水性及足够的湿润抗拉强度和抗弯能力。需要接长时，应采用滤膜内芯板平搭接方式。搭接长度宜大于200mm。塑料排水带施工所用套管应保证插入地基中的带子不扭曲，防止出现扭结、断裂和撕破滤膜。最后塑料排水带应埋置于砂垫层中。

2）竖向排水井施工流程。砂井的施工程序包括定位、沉入导管、砂袋放入套管、装砂、拔管，施工流程如图 9.9 所示。

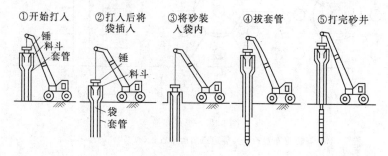

图 9.9　袋装砂井（后装砂法）施工流程

将钢套管（下端可用开闭的底盖或预制桩靴）打入土中要求的深度，导管内径略大于砂袋直径，砂袋采用透水性好、耐水性高和韧性较强的聚丙烯编织袋，其有效孔眼不宜大于 0.09mm，否则土颗粒易随渗水进入砂井，堵塞排水通道，砂袋长度应较井深长 500mm。

将准备好的砂袋扎好下口后，向袋内装入洁净的中粗砂约 20cm 作为重压，放入套管沉入到要求深度。在将砂袋放入套管后，若砂袋不能达到要求深度，说明套管内已经有泥水，此时需要机械排泥处理，排泥后，继续下沉砂袋到达规定的深度。

将袋口固定于装砂漏斗上，通过振动装砂入袋，砂装满后，卸下砂袋，拧紧套管上盖，然后一边把压缩空气送入套管，一边提升套管直至地面。

塑料排水带施工程序为定位、插板机定位、打插导管、提升导管、剪断塑料排水带。

（2）铺设砂垫层。预压处理地基应在地表铺设与排水竖井相连的砂垫层，砂垫层厚度宜大于 0.5m。砂垫层宜采用中粗砂，含泥量应不大于 3%，砂料中可混有少量粒径小于 50mm 的砾石。砂垫层的干密度应大于 1.5t/m³，渗透系数应大于 1×10^{-2} cm/s。在预压区内宜设置与砂垫层相连的排水盲沟，并把地基中排出的水引出预压区，排水盲沟的间距不宜大于 20m。

（3）堆加荷载。加载方式应根据设计分级逐渐加载，竖井地基最大竖向变形量不应超过 15mm/d，堆载预压边缘不应超过 4mm/d。

9.5.3　真空预压法

1．真空预压法加固原理（图 9.10）

先在地面设一层透水的砂及砾石，形成竖向砂井与水平砂和砾石的排水层的有效连接，并在水平砂砾层上覆盖不透气的薄膜材料，如橡皮布、塑料布、黏土或沥青等，然后用射流泵抽气使透水材料中保持较高的真空度，使土体排水固结。

在膜下抽气时，气压减小，与膜上大气压形成压力差，此压力差值相当于作用在膜上的预压荷载。如果此压力长期作用在膜上（按土质情况与设计要求不同，有的需预压 60d），即可对地基进行预压加固。抽气时，地下水位降低，土的有效应力增加，从而使

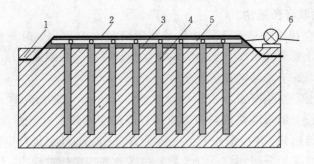

图 9.10　真空预压加固地基示意图
1—黏土密封；2—密封膜；3—砂垫层；4—袋装砂井；
5—排水管；6—射流泵

土体压密固结。

真空预压和加载预压比较具有以下优点：①不需堆载材料，节省运输与造价；②场地清洁、噪声小；③不需分期加荷，工期短；④可在很软的地基采用。

2. 真空预压法施工

（1）砂垫层与排水竖井。施工方法同堆载预压法砂垫层与排水竖井施工。

（2）水平滤管的设置。真空管路（水平滤管）的连接点应严格进行密封，为避免膜内真空度在停泵后很快降低，在真空管路中应设置止回阀和截门。水平向分布滤水管可采用条状、梳齿状或羽毛状等形式。滤水管一般设在排水砂垫层中，其上易有 100～200mm 砂覆盖层。滤水管可采用钢管或塑料管，滤水管在预压过程中应能适应地基的变形。滤水管外设置可靠滤层，以防止滤管被堵塞。

（3）铺设密封膜。密封膜应采用抗老化性能好、韧性好、抗穿刺能力强的不透气材料。密封膜热合时宜用两条热合缝的平搭接，搭接长度应大于 15mm。密封膜宜铺设 3 层，覆盖膜周边可采用挖沟折铺、平铺并用黏土压边、围埝沟内覆水以及膜上全面覆水等方法进行密封。当处理区内有水源补给充足的透水层时，应采用封闭式板桩墙、封闭式板桩墙加沟内覆水或其他密封措施隔断透水层。

真空预压区边缘要大于建筑物基础轮廓线，每边增加量不得小于 3.0m。

（4）抽气设备安装。真空预压的抽气设备宜采用射流真空泵。真空预压地基加固面积较大时，宜采取分区加固，每块预压面积应尽可能大且呈方形，分区面积宜为 20000～40000m²。根据加固面积大小、性状和土层结构特点，按每套设备可加固地基 1000～1500m² 确定设备数量。

真空预压的膜下真空度应稳定保持在 86.7kPa（650mmHg）以上，且应均匀分布，排水竖井深度范围内土层的平均固结度应大于 90%。

在预压期间应及时整理变形与时间、孔隙水压力与时间等关系曲线，推算地基的最终固结变形量、不同时间的固结度和相应的变形量，以分析处理效果并为确定卸载时间提供依据。

真空预压处理地基除应进行地基变形和孔隙水压力观测外，尚应量测膜下真空度和砂井不同深度的真空度，真空度应满足设计要求。

9.5.4　真空和堆载联合预压法

真空和堆载联合预压法适用于设计地基预压荷载大于 80kPa 时，且采用真空预压处理地基不能满足设计要求的情况。真空和堆载联合预压法是将堆载预压与真空预压综合使用的方法，预压效果好于单独的预压效果。

对于一般软黏土，当膜下真空度稳定地达到 86.7kPa（650mmHg）后，且抽真空不少于 10d 时，可进行上部堆载施工，即边抽真空边施加堆载。对于高含水量的淤泥类土，当膜下真空度稳定地达到 650mmHg 后，一般抽真空 20～30d 可进行堆载施工。

堆载较大时，要采用分级加载，分级数要根据地基稳定计算确定。

堆载前，需在膜上铺设编织布或无纺布等土工编织布保护层，其上铺设 100～300mm 厚的砂垫层。堆载施工时，可采用轻型运输工具，不得损坏密封膜。上部堆载施工时，应检测膜下真空度的变化，发现漏气要及时处理。

9.5.5　质量检验

原位试验可采用十字板剪切试验或静力触探，检验深度不应小于设计处理深度，原位试验和室内土工试验，应在卸载 3～5d 后进行。检验数量按每个处理分区不少于 6 点进行检验，对于堆载斜坡处应增加检验数量。

9.6　水泥粉煤灰碎石桩复合地基

水泥粉煤灰碎石桩（即 Cement FIying - ash Gravel pile）简称为 CFG 桩，它是由水泥、粉煤灰、碎石、石屑或砂加水拌和形成的高黏结强度桩，和桩间土、褥垫层一起形成复合地基。

CFG 桩适用于处理黏性土、粉土、砂土和自重固结已经完成的素填土地基。对淤泥质土应按地区经验或通过现场试验确定其适用性。

9.6.1　水泥粉煤灰碎石桩作用机理

CFG 桩复合地基通过褥垫层与基础连接，无论桩端落在一般土层还是坚硬土层，均可保证桩间土始终参与工作。由于桩体的强度和模量比桩间土大，在荷载作用下，桩顶应力比桩间土表面应力大。桩可将承受的荷载向较深的土层中传递并相应减少了桩间土承担的荷载。这样，由于桩的作用使复合地基承载力提高，变形减小，再加上 CFG 桩不配筋，桩体利用工业废料粉煤灰作为掺和料，大大降低了工程造价。

水泥粉煤灰碎石桩通过以下作用提高的地基承载力。

1. 置换作用

CFG 桩中的水泥经水解和水化反应以及与粉煤灰的凝结硬化反应，生成了主要成分为铝酸钙水化物等不溶于水的纤维状结晶化合物，并不断延伸填充到碎石和石屑的孔隙中，将原来的骨料黏结在一起，使桩的抗剪强度和变形模量大大提高。

2. 挤密作用

采用振动沉管法施工时，将会对桩间土产生扰动和挤密。特别是对高灵敏度土，会使其结构强度降低。CFG 桩既可用于挤密效果差的土，又可用于挤密效果好的土。当用于挤密效果好的土时，承载力的提高具有挤密和置换双重作用。

3. 排水作用

CFG 桩桩体材料的渗透性与混合料中粉煤灰和水泥的用量有关。施工完的 CFG 桩将是一个良好的排水通道。孔隙水沿着刚完工的桩体向上排出，直至 CFG 桩体结硬为止。所以说 CFG 桩复合地基在成桩初期，桩体实际上已构成了固结排水通道，加速了桩周土的固结过程。

4. 褥垫层的调整荷载作用

在竖向荷载作用下，由于桩与土的变形模量有差别，导致竖向变形桩体变形小，土体变形大，由于褥垫层的作用，桩体逐渐向褥垫层中刺入，桩顶部垫层材料在受压的同时向周围发生流动，桩间土上的垫层得到了补偿，重新调整桩与桩间土之间竖向荷载的分担比例，减少了基础底面的应力集中，使桩间土承载力得到了充分发挥。褥垫层越厚，土承担的荷载越多。当承受的荷载大到一定程度时，桩就会承担较大的荷载，保证桩与土共用承担荷载。

9.6.2 水泥粉煤灰碎石桩的设计

1. 桩位布置、桩径、桩距、桩深

（1）桩位布置。可只布置在基础范围内。

（2）桩径。长螺旋钻中心压灌、干成孔和振动沉管成桩宜取 350～600mm；泥浆护壁钻孔灌注素混凝土成桩宜取 600～800mm；钢筋混凝土预制桩宜取 300～600mm。

（3）桩距应根据基础形式、设计要求的复合地基承载力和变形、土性、施工工艺确定。采用非挤土成桩工艺和部分挤土成桩工艺，桩间距宜取 3～5 倍桩径；采用挤土成桩工艺和墙下条形基础单排布桩的桩间距宜为 3～6 倍桩径；桩长范围内有饱和粉土、粉细砂、淤泥、淤泥质土层，采用长螺旋钻中心压灌成桩施工中可能发生窜孔时，宜采用较大桩距。

（4）桩深。水泥粉煤灰碎石桩应选择承载力和模量相对较高的土层作为桩端持力层。

2. 水泥粉煤灰碎石桩复合地基承载力特征值计算

复合地基承载力特征值按式（9.6）计算，即

$$f_{spk} = \lambda m \frac{R_a}{A_p} + \beta(1-m)f_{sk} \tag{9.6}$$

其中

$$R_a = u_p \sum_{i=1}^{n} q_{si} l_{si} + \alpha_p q_p A_p$$

式中　f_{spk}——复合地基承载力特征值，kPa；

λ——单桩承载力发挥系数，可按地区经验取值，无经验时，可取 0.8～0.9；

A_p——桩的截面积，m^2；

β——桩间土承载力发挥系数，可按地区经验取值，无经验时，可取 0.9～1.0；

f_{sk}——处理后的桩间土承载力特征值，kPa，对于非挤土成桩工艺，可取天然地基承载力特征值；对于挤土成桩工艺，一般黏土可取天然地基承载力特征值；松散砂土、粉土可取天然地基承载力特征值的 1.2～1.5 倍，原土强度低的可取大值；

m——面积置换率，$m = \dfrac{d^2}{d_e^2}$；d 为桩身平均直径（m），d_e 为一根桩分担的处理地基面积的等效圆直径（m）；等边三角形布桩 $d_e = 1.05s$，正方形布桩 $d_e =$

$1.13s$，矩形布桩 $d_e = 1.13 \sqrt{s_1 s_2}$，$s$、$s_1$、$s_2$ 分别为桩间距、纵向桩间距和横向桩间距；

R_a——增强体单桩竖向承载力特征值，kN；

u_p——桩的周长，m；

q_{si}——桩周第 i 层土的侧阻力特征值，kPa，应按地区经验确定；

l_{si}——桩长范围内第 i 层土的厚度，m；

α_p——桩端端阻力发挥系数，α_p 取 1.0；

q_p——桩端土端阻力特征值，kPa，可按地区经验确定；可参考现行国家标准《建筑地基基础设计规范》（GB 50007）的有关规定确定。

对 f_{spk} 进行深度和宽度的修正 $f_{spa} = f_{spk} + \eta_b \gamma (b-3) + \eta_d \gamma_m (d-0.5)$，其中，基础宽度的地基承载力修正系数 η_b 取 0，基础埋深的地基承载力修正系数 η_d 应取 1.0。经过修正的地基承载力要满足基底压力的要求。

3. 水泥粉煤灰碎石桩桩身强度验算

深度和宽度修正复合地基承载力特征值 f_{spa} 后，要进行桩身强度的验算，需要满足下列条件，即

$$f_{cu} \geqslant 4 \frac{\lambda R_a}{A_p} \tag{9.7}$$

$$f_{cu} \geqslant 4 \frac{\lambda R_a}{A_p} \left[1 + \frac{\gamma_m (d-0.5)}{f_{spa}} \right] \tag{9.8}$$

式中 f_{cu}——桩体试块（边长 150cm 立方体）标准养护 28d 的立方体抗压强度平均值，kPa；

γ_m——基础底面以上土的加权平均重度，kN/m³，地下水位以下取有效重度；

d——基础埋置深度，m。

4. 沉降计算

复合地基变形计算应符合国家《建筑地基基础设计规范》（GB 50007—2011）的有关规定。复合土层的压缩模量可按式（9.9）计算，即

$$E_{sp} = \zeta E_s \tag{9.9}$$

$$\zeta = \frac{f_{spk}}{f_{ak}}$$

式中 f_{ak}——基础底面下天然地基承载力特征值，kPa。

5. 褥垫层厚度设计

褥垫层厚度宜为桩径的 40%～60%，褥垫层材料宜采用中砂、粗砂、级配砂石和碎石等，最大粒径不宜大于 30mm。褥垫层铺设范围要大于基底面积，四周宽出部分不宜小于褥垫层厚度。

9.6.3 水泥粉煤灰碎石桩的施工

CFG 桩的施工，在施工前一般须进行成桩试验，确定有关技术参数后，再精心组织正常施工。

常用的施工方法有长螺旋钻孔灌注成桩法、长螺旋钻孔管内泵压混合料灌注成桩法和

振动沉管灌注成桩法。

长螺旋钻孔灌注成桩属于非挤土成桩，适用于地下水位以上的黏土、粉土、素填土、中等密实以上的砂土；长螺旋钻孔管内泵压混合料灌注成桩也属于非挤土成桩法，适用于黏土、粉土、砂土以及对噪声或泥浆污染要求严格的场地；振动沉管灌注成桩属于挤土成桩法，适用于黏土、粉土、素填土地基。泥浆护壁成孔灌注成桩，适用于地下水位以下的黏性土、粉土、砂土、填土、碎石土及风化岩层等地基。目前较为常用的是振动沉管灌注成桩法和长螺旋钻孔管内泵压混合料灌注成桩。

1. 工程材料

水泥一般采用 42.5 级普通硅酸盐水泥，碎石粒径一般为 20～50mm，适量的石屑，可以改善骨料级配，提高桩体的抗剪强度。粉煤灰含有 SiO_2、Al_2O_3、CaO 等活性成分，能够提高桩体强度。

2. CFG 桩施工

(1) 振动沉管灌注成桩施工。

1) 振动沉管灌注成桩施工流程如图 9.11 所示，设备如图 9.12 所示。

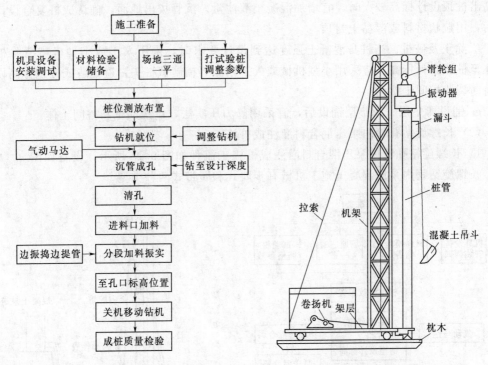

图 9.11　振动沉管灌注成桩施工流程　　图 9.12　振动沉管灌注成桩施工设备

2) 施工要点。

a. 施工前准备。应按设计要求在实验室进行配合比试验，施工时按配合比配置混合料，坍落度宜为 30～50mm，桩顶浮浆厚度不宜超过 200mm。施工前在桩顶设计标高地面，进行压实，压实度达到设计要求后，填土高度要高出设计桩顶标高至少 0.5m，平整压实后，满足长螺旋钻机自重和抗倾覆的要求后，进行桩位放样，纠正桩位偏差。

b. 设备组装与调试。根据设计桩长、成管入土深度确定机架高度和沉管长度，并进行设备组装。钻机就位后，桩管应保持垂直，垂直度偏差不大于 1‰。若采用预制钢筋混凝土桩尖，需要埋入地表以下 0.3m。

c. 选择正确的打桩顺序。饱和黏土中成桩，新打桩将挤压已打桩，使得已打桩被挤压成椭圆或不规则形，严重的会出现缩颈或断桩，因此宜采用隔桩跳打。饱和的松散粉土、砂土施工，则不宜采用隔桩跳打方案，因为松散粉土、砂土振密增加效果明显，打桩越多，土的密度越大，补打新桩就越困难，且容易断桩。当满堂布桩时，宜从中心向外推进施工，或从一边向另一边推进施工。

d. 控制沉桩速度。启动马达后，开始沉管，记录激振电流变化情况。沉管至设计标高后，须尽快投料，直到管内混合料与钢管投料平齐。拔管前，应在原位留振约 10s，再振动拔管施工，拔管速度宜为 1.2～1.5m/min。拔管速度过快易造成局部缩颈或断桩，拔管速度过慢，振动时间过长，会使桩顶浮浆过厚，易使混合料离析。不得在饱和砂土或饱和粉土层内停泵待料，如遇淤泥质土，拔管速度应适当减慢。

e. 控制灌注桩顶标高。施工桩顶标高宜高出设计桩顶标高不少于 0.5m，当施工作业面高出桩顶设计标高较大时，宜增加混凝土灌注量。沉管拔出地面，确认成桩复合设计要求后，用粒状材料或湿黏土封顶。

f. 除土及破桩。当桩身混凝土强度达到设计要求时，采用人工或小型机械清除桩间土体至桩顶设计标高。应采用小型机械或人工剔除等措施截桩头，避免造成桩顶标高以下桩身断裂或桩间土扰动。

g. 铺设褥垫层。褥垫层铺设后，宜采用静力压实法，以扰动桩和桩间土体。

（2）长螺旋钻孔管内泵压混合料灌注成桩施工。

1）长螺旋钻孔管内泵压混合料灌注成桩施工流程如图 9.13 所示，设备如图 9.14 所示。长螺旋钻管内泵压混凝土施工机械有步履式和履带式两种类型。

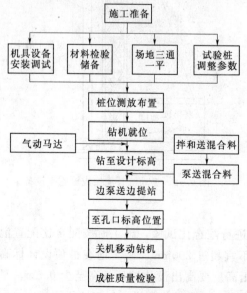

图 9.13 长螺旋钻孔管内泵压混合料灌注成桩施工流程

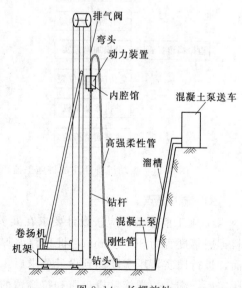

图 9.14 长螺旋钻

2）施工要点。

a. 施工前准备。应按设计要求在实验室进行配合比试验，施工时按配合比配置混合料，坍落度宜为160～200mm，桩顶浮浆厚度不宜超过200mm。其他要求同振动沉管灌注成桩施工准备。

b. 选择正确的打桩顺序。长螺旋钻孔管内泵压混合料灌注成桩虽然是非挤土成桩，但无论桩距大小，均不宜从四周向圈内推进施工，容易造成土体大面积隆起，甚至发生断桩现象。可采用由中心向外推进或一边向另一边推进的方案。当地下出现软弱层，发生窜孔现象时，可采用隔桩跳打法作业，待相邻位置混合料凝固后，再钻相邻桩位。

c. 钻进控制。钻进时，关闭钻头阀门（螺旋钻的钻头，底部有阀门），向下移动钻杆至钻头出击地面时，启动马达钻进，一般先慢后快，以减少钻杆摇晃，又能检查钻孔的偏差，并及时纠正。成孔过程中，如发现钻杆摇晃或难钻进时，应放慢进尺，及时检查钻杆垂直度和桩位；否则容易导致孔位偏斜、位移、损坏钻杆钻具。根据钻机身上的进尺标记，成孔达到设计标高时，停止钻进。钻孔弃土开始运至指定场地。

d. 灌注混合料控制。长螺旋钻钻至桩底设计标高后，停止钻进，向钻杆芯管泵送混合料灌注。当钻杆芯管中充满混合料，开始提升钻杆，压灌混合料，一边拔管一边泵送，严禁先提管后泵料。拔管时钻杆必须停止钻动，拔管速率应按试桩确定参数进行控制，拔管速度均匀，穿透地质较硬地段，采用低挡慢速。混合料泵送必须连续进行，若混合料供应不及时，造成钻机等料，时间较长可能造成断桩或抱钻现象，尤其是饱和砂土、粉土层，因此，不得在饱和砂土或饱和粉土层内停泵待料。

e. 清除钻泥土。钻机成孔位移后，钻泥在钻孔过程中必须及时清除，钻机位移后清除剩余的钻泥，但不得扰动设计桩顶设计标高以下的桩间土，不得挖动已灌注混合料的CFG桩，使得桩头破坏。

当桩身混凝土强度达到设计要求时，采用人工或小型机械清除桩间土体至桩顶设计标高。其他破桩头及褥垫层施工要求同振动沉管灌注成桩施工。

9.6.4　质量检验

承载力检验宜在施工结束28d后进行，其桩身强度应满足试验荷载条件，复合地基静载荷试验和单桩静载荷试验的数量不应少于总桩数的1%，且每个单体复合地基静载荷试验数量不应少于3点。采用低应变动力试验检测桩身完整性检查数量不低于总桩数的10%。

9.7　注 浆 加 固 法

注浆加固法指的是采用水泥浆或其他化学浆液注入地基土层中，增强土颗粒间的连接，使土体强度提高、变形减少、渗透性降低的地基处理方法。

注浆加固适用于建筑地基的局部加固处理，适用于砂土、粉土、黏性土和人工填土等地基加固。根据加固目的可分别选用水泥浆液、硅化浆液、碱液等固化剂。

本节主要介绍几种常用的化学加固方法。

9.7.1 灌浆法

灌浆法是利用液压、气压或电化法，通过注浆管把化学浆液注入土的空隙中，以填充、渗透、挤密等方式，替代土颗粒间孔隙或岩石裂隙中的水和气。经一定时间硬化后，松散的土粒结成整体。目前工程上采用的化学浆液主要是水泥系浆液。水泥系浆液是指以水泥为主要原料，根据需要加入稳定剂、减水剂或早强剂等外加剂组成的复合型浆液。因其价格低廉、不具毒性而得到广泛采用。

灌浆法加固地基的目的主要有以下几个方面。

(1) 防渗。增加地基的不透水性。常用于防止流砂、钢板桩渗水、坝基及其他结构漏水、隧道开挖时涌水等。

(2) 加固。提高地基土的强度和变形模量，固化地基和提高土体的整体性，常用于地基基础事故的加固处理。

(3) 托换。常用于建筑物基础下的注浆式托换。

水泥浆液一般都采用普通硅酸盐水泥为主剂，宜采用普通硅酸盐水泥，水泥强度等级可为 32.5 级或以上，不得使用受潮或过期水泥。水灰比一般为 0.6～2.0（密度为 1.4～1.7g/m³），常用水灰比为 1.0，也可加入掺和料膨润土、黏性土（塑性指数不小于 14）、粉煤灰以及质地坚硬最大粒径不超过 2mm 的砂。

为了调节水泥浆的性能，有时可加入速凝剂、缓凝剂、流动剂、膨胀剂等附加剂。常用速凝剂有 Na_2SiO_4（水玻璃）和 $CaCl_2$，其用量为水泥重量的 1%～2%；缓凝剂有木质磺酸钙和酒石酸，其用量为水泥用量的 0.2%～0.5%；木质磺酸钙还有流动剂的作用；膨胀剂常用铝粉，其用量为水泥重量的 0.005%～0.02%。水泥浆可采用加压或无压灌注。

灌浆法常采用的另一种主剂为 Na_2SiO_4（水玻璃），通过下端带孔的管子，利用一定的压力将浆液注入渗透性较大的土中（渗透系数是 $k=0.1～80m/d$），使土中的硅酸盐达到饱和状态。硅酸盐在土中分解形成的凝胶，把土颗粒胶结起来，形成固态的胶结物。也可在不同的注浆管中分别注入水玻璃和氯化钙（$CaCl_2$）溶液（又称双液法）。两者在土中产生化学反应而形成硅胶等物质（又称为双液硅化法）。渗透性小的黏性土（<0.1m/d），在一般的压力下难以注入浆液，应采用电动硅化法。即将所使用的金属注浆管兼作电极，在注浆过程中同时通电，使孔隙水由阳极流向阴极，化学溶液也随之流入土孔隙中，起胶结作用。

经过硅化法或电动硅化法处理后的地基土，可提高强度 20%～25%；其承载力宜通过现场静载荷试验确定。

9.7.2 高压喷射注浆法

1. 高压喷射注浆法加固机理

高压喷射注浆法是指利用特制的机具向土层中喷射浆液，与破坏的土混合或拌和使地基土层固化。高压喷射注浆法是利用钻机把带有特殊喷嘴的注浆管钻进至设计的土层深度，以高压设备使浆液形成压力为 20MPa 左右的射流，从喷嘴中喷射出来冲击破坏土体，使土粒从土体剥落下来与浆液搅拌混合，经凝结固化后形成加固体。

加固体的形状与注浆管的提升速度和喷射流方向有关。一般分为旋转喷射（简称旋喷）、定向喷射（简称定喷）和摆动喷射（简称摆喷）3 种注入浆形式。旋喷时，喷嘴边喷射边旋转和提升，可形成圆柱状加固体（又称为旋喷桩）。定喷时，喷嘴边喷射边提升，而且喷射方向固定不变，可形成墙板状加固体。摆喷时喷嘴边喷射边摆动一定角度和提升，可形成扇形状加固体，如图 9.15 所示。

高压喷射注浆方案确定后，应进行现场试验、试验性施工或根据工程经验确定施工参数及工艺。

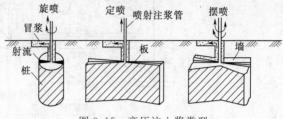

图 9.15　高压注入浆类型

高压喷射注浆法的特点如下。

（1）能够比较均匀地加固透水性很小的细粒土，成为复合地基，可提高其承载力，降低压缩性。

（2）可控制加固体的形状，形成连续墙可防止渗漏和流砂。

（3）施工设备简单、灵活，能在室内或洞内净高很小的条件下对土层深部进行加固。

（4）不污染环境，无公害。

高压喷射注浆法适用于处理淤泥、淤泥质土、流塑、软塑或可塑黏性土、粉土、砂土、黄土、素填土和碎石土等地基。当土中含有较多的大粒径块石、坚硬黏性土、大量植物根茎或有过多的有机质时，应根据现场试验结果确定。也可用于既有建筑和新建建筑的地基处理、深基坑侧壁挡土或挡水、基坑底部加固、防止管涌与隆起、坝的加固与防水帷幕等工程。对地下水流速过大和已涌水的工程，应慎重使用。

2. 水泥为主类注浆加固设计

对软弱土地基土处理，可选用以水泥为主剂的浆液以及水泥和水玻璃的双液型混合浆液，对有地下水流动的软弱地基，不应采用单液水泥浆液。

注浆孔间距宜取 1.0～2.0m。

在砂土地基中，浆液的初凝时间宜为 5～20min；在黏性土地基中，浆液的初凝时间宜为 1～2h。

注浆量和注浆有效范围，应通过现场注浆试验确定，在黏性土地基中，浆液注入率宜为 15%～20%；注浆点上的覆盖土厚度应大于 2m。

对人工填土，应采用多次注浆，间隔时间按浆液的初凝时间根据试验结果确定，一般不应大于 4h。

3. 高压喷射注浆法施工

（1）施工机具选择。高压喷射法的施工机具，主要由钻机和高压发生设备两部分组成。高压发生设备是高压泥浆泵和高压水泵，另外还有空气压缩机、泥浆搅拌机等，如图 9.16 所示。

根据工程需要和机具设备条件可分别采用单管法、二重管法和三管法。单管法只喷射水泥浆，可形成直径为 0.6～1.2m 的圆柱形加固体；二重管法则为同轴复合喷射高压水泥浆和压缩空气两种介质，可形成直径为 0.8～1.6m 的桩体；三重管法则为同轴复合喷射高压水、压缩空气和水泥浆液 3 种介质，形成的桩径可达 1.2～2.2m，三列管法为不同轴的 3 个管路，分别灌入不同介质，如图 9.17 所示。

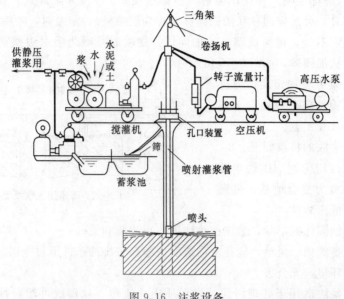

图 9.16 注浆设备

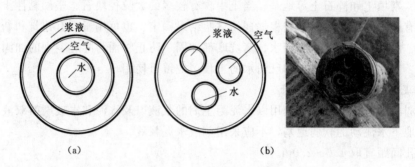

图 9.17 三重管与三列管的区别
(a) 三重管；(b) 三列管

（2）主要施工流程。高压喷射注浆的施工工序为机具就位、贯入注浆管、喷射注浆、拔管及冲洗等。钻机与高压注浆泵的距离不宜过远。其施工工艺如图 9.18 所示。

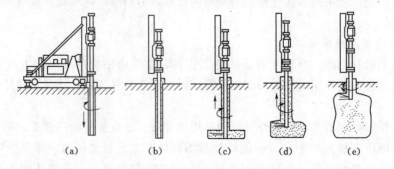

图 9.18 高压喷射法施工工艺
(a) 开始钻进；(b) 钻进结束；(c) 高压旋喷开始；(d) 边喷边旋转；(e) 旋转结束

在制订高压喷射注浆方案时，应掌握场地的工程地质、水文地质和建筑结构设计资料等。对既有建筑尚应搜集竣工和现状观测资料、邻近建筑和地下埋设物等资料。

1）钻孔。钻孔孔径应大于喷射管外径 20mm 以上。钻孔的有效深度应超过设计墙底深度 0.3m。钻孔的位置与设计位置的偏差不得大于 50mm。钻进暂停或终孔待喷时，孔口应加以保护。若时间过长，应采取措施防止塌孔。

2）试喷。当注浆管贯入土中，喷嘴达到设计标高时，即可喷射注浆。下管喷射前，应进行地面试喷，检查机械及管路运行情况，并调准喷射方向和摆动角度。

3）下管。下入或拆卸喷射管时，应采取措施防止喷嘴堵塞。

4）喷浆、提升。在喷射注浆参数达到规定值后，随即分别按旋喷、定喷或摆喷的工艺要求提升注浆管，自下而上喷射注浆。高喷灌浆宜全孔自下而上连续作业。需中途拆卸喷射管时，搭接段应进行复喷，复喷长度不得小于 0.2m。

当注浆深度大时，易造成上粗下细的固结体，影响固结土体的承载能力或抗渗作用，可以采用增大压力和流量或降低旋转和提升速度等措施补救。当地面冒浆量过大时，且冒浆量大于灌浆量的 20% 时，可采用提高喷射压力、缩小喷嘴直径、加快提升速度和旋转速度等措施。喷灌结束后的浆液有析水现象，可造成固结体顶部出现凹穴，对地基加固及防渗不利，可采用回填返回地面的浓浆或在浆液中添加膨胀材料等措施预防。对于漏浆严重的地层或孔段，下喷具前预先注入膏状泥浆进行喷灌前预堵漏。串浆时，应填堵串浆孔，待灌浆孔高喷灌浆结束，尽快对串浆孔扫孔，进行高喷灌浆，或继续钻进。

当处理既有建筑地基时，应采取速凝浆液或大间距隔孔旋喷和冒浆回灌等措施，以防旋喷过程中地基产生附加变形和地基与基础间出现脱空现象，影响被加固建筑及邻近建筑。同时，应对建筑物进行沉降观测。

5）冲洗管路。喷射管提升到设计标高后，喷射完毕，及时将管路冲洗干净，机内、管内不得残存浆液，以防堵塞。通常做法，喷射完毕后，将浆液换成清水，在地面上喷射，以便把泥浆泵及喷管内的浆液全部排出，直到出现清水为止。

6）检验。质量检验应在高压喷射注浆结束 28d 后进行。可根据工程要求和当地经验开挖检查、取芯、标准贯入试验、轻型动力触探、载荷试验或围井注水试验等方法进行检验。按加固，土体深度范围每间隔 1m 取样进行室内试验，测定体积压缩性、强度或渗透性。注浆检验点不应少于注浆孔数的 2%～5%，检验点合格率小于 80% 时，应对不合格区域进行重复注浆。

总结工程测试、观测资料及实际效果，综合评价加固效果。

检验点应布置在下列部位：①建筑荷载大的部位；②帷幕中心线上；③施工中出现异常情况的部位；④地质情况复杂，可能对高压喷射注浆质量产生影响的部位。

高喷墙质量检查宜在以下重点部位进行：①地层复杂的部位；②漏浆严重的部位；③可能存在质量缺陷的部位。

9.7.3 深层搅拌法

1. 深层搅拌法加固机理

深层搅拌法是利用水泥作固化剂，通过深层搅拌机械，在加固深度内将软土和水泥强制拌和，结硬成具有整体性和足够强度的水泥土桩或地下连续墙。水泥加固土的加固机理见 6.4.3 节重力式水泥土墙施工。

适用于处理正常固结的淤泥、淤泥质土、素填土、黏性土（软塑、可塑）、粉土（稍密、中密）、粉细砂（松散、中密）、中粗砂（松散、稍密）和砾砂、饱和黄土等土层。不适用于含大孤石或障碍物较多且不易清除的杂填土、欠固结的淤泥和淤泥质土、硬塑及坚硬的黏性土、密实的砂类土以及地下水渗流影响成桩质量的土层。当地基土的天然含水量小于 30%（黄土含水量小于 25%）时，不宜采用粉体搅拌法，大于 70% 时不应采用干法。寒冷地区冬季施工时，应考虑负温对处理效果的影响。

2. 深层搅拌法设计

（1）材料。固化剂宜选用强度等级不低于 32.5 级的普通硅酸盐水泥（型钢水泥土搅拌墙不低于 P.2.5 级）。水泥掺量应根据设计要求的水泥土强度经试验确定；块状加固时水泥掺量不应小于被加固天然土质量的 7%，作为复合地基增强体时不应小于 12%，湿法的水泥浆水灰比可取 0.45~0.55。

水泥土搅拌桩复合地基宜在基础和桩之间设置褥垫层，褥垫层厚度可取 200~300mm。褥垫层材料可选用中砂、粗砂、级配砂石等，最大粒径不宜大于 20mm。褥垫层的夯填度不应大于 0.9（注：夯填度是指夯实后的褥垫层厚度与虚铺厚度的比值）。

（2）加固深度确定。竖向承载搅拌桩的长度，应根据上部结构对承载力和变形的要求确定，并应穿透软弱土层到达承载力相对较高的土层；设置的搅拌桩同时为提高抗滑稳定性时，其桩长应超过危险滑弧不少于 2.0m；干法的加固深度不宜大于 15m，湿法的加固深度不宜大于 20m。

（3）复合地基承载力特征值与单桩承载力特征值的确定。竖向承载力水泥土搅拌桩复合地基的承载力特征值应通过现场单桩或多桩复合地基载荷试验确定。初步设计时也可按式（9.6）估算，其中处理后为桩间土承载力特征值 f_{sk}（kPa），可取天然地基承载力特征值；桩间土承载力发挥系数 β 对于淤泥、淤泥质土和流塑状软土等处理土层，可取 0.1~0.4，其他土层可取 0.4~0.8；单桩承载力发挥系数 λ 可取 1.0。

单桩竖向承载力特征值，应通过现场载荷试验确定。初步设计时也可按式（9.6）中的 $R_a = u_p \sum\limits_{i=1}^{n} q_{sik} l_{si} + \alpha_p q_p A_p$（kN）估算，其中，$\alpha_p$ 桩端阻力发挥系数可取 0.4~0.6，并应同时满足式（9.10）的要求，应使由桩身材料强度确定的单桩承载力不小于由桩周土和桩端土的抗力所提供的单桩承载力，即

$$R_a = \eta f_{cu} A_p \tag{9.10}$$

式中　f_{cu}——与搅拌桩桩身水泥土配比相同的室内加固土试块，边长为 70.7mm 的立方体，在标准养护条件下 90d 龄期的立方体抗压强度平均值，kPa；

　　　η——桩身强度折减系数，干法可取 0.20~0.25，湿法可取 0.25。

（4）选择加固形式。深层搅拌法在土中形成的水泥加固体，可制成柱状、壁状、格栅状或块状加固形式。柱状是每隔一定的距离打设一根搅拌桩，适用于单独基础和条形、筏形基础下的地基加固；壁状是将相邻搅拌桩部分重叠搭接而成，适用于上部结构荷载大而对不均匀沉降控制严格的建筑物地基加固和防止深基坑隆起和封底使用。由于深基搅拌法是将固化剂直接与原有土体搅拌混合，没有成孔过程，也不存在孔壁横向挤压问题，因此

对附近建筑物不产生有害的影响；同时经过处理后的土体重度基本不变，不会由于自重应力增加而导致软弱下卧层的附加变形。施工时无振动、无噪声、无污染等问题。

3. 深层搅拌法施工

（1）施工设备。深层搅拌法主要机具是多轴、双轴或单轴回转式深层搅拌机。它由电机、搅拌轴、搅拌头和输浆管等组成。电机带动搅拌头回转，输浆管输入水泥浆液与周围土拌和，形成一个平面 8 字形水泥加固体。用于建筑物地基处理水泥土桩搅拌设备。其湿法施工配备注浆泵的额定压力不宜小于 5.0MPa；干法施工的送粉压力不应小于 0.5MPa。

（2）施工工艺。湿法施工方法见 6.4.3 节重力式水泥土墙施工。

习　题

9.1　地基处理的目的是什么？有哪些基本方法？

9.2　强夯法设计的原则是什么？其设计要点是什么？

9.3　换土垫层地基的质量检查要点有哪些？

9.4　真空预压法的加固机理是什么？有哪些优点？

9.5　高压喷射注浆法有哪些特点？适合范围如何？

9.6　深层搅拌法主要作用有哪些？

9.7　换土垫层地基施工中，填土厚度过厚压实加固深度达不到，但填土厚度为什么又不能过薄？

9.8　换土垫层地基施工中碾压遍数越多，压实效果越好吗？说明理由。

9.9　填土时为何避免大量快速集中填土？填土中，不做防雨、防冻会带来什么样的后果？

9.10　饱和黏土可以用强夯法吗？为什么？

9.11　如何用物理学的知识解释强夯法的加固机理？

9.12　为什么强夯法施工时，最后用低能量满夯的方式结束地基处理？

9.13　强夯处理后的地基承载力检验，应在施工结束后间隔一定时间方能进行，对于碎石土和砂土地基，其间隔时间可取 7～14d；粉土和黏性土地基可取 14～28d，为什么不同的土间隔时间不一样？

9.14　试分析重锤夯实法与强夯法的区别。

9.15　为什么要换填土层的厚度宜为 0.5～3.0m？

9.16　矿渣、砂土垫层施工时是否可以使用羊足碾？为什么？为什么砂垫层可采用水撼法施工而其余垫层不得在浸水条件下施工？

9.17　若出现压实系数大于 1 时，试分析其原因。

9.18　如何用学过的原理解释排水固结法的加固原理？预压法适用于砂土地基加固吗？

9.19　排水带为什么用当量换算直径换算？砂井的深度是否可以透过下卧层的透水层？

9.20　真空预压法为什么密封膜宜铺设 3 层？

9.21 堆载前，为什么对于高含水量的淤泥类土抽真空时间比一般软黏土的抽真空时间长？

9.22 堆载预压法为什么卸载后不立即进行原位试验？

9.23 是不是所有的 CFG 桩都会有挤密作用，试举例说明。

9.24 面积置换率的意义是什么？

9.25 施工桩顶标高宜高出设计桩顶标高不少于 0.5m，而后又要将其多余部分的桩头剔除，为什么？

9.26 长螺旋钻孔管内泵压混合料灌注成桩法虽然是非挤土成桩，为什么也要考虑正确的打桩顺序？

9.27 对有地下水流动的软弱地基，不应采用单液水泥浆液，为什么？

9.28 高压喷射注浆、提升过程中当地面冒浆量过大时，可以采取什么措施？

9.29 同为深层搅拌法施工形成的水泥土桩，但在地基处理与水泥土桩墙支护结构中两者的设计方法是否一样？

区 域 性 地 基

项目要点

（1）区域性地基中常见软土、冻土、湿陷性黄土、膨胀土、山区地基和红黏土的类别与分布。

（2）区域性地基中软土、冻土、湿陷性黄土、膨胀土、山区地基和红黏土的工程特征。

（3）区域性地基中软土、冻土、湿陷性黄土、膨胀土、山区地基和红黏土的评价方法与地基处理措施。

我国土地辽阔，分布着多重多样的土。其中某些土类，由于所处的地理环境和气候条件差异，形成的地质成因和历史过程不同，以及组成地质成分和次生变化等特点，具有与一般土显然不同的工程性质。这些具有特殊工程性质的土类称为特殊土。由于天然形成的特殊土的地理分布，具有一定规律性，表现出一定区域特点，所以又称为区域性特殊土。我国区域性特殊土主要有膨胀土、红黏土、湿陷性黄土、软土、多年冻土等。当这些土作为建筑物地基时，应该注意到这些土的特殊性，避免可能引起的工程事故。

我国山区地域分布较广，工程地质条件较为复杂，存在多种不良地质现象，如滑坡、崩塌、岩溶、土洞等。作为建筑物地基存在着不均匀性和不稳定性，必须采取有效措施加以处理，处理不当对建筑物使用造成安全威胁。

10.1 湿陷性黄土地基

黄土类土是一种特殊的第四纪大陆松散堆积物，在世界各地分布很广，性质特殊。我国黄土类土基本上分布在西北、华北和东北地区，面积逾 60 万 km²，一般仅限于北纬 30°～48°分布，尤以北纬 34°～45°最为发育。这些地区位于我国大陆内部的西北沙漠区的外围东部地区，干旱少雨，具有大陆性气候的特点。

黄土类土是第四纪的产物，从早更新世 Q_1 开始堆积，经历了整个第四纪，直到目前还没有结束。按地层时代及其基本特征，黄土类土可分为三类。

(1) 老黄土。一般没有湿陷性，土的承载力较高。其中，Q_1 午城黄土主要分布在陕甘高原，覆盖在第三纪红土层或基岩上，而 Q_2 离石黄土分布较广，厚度也大，形成黄土高原的主体，主要分布在甘肃、陕西、山西及河南西部等地。

(2) 新黄土。广泛覆盖在老黄土之上，在北方各地分布很广，与工程建筑关系密切，一般都具有湿陷性。分布面积约占我国黄土的 60%，尤以 Q_3 马兰黄土分布更广，构成湿陷性黄土的主体。

(3) 新近堆积黄土。分布在局部地区，是第四纪最近沉积物，厚仅数米，但土质松软，压缩性高，湿陷性不一，土的承载力较低。

各地区黄土类土的总厚度不一，一般说来，高原地区较厚，且以陕甘高原最厚，可达 $100 \sim 200 \mathrm{m}$，而其他高原地区一般只有 $30 \sim 100 \mathrm{m}$。河谷地区的黄土总厚度一般只有几米到 $30 \mathrm{m}$，且主要是新黄土，老黄土常缺失。

黄土类土的成因是一个热烈争论、尚未最终解决的问题。我国黄土类土主要是风积成因类型，也有冲积、洪积、坡积、冰水沉积等成因类型。

10.1.1 湿陷性黄土的特征

黄土类土的颜色主要呈黄色或褐黄色，以粉粒为主，富含碳酸钙，有肉眼可见的大孔，垂直节理发育，浸湿后土体显著沉陷（称湿陷性）。具有上述全部特征的土即为"典型黄土"，与之相类似，但有的特征不明显的土就称为"黄土状土"。典型黄土和黄土状土统称为"黄土类土"，习惯上常简称为"黄土"。不管是典型黄土还是黄土状土，作为黄土类土的主要标志是以黄色为主；粉粒含量常占土重的 60% 以上；孔隙比 e 一般在 1.0 左右或更大，一般具肉眼可见的大孔；含有较多的可溶性盐类，如重碳酸盐、硫酸盐、氯化物；垂直节理发育。

具有天然含水量的黄土，如未受水浸湿，一般强度较高，压缩性较小。在覆盖土层的自重应力或自重应力和建筑物附加应力的综合作用下受水浸湿，使土的结构迅速破坏而发生显著的附加下沉（其强度也随着迅速降低），称为湿陷性黄土；不发生湿陷，则称为非湿陷性黄土。非湿陷性黄土地基的设计与施工与一般黏性土地基相同。

10.1.2 湿陷性黄土地基的评价

1. 湿陷系数

黄土是否具有湿陷性，可以用湿陷系数值 δ_s 来进行判定。湿陷系数 δ_s 是以原状土样，经室内浸水压缩试验在一定压力下用式 (10.1) 求得，即

$$\delta_s = \frac{h_p - h_p'}{h_0} \tag{10.1}$$

式中　h_p——保持天然的湿度和结构的土样，加压至一定压力 p 时下沉稳定后的高度，mm；

　　　h_p'——上述加压稳定后的土样，在浸水作用下，下沉稳定后的高度，mm；

　　　h_0——土样的初始高度，mm。

按上述公式计算的湿陷系数如下。

$\delta_s < 0.015$ 非湿陷性黄土

$\delta_s \geqslant 0.015$ 湿陷性黄土

《湿陷性黄土地区建筑规范》（GB 50025—2004）规定，对自基础底面算起（初步勘察时，自地面下 1.5m 算起）的 10m 内土层，该压力应用 200kPa，10m 以下至非湿陷性土层顶面应用其上覆土的饱和自重压力（当大于 300kPa 时，仍应用 300kPa）。如基底压力大于 300kPa 时，宜用实际压力。对压缩性较高的新近堆积黄土，基底下 5m 以内的土层宜用 100～150kPa 压力，5～10m 和 10m 以下至非湿陷性黄土层顶面，应分别用 200kPa 和上覆土的饱和自重压力。

2. 湿陷类型和湿陷等级

（1）建筑场地湿陷类型的划分。自重湿陷性黄土在没有外荷载的作用下，浸水后也会迅速发生剧烈的湿陷，甚至一些很轻的建筑物也难免遭受其害。而在非自重湿陷性黄土地区，这种情况就很少见。所以，对于这两种类型的湿陷性黄土地基，所采取的设计和施工措施应有所区别。在黄土地区地基勘察中，应按实测自重湿陷量或计算自重湿陷量判定建筑场地的湿陷类型。实测自重湿陷量应根据现场试坑浸水试验确定。

（2）黄土地基的湿陷等级。湿陷性黄土地基的湿陷等级，应根据基底下各土层累计的总湿陷量和计算自重湿陷量的大小等因素按表 10.1 判定。

表 10.1　　　　　　　　　　　湿陷性黄土地基的湿陷等级

	湿陷类型 Δ_{zs}/mm	非自重湿陷性场地	自重湿陷性场地	
Δ_s/mm		$\Delta_{zs} \leqslant 70$	$70 < \Delta_{zs} \leqslant 350$	$\Delta_{zs} > 350$
$\Delta_s \leqslant 300$		I（轻微）	II（中等）	—
$300 < \Delta_s \leqslant 700$		II（中等）	II（中等）或 III（严重）*	III（严重）
$\Delta_s > 700$		II（中等）	III（严重）	IV（很严重）

注　当湿陷量的计算值 $\Delta_s > 600$mm、自重湿陷量的计算值 $\Delta_{zs} > 300$ 时，可判为 III 级，其他情况可判为 II 级。

其中总湿陷量为

$$\Delta_s = \sum_{i=1}^{n} \beta \delta_{si} h_i \tag{10.2}$$

式中　δ_{si}——第 i 层土的湿陷系数；

h_i——第 i 层土的厚度；

β——考虑地基土侧向挤出和浸水概率等因素的修正系数。

计算自重湿陷量按式（10.3）计算，即

$$\Delta_{zs} = \beta_0 \sum_{i=1}^{n} \delta_{zsi} h_i \tag{10.3}$$

式中　δ_{zsi}——第 i 层土在上覆土的饱和自重应力作用下的湿陷系数，测定和计算同式（10.2）的 δ_{si}；

n——总计算厚度内湿陷土层的数目；

β_0——因地区土质而异的修正系数。

10.1.3　湿陷性黄土地基的工程措施

湿陷性黄土地基的设计和施工，除了必须遵循一般地基的设计和施工原则外，还应针对黄土湿陷性这个特点和工程要求，因地制宜地采用以地基处理为主的综合措施。这些措施有以下几个。

（1）地基处理。其目的在于破坏湿陷性黄土的大孔结构，以便全部或部分消除地基的湿陷性，从根本上避免或削弱湿陷现象的发生。常用的地基处理方法有土砂（或灰土）垫层，重锤夯实、强夯、预浸水、化学加固（主要是硅化和碱液加固）、土砂（灰土）桩挤密等，也可采用将桩端进入非湿陷性土层的桩基。

（2）防水措施。不仅要放眼于整个建筑场地的排水、防水问题，且要考虑到单体建筑物的防水措施，在建筑物长期使用过程中要防止地基被浸湿，同时也要做好施工阶段临时性排水、防水工作。

（3）结构措施。在建筑物设计中，应从地基、基础和上部结构相互作用的概念出发，采用适当的措施，增强建筑物适应或抵抗因湿陷引起的不均匀沉降的能力。这样，即使地基处理或防水措施不周密而发生湿陷时，建筑物也不致造成严重破坏，或减轻其破坏程度。

在上述措施中，地基处理是主要的工程措施。防水、结构措施的采用，应根据地基处理的程度不同而有所差别。对地基做了处理，消除了全部地基土的湿陷性，就不必再考虑其他措施，若地基处理只消除地基主要部分湿陷量，为了避免湿陷对建筑物的危害，还应辅以防水和结构措施。

10.2　膨　胀　土　地　基

10.2.1　膨胀土的特征

膨胀土一般系指黏粒成分，主要由亲水性矿物组成，同时具有显著的吸水膨胀和失水收缩两种变形特性的黏性土，它一般强度较高，压缩性低，易被误认为是建筑性能较好的地基土。但由于具有膨胀和收缩的特性，当利用这种土作为建筑物地基时，对低层轻型的房屋或构筑物带来的危害更大。在膨胀土地区进行建设，要通过勘察工作，对膨胀土作出必要的判断和评价，以便采取相应的设计和施工措施，从而保证房屋和构筑物的安全和正常使用。

1. 膨胀土的特征

膨胀土的黏粒含量一般很高，其中粒径小于 0.002mm 的胶体颗粒含量一般超过 20%。其液限 $\omega_L > 40\%$，塑性指数 $I_P > 17$，且多数在 22～35 之间。自由膨胀率一般超过 40%（红黏土除外）。膨胀土的天然含水量接近或略小于塑限，液性指数常小于零，土的压缩性小，多属低压缩性土。任何黏性土都有胀缩性，问题在于这种特性对房屋安全的影响程度。

2. 膨胀土对建筑物的危害

膨胀土具有显著的吸水膨胀和失水收缩的变形特性。建造在膨胀土地基上的建筑物，随季节性气候的变化会反复不断地产生不均匀的升降，而使房屋破坏，并具有以下特征。

（1）建筑物的开裂破坏具有地区性成群出现的特点。遇干旱年份裂缝发展更为严重，建筑物裂缝随气候变化时而张开时而闭合。

（2）发生变形破坏的建筑物，多数为一二层的砖木结构房屋。因为这类建筑物的重量轻，整体性差，基础埋置较浅，地基土易受外界因素的影响而产生胀缩变形，故极易裂损。

（3）房屋墙面角端的裂缝常表现为山墙上的对称或不对称的倒八字缝，这是由于山墙的两侧下沉量较中部大的缘故。外纵墙下部出现水平缝，墙体外倾并有水平错动。由于土的胀缩交替变形，还会使墙体出现交叉裂缝。房屋的独立砖柱可能发生水平断裂，并伴随有水平位移和转动。隆起的地坪，多出现纵长裂缝，并常与室外地裂相连。在地裂通过建筑物的地方，建筑物墙体上出现上小下大的竖向或斜向裂缝。

（4）膨胀土边坡极不稳定，易产生浅层滑坡，并引起房屋和构筑物的开裂。

3. 影响膨胀土胀缩变形的主要因素

膨胀土的胀缩变形由土的内在因素所决定，同时受到外部因素的制约。影响土胀缩变形的主要内在因素有：①矿物成分；②微观结构特征；③黏粒的含量；④土的密度和含水量；⑤土的结构强度。影响土胀缩变形的主要外部因素有：①气候条件，这是首要的因素；②地形地貌等因素。

10.2.2 膨胀土地基的勘察与评价

1. 膨胀土的胀缩性指标

评价膨胀土胀缩性的常用指标及其测定方法如下。

（1）自由膨胀率 δ_{ef}。它指研磨成粉末的干燥土样（结构内部无约束力），浸泡于水中，经充分吸水膨胀后所增加的体积与原土体积的百分比。试验时将烘干土样经无颈漏斗注入量土杯（容积 10mL），盛满刮平后，将试样倒入盛有蒸馏水的量筒（容积 50mL）内。然后加入凝聚剂并用搅拌器上下均匀搅拌 10 次。土粒下沉后每隔一定时间读取土样体积数，直至认为膨胀到达稳定为止。自由膨胀率按式（10.4）计算，即

$$\delta_{ef} = \frac{V_w - V_0}{V_0} \times 100\% \tag{10.4}$$

式中 V_w——试样在水中膨胀稳定后的体积，mL；

V_0——试样原有体积，mL。

（2）不同压力下的膨胀率 δ_{ep}。它指不同压力作用下，处于侧限条件下的原状土样在浸水后，其单位体积的膨胀量（以百分数表示）。试验时，将原状土置于压缩仪中，按工程实际需要确定对试样施加的最大压力，对试样逐级加荷至最大压力，待下沉稳定后，浸水使其膨胀并测得膨胀稳定值，然后按加荷等级逐级卸荷至零，测定各级压力下膨胀稳定时的土样高度变化值。δ_{ep} 值按式（10.5）计算，即

$$\delta_{ep} = \frac{h_w - h_0}{h_0} \times 100\% \tag{10.5}$$

式中 h_w——某级荷载下土样在水中膨胀稳定后的高度，mm；

h_0——土样原始高度，mm。

（3）线缩率 δ_s。它指土的垂直收缩变形与原始高度的百分比。试验时把土样从环刀中推出后，置于 20℃恒温条件下，或 15～40℃自然条件下干缩，按规定时间测读试样高度，并同时测定其含水量（ω）。用式（10.6）计算土的线缩率，即

$$\delta_s = \frac{h_0 - h}{h_0} \times 100\%$$ （10.6）

式中 h_0——土样原始高度，mm；

h——土样收缩后高度，mm。

2. 膨胀土地基的评价

膨胀土的判别是解决膨胀土地基勘察、设计的首要问题。据我国大多数地区的膨胀土和非膨胀土试验指标的统计分析认为，膨胀土中黏粒成分主要由亲水性矿物组成。凡具有下列工程地质特征的场地且自由膨胀率 $f_{ef} \geqslant 40\%$ 的土应判定为膨胀土。

10.2.3 膨胀土地基的工程措施

1. 设计措施

（1）建筑场地的选择。根据工程地质和水文地质条件，建筑物应尽量避免布置在地质条件不良的地段（如浅层滑坡和地裂发育区，以及地质条件不均匀的区域）。同时应利用和保护天然排水系统，并设置必要的排洪、截流和导流等排水措施，有组织地排除雨水、地表水、生活和生产废水，防止局部浸水和出现渗漏。

（2）建筑措施。建筑物的体型力求简单，尽量避免平面凹凸曲折和立面高低不一。建筑物不宜过长，必要时可用沉降缝分段隔开。一般无特殊要求的地坪，可用混凝土预制块或其他块料，其下铺砂和炉渣等垫层。如用现浇混凝土地坪，其下铺块石或碎石等垫层，每 3m 左右设分格缝。对于有特殊要求的工业地坪，应尽量使地坪与墙体脱开，并填以嵌缝材料。房屋附近不宜种植吸水量和蒸发量大的树木（如桉树），应根据树木的蒸发能力和当地气候条件合理确定树木与房屋之间的距离。

（3）结构处理。在膨胀土地基上，一般应避免采用砖拱结构和无砂大孔混凝土、无筋中型砌块建造的房屋。为了加强建筑物的整体刚度，可适当设置钢筋混凝土圈梁或钢筋砖腰箍。单独排架结构的工业厂房包括山墙、外墙及内隔墙均采用单独柱基承重，角端部分适当加深，围护墙宜砌在基础梁上，基础梁底与地面应脱空 10～15cm。建筑物的角端和内外墙的连接处，必要时可增设水平钢筋。

（4）地基处理。基础埋置深度的选择应考虑膨胀土的胀缩性、膨胀土层埋藏深度和厚度以及大气影响深度等因素。基础不宜设置在季节性干湿变化剧烈的土层内。一般基础的埋深宜超过大气影响深度。当膨胀土位于地表下 3m，或地下水位较高时，基础可以浅埋。若膨胀土层不厚，则尽可能将基础埋置在非膨胀土上。膨胀土地区的基础设计，应充分利用地基土的承载力，并采用缩小基底面积、合理选择基底形式等措施，以便增大基底压力，减少地基膨胀变形量。膨胀土地基的承载力，可按《膨胀土规范》（GBJ 112—87）有关规定选用。采用垫层时，须将地基中膨胀土全部或部分挖除，用砂、碎石、块石、煤渣、灰土等材料作垫层，而且必须有足够的厚度。当采用垫层作为主要设计措施时，垫层宽度应大于基础宽度，两侧回填相同的材料。如采用深基础，宜选用穿透膨胀土层的桩（墩）基。

2. 施工措施

膨胀土地区的建筑物，应根据设计要求、场地条件和施工季节，做好施工组织设计。在施工中应尽量减少地基中含水量的变化，以便减少土的胀缩变形。建筑场地施工前，应完成场地土方、挡土墙、护坡、防洪沟及排水沟等工程，使排水畅通、边坡稳定。施工用水应妥善管理，防止管网漏水。临时水池、洗料场、搅拌站与建筑物的距离不小于 5m。应做好排水措施，防止施工用水流入基槽内。基槽施工宜采取分段快速作业，施工过程中，基槽不应曝晒或浸泡。被水浸湿后的软弱层必须清除。雨期施工应有防水措施。基础施工完毕后，应立即将基槽和室内回填土分层夯实。填土可用非膨胀土、弱膨胀土或掺有石灰的膨胀土。地坪面层施工时应尽量减少地基浸水，并宜用覆盖物湿润养护。

10.3 红 黏 土 地 基

红黏土是在湿热气候条件下经历一定红土化作用而形成的一种含较多黏粒，富含铁、铝氧化物胶结的红色黏性土。其形成条件特殊，种类繁多，性质差别较大。

10.3.1 红黏土的基本特性

红黏土的基本特性一般如下。

（1）液限较大，含水较多，饱和度常大于 80%，土常处于硬塑至可塑状态。

（2）孔隙比一般较大，变化范围也大，尤其是残积红土的孔隙比常超过 0.9，甚至达2.0。前期固结压力和超固结比很大，除少数软塑状态红黏土外，均为超固结土，这与游离氧化物胶结有关，一般常具有中等偏低的压缩性。

（3）强度一般较高且变化范围大，黏聚力一般为 $10\sim60kPa$，内摩擦角为 $10°\sim30°$ 或更大。

（4）膨胀性极弱，但某些土具有一定的收缩性，这与粒度、矿物、胶结物情况有关。某些红土化程度较低的"黄层"收缩性较强，应划入膨胀土范畴。

（5）浸水后强度一般降低。部分含粗粒较多的红土，湿化崩解明显。

综上所述，红黏土是一种处于饱和状态、孔隙比较大、以硬塑和可塑状态为主、中等压缩性、较高强度的黏性土，具有一定收缩性。

10.3.2 红黏土存在的问题

从土的性质来说，红黏土是建筑物较好的地基，但也存在下列一些问题。

（1）有些地区的红黏土受水浸泡后体积膨胀，干燥失水后体积收缩而具有胀缩性。

（2）红黏土厚度分布不均，其厚度与下卧基岩面的状态和风化深度有关。常因石灰岩表面石芽、溶沟等的存在，而使上覆红黏土的厚度在小范围内相差悬殊，造成地基的不均匀性。

（3）红黏土沿深度自上向下含水量增加、土质有由硬至软的明显变化。接近下卧基岩面处，土常呈软塑或流塑状态，其强度低、压缩性较大。

（4）红黏土地区的岩溶现象一般较为发育。由于地面水和地下水的运动引起的冲蚀和潜蚀作用，在隐伏岩溶上的红黏土层常有土洞存在，因而影响场地的稳定性。

10.3.3　红黏土地基的设计和施工措施

红黏土表层通常呈坚硬至硬塑状态，强度高、压缩性低，可作为良好天然地基的持力层。当红黏土下部存在着局部的下卧层或岩层起伏过大时，应考虑地基不均匀沉降的影响，采取相应措施。

红黏土地区常存在岩溶、土洞或土层不均匀等不利因素的影响，应对地基、基础或上部结构采取适当措施，如换土、填洞、加强基础和上部结构的刚度、采用桩基等。

红黏土有裂隙发育，作为建筑物地基，在施工时和建筑物建成以后应做好防水排水措施，避免水分渗入地基中。对于重要建筑物，开挖基槽时应认真做好施工验槽工作。

对于天然土坡和人工开挖的边坡和基槽，必须注意土体中裂隙发育情况，避免水分渗入引起滑坡和崩塌事故。应该防止人为破坏坡面植被和自然排水系统，土面上的裂隙应当填塞，应该做好建筑物场地的地表水、地下水以及生产和生活用水的排水、防水措施，以保证土体的稳定性。

10.4　山　区　地　基

山区地基由于工程地质条件复杂，与平原地基相比，有以下特点。

（1）存在较多不良物理地质现象，如滑坡、崩塌、断层、岩溶、土洞及泥石流等。这些不良物理地质现象的存在，对建筑物构成直接的或潜在的威胁，给地基处理带来困难，处理不当就有可能带来严重损害。

（2）岩土性质比较复杂。如山顶的残积层、山麓的坡积层、山谷沟口的洪积和冲击层，西南山区局部存在第四纪冰川形成的冰渍区，这些岩土力学性质差别很大，软硬不均，分布厚度也不均匀，构成山区不均匀岩土地基。

（3）水文地质条件特殊。

（4）地形高差起伏较大。沟谷纵横，陡坡很多，平整场地时土石方工程量大，给地基处理带来很多困难。

山区地基特点主要表现为地基的不均匀性和场地的不稳定性两个方面，对不均匀地基要妥善处理；否则会引起建筑物不均匀沉降，使建筑物开裂、倾斜甚至破坏。在山区不良地质现象特别发育地段，一般不允许选作建筑场地，因特殊需要必须使用这类场地时，要采取可靠的防治措施。

10.4.1　土岩组合地基

在建筑物地基的主要受力范围内，如存在下列情况之一时则属于土岩组合地基：下卧基岩表面坡度较大（>10%）的地基；石芽密布并有局部出露的地基；大块孤石或个别石芽外露的地基。主要特征是地基在水平方向和竖直方向均有不均匀性。应结合上部结构的特点采取相应的措施。

1. 土岩组合地基的种类

（1）下卧基岩表面坡度较大的地基。这类地基在设计时要考虑由于上覆土层厚薄不均导致的建筑物产生不均匀沉降，同时要考虑地基的稳定性。建筑物不均匀沉降的大小除与荷载的大小、分布情况和建筑结构形式有关外，主要取决于下列 3 个因素：①岩层表面的倾斜方向和程度；②上覆土层的力学性质；③岩层的风化程度和压缩性等。

《建筑地基基础设计规范》（GB 50007—2011）规定，当地基中下卧基岩面为单向倾斜、岩面坡度大于 10%、基底下的土层厚度大于 1.5m 时，应按下列规定进行设计。

1）当结构类型和地质条件符合表 10.2 的要求时，可不作地基变形验算。

表 10.2　　　　　　　　　　下卧基岩表面允许坡度值

地基土承载力特征值 f_{ak}/kPa	四层及四层以下的砌体承重结构，三层及三层以下的框架结构	具有 150kN 和 150kN 以下吊车的一般单层排架结构	
		带墙的边柱和山墙	无墙的中柱
≥150	≤15%	≤15%	≤30%
≥200	≤25%	≤30%	≤50%
≥300	≤40%	≤50%	≤70%

2）不满足上述条件时，应考虑刚性下卧层的影响，按式（10.7）计算地基的变形，即

$$S_{gz}=\beta_{gz}S_z \tag{10.7}$$

式中　S_{gz}——具刚性下卧层时，地基土的变形计算值，mm；

β_{gz}——刚性下卧层对上覆土层的变形增大系数，按表 10.3 采用；

S_z——变形计算深度相当于实际土层厚度计算确定的地基最终变形计算值，mm。

表 10.3　　　　　　　　具有刚性下卧层时地基变形增大系数 β_{gz}

h/b	0.5	1.0	1.5	2.0	2.5
β_{gz}	1.26	1.17	1.12	1.09	1.00

注　h—基底下的土层厚度；b—基础底面宽度。

3）在岩土界面上存在软弱层（如泥化带）时，应验算地基的整体稳定性。

4）当土岩组合地基位于山间坡地、山麓洼地或冲沟地带，存在局部软弱土层时，应验算软弱下卧层的强度及不均匀变形。

（2）石芽密布并有局部出露的地基。地基中有石芽密布的情况多发生在岩溶地区，如图 10.1 所示。基础埋置深度要按基坑开挖后实际情况确定。

目前这类地基的变形问题，无法在理论上进行计算。《建筑地基基础设计规范》（GB 50007—2011）规定，如石芽间距小于 2m，其间充填的是硬塑或坚硬状态的红黏土，当房屋为 6 层和 6 层以下的砌体承重结构、3 层和 3 层以下的框架结构或具有 150kN 及 150kN 以下吊车的单层排架结

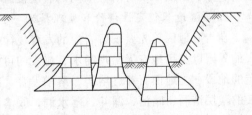

图 10.1　石芽密布地基

构、其基底压力小于 200kPa 时，可不作地基处理。如不能满足上述条件，可利用经检验稳定性可靠的石芽作为墩式基础；也可在石芽出露部位（在基础底面范围以内）凿去 30～50cm，再回填可压缩性土作为褥垫。当石芽间有较厚软弱土层时，可用碎石、砂夹石等

进行置换。如果地下水位较高，为了保证褥垫的质量，应用排水方法，使褥垫在无水情况下施工。

（3）大块孤石或个别石芽出露的地基。这类地基对建筑物最为不利，若不妥善处理，易造成建筑物开裂。对于这种地基，如土的承载力特征值大于 150kPa、房屋为单层排架结构或一二层砌体承重结构时，只在基础与岩石接触的部位采用厚度不小于 50cm 的褥垫进行处理；对于多层砌体承重结构，应根据土质情况，结合结构措施综合处理。在处理地基时，应使局部部位的变形条件与其周围的变形条件相适应；否则就可能造成不良后果。

2. 土岩组合地基的处理

土岩组合地基按下列原则处理，效果较好：①充分利用上覆土层，尽量采用浅埋基础。尤其在上覆持力层特性较下卧层为好时，更应优先考虑；②充分考虑地基、基础和上部结构的共同工作，采用地基处理和建筑、结构措施相结合的办法解决不均匀地基的变形问题；③调整建筑物的基底压力以达到调整沉降差的目的。

10.4.2　岩溶

岩溶或称"喀斯特"，它是石灰岩、泥灰岩、白云岩、大理岩、石膏、岩盐层等可溶性岩石受水的化学和机械作用而形成的溶洞、溶沟、裂隙、暗河、石芽、漏斗、钟乳石等奇特的地面及地下形态的总称。

岩溶地区由于有溶洞、暗河及土洞等的存在，可能造成地面变形和地基陷落，发生水的渗漏和涌水现象，使场地工程地质条件大为恶化。

在岩溶地区，红黏土层常覆盖在基岩表面，其中可能有土洞发育。红黏土与岩溶、土洞三者之间有不可分割的联系。

我国岩溶地区分布很广，其中以贵州、广西、四川、云南等省（自治区）最为发育，其余如湖南、广东、浙江、江苏、山东、山西等省均有规模不同的岩溶。此外，我国西部和西北部，在夹有石膏、岩盐的地层中，发现局部的岩溶。

1. 岩溶发育的条件

岩溶的发育与可溶性岩层、地下水活动、气候条件、地质构造及地形等因素有关，在一般情况下，石灰岩、泥灰岩、白云岩及大理岩中发育较慢。在岩盐、石膏及石膏质岩层中发育较快，经常存在有漏斗、洞穴并发生塌陷现象。岩溶的发育和分布规律主要受岩性、裂隙、断层以及可溶性不同的岩层接触面的控制。其分布常具有带状和成层性。

2. 岩溶地基稳定性评价和处理措施

在岩溶地区首先要了解岩溶的发育规律、分布情况和稳定程度，查明溶洞、暗河、陷穴的界限以及场地有无出现涌水、淹没的可能性，下列地段属于工程地质条件不良或不稳定的地段：①地面石芽、溶沟、溶槽发育，基岩起伏剧烈，其间有软土分布；②有规模较大的浅层溶洞、暗河、漏斗、落水洞；③溶洞水流通路堵塞造成涌水时，有可能使场地暂时被淹没。在一般情况下，应避免在上述地区从事建筑，如果一定要利用这些地段作为建筑场地时，应采取必要的防护和处理措施。

如果在不稳定的岩溶地区进行建筑，应结合岩溶的发育情况、工程要求、施工条件、经济与安全的原则，考虑采取以下处理措施：

（1）对个体溶洞与溶蚀裂隙，可采用调整柱距、用钢筋混凝土梁板或桁架跨越的办法。

（2）对浅层洞体，若顶板不稳定，可进行清、爆、挖、填处理，即清除覆土，爆开顶板，挖去软土，用块石、碎石、黏土或毛石混凝土等分层填实。若溶洞的顶板已被破坏，又有沉积物充填，当沉积物为软土时，除了采用前述挖、填处理外，还可根据溶洞和软土的具体条件采用石砌柱、灌注桩、换土或沉井等办法处理。

（3）溶洞大，顶板具有一定厚度，但稳定条件较差，如能进入洞内，为了增加顶板岩体的稳定性，可用石砌柱、拱或用钢筋混凝土柱支撑。

（4）地基岩体内的裂隙，可采用灌注水泥浆、沥青或黏土浆等方法处理。

（5）地下水宜疏不宜堵，在建筑物地基内宜用管道疏导。对建筑物附近排泄地表水的漏斗、落水洞以及建筑范围内的岩溶泉（包括季节性泉）应注意清理和疏导，防止水流通路堵塞，避免场地或地基被水淹没。

10.4.3 土洞地基

土洞的形成和发育与土层的性质、地质构造、水的活动、岩溶的发育等因素有关。其中以土层、岩溶的存在和水的活动等三因素最为重要。

在土洞发育的地区进行工程建设时，应查明土洞的发育程度和分布规律，查明土洞和塌陷的形状、大小、深度和密度，以便提供选择建筑场地和进行建筑总平面布置所需的资料。

建筑场地最好选择在地势较高或地下水最高水位低于基岩面的地段，并避开岩溶强烈发育及基岩面上软黏土厚而集中的地段。若地下水位高于基岩面，在建筑施工或建筑物使用期间，应注意由于人工降低地下水位或取水时形成土洞或发生地表塌陷的可能性。

在建筑物地基范围内有土洞和地表塌陷时，必须认真进行处理，常用的措施如下。

1. 地表水和地下水处理

在建筑场地范围内，做好地面水的截流、防渗、堵漏等工作，以便杜绝地表水渗入土层内。这种措施对由地表水引起的土洞和地表塌陷，可起到根治的作用。对形成土洞的地下水，当地质条件许可时，可采用截流、改道的办法，防止土洞和地表塌陷的发展。

2. 挖填处理

这种措施常用于浅层土洞。对地表水形成的土洞和塌陷，应先挖除软土，然后用块石或毛石混凝土回填。对地下水形成的土洞和塌陷，可挖除软土和抛填块石后做反滤层，面层用黏土夯实。

3. 灌砂处理

灌砂适用于埋藏深、洞径大的土洞。施工时在洞体范围的顶板上钻两个或多个钻孔，其中直径小的（50mm）作为排气孔，直径大的（大于100mm）用来灌砂。灌砂的同时冲水，直到小孔冒砂为止。如果洞内有水，灌砂困难时，可用压力灌注强度等级为C15的细石混凝土，也可灌注水泥或砾石。

4. 垫层处理

在基础底面下夯填黏性土夹碎石作垫层，以提高基底标高，减小土洞顶板的附加压力。这样以碎石为骨架可降低垫层的沉降量并增加垫层的强度，碎石之间有黏性土充填，可避免地表水下渗。

5. 梁板跨越

当土洞发育剧烈，可用梁、板跨越土洞，以支承上部建筑物，采用这种方案时，应注意洞旁土体的承载力和稳定性。

6. 采用桩基或沉井

对重要的建筑物，当土洞较深时，可用桩或沉井穿过覆盖土层，将建筑物的荷载传至稳定的岩层上。

10.4.4　滑坡

岩质或土质边坡在一定的地形地貌、地质构造、岩土性质、水文地质等自然条件下，由于地表水及地下水的作用或受地震、爆破、切坡、堆载等因素的影响，斜坡土石体在重力的作用下，失去其原有的稳定状态，沿着斜坡方向向下做长期而缓慢的整体移动，这种现象称为滑坡。有的滑坡开始表现为蠕动变形。但在滑动过程中，如果滑面的抗剪强度降低到一定程度时，滑坡速度会突然增加，可能以每秒钟几米甚至几十米的速度急剧滑落。过去由于对滑坡认识不足，个别工程修建后被滑坡所摧毁，有的被迫迁厂或因整治滑坡而增加巨额投资。因此，在山区修建工厂、矿山、铁路、公路以及水利工程时，如何识别和防治滑坡是一个重要的课题。

1. 滑坡的形成条件

引起滑坡的根本原因在于组成斜坡的岩土性质、结构构造和斜坡的外形，这些因素是决定滑坡的发生与否及其类别的内部条件。具体包括：①自然界中的斜坡是由各种各样的岩石和土体组成的；②斜坡的内部结构，如岩层层面、节理、裂缝以及断层面的倾向和倾角，对滑坡的发育关系很大，这些部位易于风化，抗剪强度低，当它们的倾向与斜坡的坡面的倾向一致时，就容易产生滑坡；③斜坡的坡高、倾角和断面形状对斜坡的稳定性有很大的影响。

影响滑坡的主要外部条件有：①水的作用；②地震作用；③人为因素的影响等。

2. 滑坡的预防

滑坡会危及建筑的安全，斜坡滑落物可能阻塞交通，因此，在山区建设中，对滑坡必须采取预防为主的方针。在勘察、设计、施工和使用各个阶段，都应注意预防滑坡的发生。如果滑坡一旦产生，由于土石体的结构遭到破坏，无论采取何种整治措施，同预防相比，其费用都会增加很多。因此，在建设场区内，必须加强地质勘察工作，认真地对山坡的稳定性进行分析和评价，并可采取下列预防措施以防止滑坡的产生：①场址要选择在山坡稳定的地段，对于稳定性较差、易于滑动或存在古滑坡的地段，一般不应选为建筑场地；②在规划场区时，应避免大挖大填，不使其破坏场地及边坡的稳定性，一般应尽量利用原有地形条件，因地制宜地顺等高线布置建筑物；③为了预防滑坡的产生，必须认真做好建筑场地的排水工作，应尽可能保持场地的自然排水系统，并随时注意维修和加固，防止地表水下渗。山坡植被应尽可能加以保护和培育。在施工过程中，应先做好室外排水工程，防止施工用水到处漫流；④在山坡整体稳定情况下开挖边坡时，如发现有滑动迹象，应避免继续开挖，并尽快采取恢复原边坡平衡的措施。为了预防滑坡，当在地质条件良好、岩土性质比较均匀的地段开挖时，对高度在 15m 以下的岩石边坡或高度在 10m 以下的土质边坡，其坡度允许值可按《建筑地基基础设计规范》（GB 50007—2011）有关表格确定，但是当地下水比较发育，或具有较弱结构面的倾斜地层时或者岩层层面或主要节理面的倾斜方向与边坡的开挖方向相同，且两者走向的夹角小于45°时，边坡的允许坡度应另行设计。

目前整治滑坡常用排水、支挡、减重与反压护坡等项措施。个别情况也可采用通风晾干、电渗排水和化学加固等方法来改善岩土的性质，以达到稳定边坡的目的。由切割坡脚所引起的滑坡，则以支挡为主，辅以排水、减重等措施；由于水的影响所引起的滑坡，则以治水为主，辅以适当的支挡措施。

10.5 软 土 地 基

10.5.1 软土的分类、分布与层理构造

1. 软土的分类

软土一般是指天然含水量大、压缩性高、承载能力低的一种软塑到流塑状态的黏性土，如淤泥、淤泥质土以及其他高压缩性饱和黏性土、粉土等。软土的分类见表10.4。

表 10.4 　　　　　　　　　　软 土 的 分 类

土的名称	划分标准	备　　注
淤泥	$\omega > \omega_L$，$e \geqslant 1.5$	e—天然孔隙比； ω—天然含水量； ω_L—液限； W_u—有机质含量
淤泥质土	$\omega > \omega_L$，$1.0 \leqslant e < 1.5$	
泥炭	$W_u > 60\%$	
泥炭质土	$10\% < W_u \leqslant 60\%$	

2. 软土的分布

饱和软黏土在世界范围内分布很广，一般位于太平洋、大西洋、印度洋沿岸或沿着海洋沿岸纵向延伸。例如，在印度、日本、印度尼西亚、伊拉克、波兰、法国等许多国家都分布有厚薄不等的软土，有的厚度大于100m。

软土在我国滨海平原、河口三角洲广泛分布，内陆平原、湖盆地周围和山间谷地也有分布。我国软土的主要分布区，按工程性质结合自然地质环境，可划分为3个区。沿秦岭走向向东至连云港以北的海边一线，作为Ⅰ、Ⅱ地区的界限；沿苗岭、南岭走向向东至莆田的海边一线，作为Ⅱ、Ⅲ地区的界限。这一分区可作为区划、规划和勘察的前期工作使用。

3. 软土的层理构造

厚度较大的软土，一般在表层中有一层1~3m厚的中压缩性或低压缩性黏性土（俗称软土硬壳层或表土层）。按照我国有关软土地区的层理构造，从工程地质观点出发，大致可分为以下几种类型。

（1）表层为1~3m的褐黄色粉质黏土，第二、第三层为淤泥质黏性土，厚度一般在20m左右，属高压缩性土，第四层为较密实的黏土层或砂层。

（2）表层由人工填土及较薄的粉质黏土组成，厚度为3~5m，第二层厚度为5~8m的高压缩性的淤泥层，基岩离地表较近，起伏变化较大。

（3）表层为 1m 余厚的黏性土，以下为 30m 以上的高压缩性的淤泥层。

（4）表层为 3～5m 的褐黄色粉质黏土，以下为淤泥及粉砂夹层交错形成。

（5）表层为 3～5m 的褐黄色粉质黏土，第二层为高压缩性的淤泥，厚度变化很大，呈喇叭口状，第三层为较薄残积层，下为基岩，分布在山前沉积平原或河流两岸靠山地区。

（6）表层为浅黄色的黏性土；以下为饱和软土或淤泥及泥炭，其成因复杂，极大部分为坡洪积、湖沼沉积、冲积以及残积，分布面积不大，厚度变化悬殊，土的物理力学性质变化极大，建筑性能很差。

10.5.2　软土的工程性质

软土的工程性质主要包括以下几个方面。

（1）触变性。当原状土受到振动或扰动以后，由于土体结构遭到破坏，强度会大幅度降低。当软土地基受到振动荷载后，易产生侧向滑移、沉降及基底两侧挤出现象。若经受大的地震力作用，容易产生较大的震陷。触变性可用灵敏度 S_t 表示，S_t 一般在 3～4 之间，最大可达 8～9，软土属高灵敏度或极灵敏度土。

（2）流变性。软土在长期荷载作用下，除产生排水固结引起的变形外，还会发生缓慢而长期的剪切变形。这对建筑物地基的沉降有较大的影响，对斜坡、堤岸、码头及地基稳定性不利。

（3）高压缩性。软土属高压缩性土，压缩系数 $\alpha_{1-2} > 0.5 \mathrm{MPa}^{-1}$，大部分压缩变形发生在垂直压力 100kPa 左右。

（4）低强度。软土不排水，抗剪强度一般小于 20kPa。

（5）低透水性。软土的垂直渗透系数一般在 $1 \times 10^{-8} \sim 1 \times 10^{-9} \mathrm{cm/s}$ 之间，对地基排水固结不利，建筑物沉降延续时间长。

（6）不均匀性。由于沉积环境的变化，软土层中具有良好的层理，层中常局部夹有厚薄不等的少数较密实的颗粒——较粗的粉土或砂层，使水平和垂直向分布有所差异，作为建筑物地基则易产生差异沉降。

10.5.3　软土的地基评价

1. 地基稳定性

评价软土地基的稳定性，应考虑以下几个方面。

（1）判定地基产生失稳和不均匀变形的可能性。

（2）当工程位于池塘、河岸、边坡附近时，应验算其稳定性。

（3）对含有浅层沼气带的地基，应分析判定沼气逸出对地基稳定性和变形的影响。

（4）评定地下水位的变化幅度、水力梯度和承压水头等水文地质条件对软土地基稳定性和变形的影响。

（5）在沿海滩地一带含盐的软土，受到地表雨水、淡水河流排泄、渗流作用，致使土层强度降低，灵敏度增大，为此要注意分析、评价地基土力学性质变化对工程的影响。

（6）地基土有饱和砂土或饱和粉土土层时，应进行地震液化判别，并确定其等级和程度。

2. 地基强度

软土地基承载力应结合建筑等级和场地复杂程度以及变形控制的原则，做出综合评价。

（1）采用原位测试、室内试验及当地经验确定。

（2）分析评析时，应考虑下列因素：软土的成层条件、应力历史、结构性、灵敏度等力学条件和排水条件；上部建筑结构类型、刚度，对不均匀沉降的敏感性、荷载性质、大小和分布特征；基础的类别、尺寸、埋深和刚度等；施工方法和程序等。

3. 地基变形

地基沉降通常包括 3 个部分，即初始沉降、主固结沉降和次固结沉降。不同的土类，这 3 部分沉降所占的比例不同。对于软土，初始沉降和主固结沉降在总沉降中所占份额不容忽视，必须加以考虑。

（1）地基的沉降计算可采用分层总和法或土的固结应力历史法。

（2）当建筑物相邻高低层荷载相差过大时，应分析其变形差异和相互影响。

（3）当有大面积堆载时，应分析对相邻建筑物的不利影响。

（4）提出基础形式和持力层的建议，对于上为硬层、下为软土的双层土地基应进行下卧层验算。

10.5.4 软土的地基处理措施

1. 软土的地基处理措施

（1）对暗浜、暗塘、墓穴、古河道的处理。

1）当范围不大时，一般采用基础加深或换填处理。

2）当宽度不大时，一般采用基础梁跨越处理。

3）当范围较大时，一般采用短桩处理。短桩的类型有砂桩、碎石桩、灰土桩、旋喷桩和预制桩，桩的设计参数宜通过试验确定。

（2）对表层及浅层不均匀地基及软土的处理。

1）对不均匀地基常采用机械碾压法或夯实法。

2）对浅层软土常采用垫层法。

（3）对深厚软土的处理。

1）排水固结法。采用堆载预压或砂井、袋装砂井、塑料排水板与堆载预压相结合的方法。当缺乏可作为堆载的材料时，可采用真空预压。预压荷载宜略大于设计荷载，预压时间、分级和速率应根据建筑物的要求和对周围建筑物的影响，以及软土的固结情况而定。

2）桩基础。对荷载大、沉降限制严格的建筑物，宜采用桩基础，以达到有效减少沉降量或差异沉降量的目的。

2. 建筑结构措施

（1）对于表层有密实土层时，应充分利用作为天然地基的持力层，实施"宽基浅埋"的处理方式。

（2）减少建筑物作用于地基的压力，可采用轻型结构、轻质墙体、空心构件、设置地下室或半地下室等。

（3）合理调整各部分的荷载分布、基础宽度或埋置深度，减小不均匀沉降。

（4）当建筑物对变形要求较高时，采用较小的地基承载力。

（5）当软土地基加载过大过快时，容易发生地基土塑流挤出的现象。可以采取控制施工进度、在建筑物四周打板桩围墙和采用反压法等措施来防止地基土塑流挤出。

（6）施工时，应注意对软土基坑的保护，减少扰动。

（7）对不同的基础形式，上部结构必须断开。

10.6　冻　土　地　基

10.6.1　冻土的分类、分布

凡温度不高于 0℃ 且含有冰晶的岩土，称为冻土。只有负温或零温，但不含冰的各种土，则称为寒土。

地基土产生冻胀的三要素是水分、土质和负温度，水分由下部土体向冻结锋面聚集的重分布现象，称为水分迁移。迁移的结果在冻结面上形成了冻夹层和冰透晶体，导致冻层膨胀，地表隆起。含水量越大，地下水位越高，越有利于聚冰和水分迁移。水分迁移通常发生在细粉土中，如粉性土最为强烈，其冻胀率最大。又因它有足够的表面能，具有使迁移水流畅通的渗透性。黏土的表面能很大，但其孔隙很小，一般不产生水分迁移。粗粒土虽有很大的孔隙，但形成不了毛细管，且表面能小，一般不产生水分迁移。

1. 冻土的分类

（1）按持续保存时间划分。可分为季节性冻土和多年冻土。

（2）根据所含盐类与有机物的不同划分。可分为盐渍化冻土与冻结泥炭化土。

（3）根据其变形特性划分。可分为坚硬冻土、塑性冻土与松散冻土。

根据冻土的融沉性与土的冻胀性又可分为若干亚类。

2. 冻土的分布

冻土的分布可分为高纬度多年冻土和高海拔多年冻土，前者分布在东北地区，后者分布在西部高山高原及东部一些较高山地（如大兴安岭南端）。

（1）东北冻土区为欧亚大陆冻土区的南部地带，冻土分布具有明显的纬度地带性规律，自北而南，分布的面积逐渐减少。

（2）在西部高山高原和东部一些山地，一定的海拔高度以上（即多年冻土分布下界）有多年冻土出现。冻土分布具有垂直分带规律。

（3）青藏高原冻土区是世界中、低纬度地带海拔最高（平均 4000m 以上）、面积最大（超过 100 万 km^2）的冻土区。在北起昆仑山，南至喜马拉雅山，西抵国界，东缘至横断山脉西部、巴颜喀拉山和阿尼马卿山东南部的广大范围内有大片连续的多年冻土和岛状多年冻土。冻土分布面积由北和西北向南和东南方向减少，在昆仑山至唐古拉山南区间多年冻土基本呈连续分布，往南到喜马拉雅山为岛状冻土区，仅藏南谷地出现季节冻土区。

10.6.2　冻土的工程特征

1. 冻土的结构

多年冻土分为上、下两层，上层是夏融冬冻昼融夜冻的活动层（交替层），下层是多年冻结不融的永冻层。

活动层随纬度和高度的增大而减小，其冻融深度与每年冬夏季节的温度有关，即活动层冬季时与下部永冻层连接起来。例如，冬季较暖，在活动层和永冻层之间可出现一层未冻结的融区，如果来年夏天较凉，便在活动层下部留下隔年层。隔年层较薄，仅 10cm 厚，可保留一至数年，在较暖的夏季活动层融化较深，隔年层即消失，因此，冻土层中常出现隔年冻结层和融区的多层结构特征。

当活动层向下冻结时，底部的永冻层起阻挡作用，结果使未冻结的融区受到挤压，发生塑形变形，形成冻融扰动——冰卷泥。

2. 冻土的性质

多年冻土是一种对温度敏感、有较强可变性的低温多相体系。这种低温多相体系具有以下特点。

(1) 冻土具有物质迁移特性和热物理特性。其可使土体易胀缩形变。由于水和冰是最易变的相态，土体在冻结过程中除水分、盐分发生迁移外，其体积也会膨胀——收缩。因此，当水分从液相转为固相时，土体冻胀，当水分从固相转变液相时，土体融化下沉，特别是在外力作用下，土体还会融化压缩。当大量的水分转入盐类结晶格架成为结晶水时（生成 $Na_2SO_4 \cdot 10H_2O$），引起土体盐胀等。

(2) 冻土具有流变特性。冻土可使土体黏聚程度与强度降低，产生蠕变与松弛。蠕变是冻土在不变的应力作用下随时间而发展的变形，松弛则是在固定的变形条件下应力随时间衰减。当土体温度升高时，冻土中水与冰的比例发生变化，其黏聚程度与强度降低，即发生蠕变，特别是高含水（冰）量的冻土，更是如此。

冻土的上述性质，将会使特殊的自然环境中，多年冻土及其可变性成为孕育冻融荒漠化和工程冻害的重要诱发因素。在高海拔地区多年冻土发生退化，季节融化层增厚，冻土厚度减薄或冻土岛消融等变化后，必然严重影响上覆活动层（地表岩土体）的工程性质，并使地表形态发生变化，导致地表岩土的冻融过程或斜坡过程受到强化，导致冻土退化，从而发生各类工程冻害，出现以融沉为特点的地表裸露化、破碎化过程，形成冻融荒漠化土地。

10.6.3 冻土地基的评价

1. 季节性冻土的工程性质

(1) 冻土的工程性质。冻土融化后承载力大为降低，压缩性急剧增高，使地基产生融陷；相反，在冻结过程中又产生冻胀，对地基不利。冻土的冻胀和融陷与土的颗粒大小及含水量有关，一般土颗粒越粗，含水量越小，土的冻胀和融陷性越小。

(2) 冻土的冻胀性与融沉性分类。

1) 季节冻土与多年冻土季节融化层土的冻胀性分类。季节冻土与多年冻土季节融化层土根据土平均冻胀率 η 的大小可分为不冻胀土、弱冻胀土、冻胀土、强冻胀土和特强冻胀土五类。

2) 多年冻土融沉性分类。根据土融化下沉系数 δ_0 的大小，多年冻土可分为不融沉、弱融沉、融沉、强融沉和融陷土五类。

2. 冻土地基评价

（1）多年冻土的地基承载力，应区别保持冻结地基和允许融化地基，结合当地经验用载荷试验或其他原位测试方法综合确定，对次要建筑物可根据邻近工程经验确定。

（2）除次要工程外，建筑物宜避开饱冰冻土、含土冰层地段和冰锥、冰丘、热融湖、厚层地下冰，融区与多年冻土区之间的过渡带，宜选择坚硬岩层、少冰冻土和多冰冻土地段以及地下水位或冻土层上水位低的地段和地形平缓的高地。

10.6.4　冻土地基处理措施

由于冻胀和融沉的交替作用，导致房屋地基不均匀下沉，墙体出现巨大的裂缝。房屋是采暖建筑物，冻土对其的破坏作用远远超过公路等冷结构物。房屋如不采取适当措施，一般两年后就会产生冻土破坏现象。因此，对于冻土地基应采取可靠、有效的综合处理措施，以保证建筑物的安全使用。

1. 改变地基冻胀性的措施

（1）为了防止施工和使用期间的雨水、地表水、生产废水和生活污水浸入地基，应配置排水设施。在山区应设置截水沟或在建筑物下设置暗沟，以排走地表水和潜水流，避免因地基土浸水、含水率增加而造成冻害。

（2）对低洼场地，加强排水并采用非冻胀性土填方，填土高度不应小于 0.5m，其范围不应小于散水坡宽度加 1.5m。

（3）在基础外侧面，可用一定厚度的非冻胀性土层或隔热材料在一定宽度内进行保温，其厚度与宽度宜通过热工计算确定。

（4）可用强夯法消除土的冻胀性。

（5）用非冻胀性土或粗颗粒土建造人工地基，使地基的冻融循环仅发生在人工地基内。

2. 结构措施

（1）可增加建筑物的整体刚度。设置钢筋混凝土封闭式圈梁和基础梁，并控制建筑物的长高比。

（2）建筑平面应力求简单，体形复杂时宜采用沉降缝隔开。

（3）宜采用独立基础或桩基。

（4）当外墙上内横隔墙间距较大时，宜设置扶壁柱。

（5）可加大上部荷重，或缩小基础与冻胀土接触的表面积。

（6）外门斗、室外台阶和散水坡等附属结构应与主体承重结构断开；散水坡分段不宜超过 1.5m，坡度不宜小于 3%，其下宜填筑非冻胀性材料。

（7）按采暖设计的建筑物，当年不能竣工或入冬前不能交付正常使用或使用中可能出现冬季不能正常采暖时，应对地基采取相应的越冬保温措施；对非采暖建筑物的跨年度工程，入冬前基坑应及时回填，并采取保温措施。

3. 减小和消除切向冻胀力的措施

（1）基础在地下水位以上时，基础侧表面可回填非冻胀性的中砂和粗砂，其厚度不应小于 200mm。

（2）应对与冻胀性土接触的基础侧表面进行压平、抹光处理。

（3）可采用物理化学方法处理基础侧表面或与基础侧表面接触的土层。

（4）可做成正梯形的斜面基础，在符合现行国家标准《建筑地基基础设计规范》（GB 50007—2011）关于刚性角规定的条件下，其宽高比不应小于 1：7，如图 10.2 所示。

（5）可采用底部带扩大部分的自锚式基础，如图 10.3 所示。

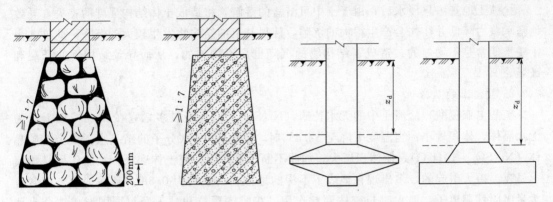

图 10.2 正梯形斜面基础　　　　　　图 10.3 自锚式基础

4. 减小和消除法向冻胀力的措施

（1）基础在地下水位以上时，可采用换填法，用非冻胀性的粗颗粒土做垫层，但垫层的底面应在设计冻深线处。

（2）在独立基础的基础梁下或桩基础的承台下，除不冻胀类土与弱冻胀类土外，对其他冻胀类别的土层应留有相当于地表冻胀量的空隙，可取 100～200mm，空隙中可填充松软的保温材料，如图 10.4 所示。

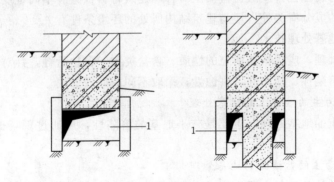

图 10.4 基础梁和桩基承台构造
1—空隙

10.7 盐渍土地基

10.7.1 盐渍土的的工程危害

盐渍土在工程上的危害较为广泛，可以概括为三个方面：溶陷性、盐胀性和腐蚀性。滨海盐渍土因常年处于饱和状态，其溶陷性和盐胀性不明显，主要是腐蚀方面的危害；内陆盐渍土则兼有三种危害，且较为严重。

1. 盐渍土的溶陷性

天然状态下的盐渍土在土的自重应力或附加压力作用下受水浸湿时产生的变形称为盐渍土的溶陷变形。大量的研究表明，干燥和稍湿的盐渍土才具有溶陷性。

盐渍土地基一旦浸水后，由于土中可溶盐的溶解，将造成土体结构强度的丧失，导致地基承载力降低并往往会产生很大的沉陷，使得其上的结构物发生较大的沉降。此外，由于浸水通常是不均匀的，造成了结构物的沉降也是不均匀的，从而导致结构物的开裂和破坏。

2. 盐渍土的盐胀性

硫酸（亚硫酸）盐渍土中的无水芒硝（Na_2SO_4）的含量较多，它在 32.4℃ 以上时为无水晶体，体积较小；当温度下降至 32.4℃ 时，吸收 10 个水分子的结晶水，成为芒硝晶体（$Na_2SO_4 \cdot 10H_2O$），使体积增大，如此不断反复作用，使土体变松。盐胀作用是盐渍土昼夜温差大引起的，多出现在地表下不深的地方，一般约为 0.3m。碳酸盐渍土中含有大量吸附性阳离子，遇水时与胶体颗粒作用，在胶体颗粒和黏土颗粒周围形成结合水薄膜，减少了各颗粒间的黏聚力，使其相互分离，引起土体盐胀。资料表明，当土中的 Na_2CO_3 含量超过 0.5％ 时，其盐胀量显著增大。

3. 盐渍土的腐蚀性

盐渍土均具有腐蚀性。硫酸盐盐渍土具有较强的腐蚀性，当硫酸盐含量超过 1％ 时，对混凝土产生有害影响，对其他建筑材料也有不同程度的腐蚀作用。氯盐盐渍土具有一定的腐蚀性，当氯盐含量大于 4％ 时对混凝土产生不良影响，对钢铁、木材、砖等建筑材料也具有不同程度的腐蚀性。碳酸盐盐渍土对各种建筑材料也具有不同程度腐蚀性。腐蚀的程度除与盐类的成分有关外，还与建筑结构所处的环境条件有关。

10.7.2　盐渍土地基处理技术

盐渍土地基处理，应根据盐渍土的性质、含盐类型、含盐量等，针对盐渍土的不同性状，对盐渍土的溶陷性、盐胀性、腐蚀性，采取不同的处理方法。

1. 以溶陷性为主的盐渍土的地基处理

对这类盐渍土的地基处理，主要是减小地基的溶陷性，可通过现场试验后按表 10.5 选用不同方法。

2. 以盐胀性为主的盐渍土的地基处理

这类盐渍土的地基处理主要为是减小或消除盐渍土的盐胀性，可采用下列方法：

（1）换土垫层法：即使硫酸盐渍土很厚，也无需全部挖除，只要将有效盐胀范围内的盐渍土挖除即可。

（2）设地面隔热层：地面设置隔热层，使盐渍土层的浓度变化减少，从而减小或完全消除盐胀，不破坏地坪。

（3）设变形缓冲层：在地坪下设一层 20cm 左右厚的大粒径卵石，使下面土层的盐胀变形得到缓冲。

（4）化学处理方法：将氯盐渗入硫酸盐渍土，抑制其盐胀，当 Cl^- 与 SO_4^{2-} 的浓度之比大于 6 时，效果显著，因硫酸钠在氯盐溶液中的溶解度随浓度增加而减少。

表 10.5 盐渍土的地基处理方法

处 理 方 法	适 用 条 件	注 意 事 项
浸水预溶	厚度不大或渗透性较好的盐渍土	需经现场试验确定浸水时间和预溶深度
强夯	地下水位以上，孔隙比较大的低塑性土	需经现场试验，选择最佳夯击能量和夯击参数
浸水预溶＋强夯	厚度较大、渗透性较好的盐渍土，处理深度取决于预溶深度和夯击能量	需经试验选择最佳夯击能量和夯击参数
浸水预溶＋预压	土质条件同上，处理深度取决于预溶深度和预压深度	需经现场试验，检验压实效果
换土	溶陷性较大且厚度不大的盐渍土	宜用灰土或易夯实的非盐渍土回填
振冲	粉土和粉细砂层，地下水位较高	振冲所用的水应采用场地内地下水或卤水，切忌一般淡水
物理化学处理（盐化处理）	含盐量很高、土层较厚，其他方法难以处理，且地下水较深	需经现场试验，检验处理效果

3. 以腐蚀性为主的盐渍土的防腐蚀措施

盐渍土的腐蚀主要是由于盐溶液对建筑材料的侵入造成的，所以采取隔断盐溶液的侵入或增加建筑材料的密度等措施，可以防护或减小盐渍土对建筑材料的腐蚀性。《工业建筑防腐设计规范》（GB 50046—2008）提出的防护措施可以参照使用。

（1）钢筋混凝土的强度不应低于 C20，毛石混凝土和素混凝土的强度不应低于 C15，预制钢筋混凝土桩的混凝土强度不宜低于 C35。

（2）混凝土的最大水灰比和最少水泥用量应符合表 10.6 的规定。

表 10.6 混凝土最大水灰比和最少水泥用量

项 目	钢筋混凝土	预应力混凝土
最大水灰比	0.55	0.45
最少水泥用量/(kg/m³)	300	350

（3）对混凝土的强度为 C25、C30、C35 的基础和桩基础，混凝土保护层不应小于 50mm。

（4）对基础和桩基础的表面防护应符合表 10.7 的规定。

表 10.7　　　　　　　　　　　　　基础和桩基础的表面防护

腐蚀性等级	构件名称	防护要求
强腐蚀、中腐蚀	基础	底部设耐腐蚀垫层。表面涂冷底子油两遍，沥青胶泥两遍，或环氧沥青厚浆型涂料两遍
	桩基础	当 pH 值小于 4.5 时，桩宜采用涂料防护；当 SO_4^{2-} 腐蚀时，混凝土桩宜采用抗硫酸盐硅酸盐水泥或铝酸三钙含量不大于 5% 的普通硅酸盐水泥制作，当无条件采用上述材料制作时，可采用表面涂料防护；当 Cl^- 腐蚀时混凝土桩宜掺入钢筋阻锈剂
弱腐蚀	基础	无需防护
	桩基础	无需防护

习　　题

10.1　什么叫湿陷性黄土？试述湿陷性黄土的工程特征。

10.2　如何判别黄土地基的湿陷程度？怎样区分自重和非自重湿陷性场地？如何划分湿陷性黄土地基的等级？

10.3　湿陷起始压力 p 在工程上有何实用意义？

10.4　试述膨胀土的特征。影响膨胀土胀缩变形的主要因素是什么？膨胀土地基对哪些房屋的危害最大？

10.5　自由膨胀率、膨胀率和线缩率的物理意义是什么？如何划分膨胀等级？

10.6　膨胀土地基的工程措施有哪些？

10.7　红黏土地基设计时应考虑哪些措施？

10.8　山区地基有哪些特点？

10.9　软土的工程性质主要包括哪些？

10.10　冻土地基的特点是什么？在冻土地基进行建筑时应采取哪些措施？

附录　土工试验指导书

试验一　含水率试验

一、概述

土的含水率 w 是指土在温度 $105\sim110℃$ 下烘干至恒量时所失去的水质量与达到恒量后干土质量的比值，以百分数表示。

含水率是土的基本物理性质指标之一，它反映了土的干、湿状态。含水率的变化将使土物理力学性质发生一系列变化，它可使土变成半固态、可塑状态或流动状态，可使土变成稍湿状态、很湿状态或饱和状态，也可造成土在压缩性和稳定性上的差异。含水率还是计算土的干密度、孔隙比、饱和度、液性指数等不可缺少的依据，也是建筑物地基、路堤、土坝等施工质量控制的重要指标。

二、试验方法及原理

含水率试验方法有烘干法、酒精燃烧法、比重法、碳化钙气压法、炒干法等，其中以烘干法为室内试验的标准方法。在此仅介绍烘干法和酒精燃烧法。

（一）烘干法

烘干法是将试样放在温度能保持 $105\sim110℃$ 的烘箱中烘至恒量的方法，是室内测定含水率的标准方法。

1. 仪器设备

（1）保持温度为 $105\sim110℃$ 的自动控制电热恒温烘箱。

（2）称量 200g，最小分度值 0.01g 的天平。

（3）玻璃干燥缸。

（4）恒质量的铝制称量盒两个。

2. 操作步骤

（1）称盒加湿土质量。从土样中选取具有代表性的试样 $15\sim30g$（有机质土、砂类土和整体状构造冻土为 50g），放入称量盒内，立即盖上盒盖，称盒加湿土质量，准确至 0.01g。

（2）烘干试样。打开盒盖，将试样和盒一起放入烘箱内，在温度 $105\sim110℃$ 下烘至恒量。试样烘至恒量的时间，对于黏土和粉土宜烘 $8\sim10h$，对于砂土宜烘 $6\sim8h$。对于有机质超过干土质量 5％的土，应将温度控制在 $65\sim70℃$ 的恒温下进行烘干。

（3）称盒加干土质量。将烘干后试样和盒从烘箱中取出，盖上盒盖，放入干燥器内冷却到室温。将试样和盒从干燥器内取出，称盒加干土质量，准确至 0.01g。

3. 成果整理

按下式计算含水率，即

$$w = \frac{m_1 - m_2}{m_2 - m_0} \times 100\%$$

式中　w——含水率，%，精确至 0.1%；

m_1——称量盒加湿土质量，g；

m_2——称量盒加干土质量，g；

m_0——称量盒质量，g。

含水率试验须进行二次平均测定，每组学生取两次土样测定含水率，取其算术平均值作为最后成果。但两次试验的平均差值不得大于附表 1.1 的规定。

附表 1.1　　　　　　　　　　　　含水率测定的平行差值

含水率/%	允许平行差值/%	含水率/%	允许平行差值/%
<10	0.5	≥40	2
<40	1		

4. 试验记录

烘干法测含水率的试验记录见附表 1.2。

附表 1.2　　　　　　　　　　含水率试验记录

工程名称＿＿＿＿＿＿＿＿＿＿　　　　　　　　试验者＿＿＿＿＿＿＿＿＿＿

工程编号＿＿＿＿＿＿＿＿＿＿　　　　　　　　计算者＿＿＿＿＿＿＿＿＿＿

试验日期＿＿＿＿＿＿＿＿＿＿　　　　　　　　校核者＿＿＿＿＿＿＿＿＿＿

试样编号	土样说明	盒号	盒质量/g	盒加湿土质量/g	盒加干土质量/g	湿土质量/g	干土质量/g	含水率/%	平均含水率/%	备注

（二）酒精燃烧法

酒精燃烧法是将试样和酒精拌和，点燃酒精，随着酒精的燃烧使试样水分蒸发的方法。酒精燃烧法是快速简易且较准确测定细粒土含水率的一种方法，适用于没有烘箱或土样较少的情况。

1. 仪器设备

（1）恒质量的铝制称量盒。

（2）称量 200g、最小分度值为 0.01g 的天平。

（3）纯度 95% 的酒精。

（4）滴管、火柴和调土刀。

2. 操作步骤

（1）从土样中选取具有代表性的试样（黏性土 5～10g，砂性土 20～30g），放入称量盒内，立即盖上盒盖，称盒加湿土质量，准确至 0.01g。

（2）打开盒盖，用滴管将酒精注入放有试样的称量盒内，直至盒中出现自由液面为止，并使酒精在试样中充分混合均匀。

（3）将盒中酒精点燃，并烧至火焰自然熄灭。

（4）将试样冷却数分钟后，按上述方法再重复燃烧两次，当第三次火焰熄灭后，立即盖上盒盖，称盒加干土质量，准确至 0.01g。

3. 成果整理

酒精燃烧法试验同样应对两个试样进行平行测定，其含水率计算见含水率计算公式，含水率允许平行差值与烘干法相同。

4. 试验记录

酒精燃烧法测含水率的试验记录见附表 1.2。

三、注意事项

（1）打开试样后应立即称湿土质量，以免水分蒸发。

（2）土样必须按要求烘至恒重；否则会影响测试精度。

（3）烘干的试样应冷却后再称量，以防止热土吸收空气中的水分，避免天平受热不均影响称量精度。

试验二　密度试验

一、概述

土的密度是指土的单位体积质量，是土的基本物理性质指标之一，其单位为 g/cm^3。土的密度反映了土体结构的松紧程度，是计算土的自重应力、干密度、孔隙比、孔隙度等指标的重要依据，也是挡土墙压力计算、土坡稳定性验算、地基承载力和沉降量估算以及路基路面施工填土压实度控制的重要指标之一。

当用国际单位制计算土的重力时，由土的质量产生的单位体积的重力称为重力密度 γ，简称重度，其单位是 kN/m^3。重度由密度乘以重力加速度求得，即 $\gamma = \rho g$。

土的密度一般是指土的湿密度 ρ，相应的重度称为湿重度 γ，此外还有土的干密度 ρ_d、饱和密度 ρ_{sat} 和有效密度 ρ'，相应的有干重度 γ_d、饱和重度 γ_{sat} 和有效重度 γ'。

试验目的：测定土的密度。

二、试验方法及原理

密度试验方法有环刀法、蜡封法、灌水法和灌砂法等。对于细粒土，宜采用环刀法；对于易碎裂、难以切削的土，可用蜡封法；对于现场粗粒土，可用灌水法或灌砂法。下面仅介绍环刀法。

环刀法就是采用一定体积环刀切取土样并称土质量的方法，环刀内土的质量与环刀体积之比即为土的密度。

环刀法操作简便且准确，在室内和野外均普遍采用，但环刀法只适用于测定不含砾石颗粒的细粒土的密度。

1. 仪器设备

（1）恒质量环刀，内径 6.18cm（面积 30cm²）或内径 7.98cm（面积 50cm²），高 20mm，壁厚 1.5mm。

（2）称量 500g、最小分度值 0.1g 的天平。

（3）切土刀、钢丝锯、毛玻璃和圆玻璃片等。

2. 操作步骤

（1）按工程需要取原状土或人工制备所需要求的扰动土样，其直径和高度应大于环刀的尺寸，整平两端放在玻璃板上。

（2）在环刀内壁涂一薄层凡士林，将环刀的刀刃向下放在土样上面，然后用手将环刀垂直下压，边压边削，至土样上端伸出环刀为止，根据试样的软硬程度，采用钢丝锯或修土刀将两端余土削去修平，并及时在两端盖上圆玻璃片，以免水分蒸发。

（3）擦净环刀外壁，拿去圆玻璃片，然后称取环刀加土质量，准确至 0.1g。

3. 成果整理

按以下式子分别计算密度和干密度，即

$$\rho = \frac{m}{V} = \frac{m_2 - m_1}{V}$$

$$\rho_d = \frac{\rho}{1 + 0.01w}$$

式中　　ρ——湿密度，g/cm³，精确至 0.01g/cm³；

ρ_d——干密度，g/cm³，精确至 0.01g/cm³；

m——湿土质量，g；

m_2——环刀加湿土质量，g；

m_1——环刀质量，g；

w——含水率，%；

V——环刀容积，cm³。

环刀法试验应进行两次平行测定，两次测定的密度差值不得大于 0.03g/cm³，并取其两次测值的算术平均值。

注意事项如下。

（1）制备原状土样时，环刀内壁涂一薄层凡士林，用环刀切取试样时，环刀应垂直均匀下压，以防环刀内试样的结构被扰动，同时用切土刀沿环刀外侧切削土样，用切土刀或钢丝锯整平环刀两端土样。

（2）夏季室温高时，应防止水分蒸发，可用玻璃片盖住环刀上下，但计算时应扣除玻璃片的质量。

（3）需进行平行测定，要求两次差值不大于 0.03g/cm³；否则重做。结果取两次试验结果的平均值。

4. 试验记录

密度试验记录见附表 2.1。

附表 2.1　　　　　　密度试验记录表（环刀法）

工程名称＿＿＿＿＿＿＿＿＿＿＿　　　　　　试验者＿＿＿＿＿＿＿＿＿＿＿

工程编号＿＿＿＿＿＿＿＿＿＿＿　　　　　　计算者＿＿＿＿＿＿＿＿＿＿＿

试验日期＿＿＿＿＿＿＿＿＿＿＿　　　　　　校核者＿＿＿＿＿＿＿＿＿＿＿

试样编号	土样类别	环刀号	环刀加湿土质量/g	环刀质量/g	湿土质量/g	环刀容积/cm³	湿密度/(g/cm³)	平均湿密度/(g/cm³)	含水率/%	干密度/(g/cm³)	平均干密度/(g/cm³)

5. 成果整理

（1）写出试验过程。

（2）确定土的密度。

三、注意事项

（1）应严格按照试验步骤用环刀取土样，不得急于求成，用力过猛或图省事而削成土柱，这样易使土样开裂扰动，结果事倍功半。

（2）修平环刀两端余土时，不得在试样表面往返压抹。对软土宜先用钢丝锯将土样锯成几段，然后用环刀切取。

试验三　液塑限联合测定试验

一、试验目的

本试验是测定细粒土的液限和塑限含水量，结合含水量试验，用作计算土的塑性指数和液性指数，按塑性指数或塑性土对黏性土进行分类，并可结合土体的原始孔隙比来评价黏性土地基的承载能力。

二、试验方法

界限含水量测定方法有 4 种：液塑限联合测定法适应于粒径小于 0.5mm 以及有机质含量不大于试样总质量 5% 的土；碟式或锥式仪液限试验法、滚搓法塑限试验、收缩皿法缩限试验均适用于粒径小于 0.5mm 的土。

三、液塑限联合测定法试验

（一）仪器设备

（1）液塑限联合测定仪：包括带标尺的圆锥仪、电磁铁、显示屏、控制开关如附图 3.1 所示。

（2）试样杯：直径 40～50mm，高 30～40mm。

（3）天平：称量 200g，感量 0.01g。

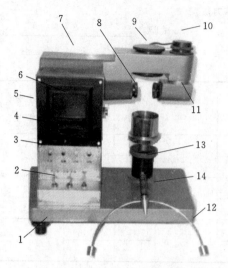

附图 3.1　液塑限联合测定仪
1—水平调节螺钉；2—控制开关；3—指示灯；
4—零线调节开关；5—反光镜调节螺钉；
6—屏幕；7—机壳；8—物镜调节
螺钉；9—电磁装置；10—光
源调节螺钉；11—光源；
12—圆锥仪；13—升
降台；14—水平泡

（4）其他：烘箱、干燥器、铝盒、调土刀、凡士林、孔径 0.5mm 筛等。

（二）操作步骤

（1）本试验宜采用天然含水率试样，当土样不均匀时，采用风干试样，当试样中含有粒径大于 0.5mm 的土粒和杂物时应过 0.5mm 筛。

（2）当采用天然含水率土样时，取代表性土样 250g；采用风干试样时，取 0.5mm 筛下的代表性土样 200g，分成 3 份，分别放入 3 个盛土皿中，加入不同数量的纯水，使其分别接近液限、塑限和二者中间状态的含水量，调成均匀膏状，放入调土皿，浸润过夜。

（3）将制备的试样充分调拌均匀，填入试样杯中，填样时不应留有空隙，对于较干的试样充分搓揉，密实的填入试样杯中，填满后刮平表面。

（4）将试样杯放在联合测定仪的升降座上，在圆锥上抹一薄层凡士林，接通电源，使电磁铁吸住圆锥。

（5）调节零点，将屏幕上的标尺调在零位，调整升降座、使圆锥尖接触试样表面，指示灯亮时圆锥在自重下沉入试样，经 5s 后测读圆锥下沉深度（显示在屏幕上），取出试样杯，挖去锥尖入土的凡士林，取锥体附近的试样不少于 10g，放入称量盒内，测定含水率。

（6）按（3）～（5）的步骤分别测试其余两个试样的圆锥下沉深度及相应的含水率。液、塑限联合测定应不少于 3 点。

（三）试验注意事项

（1）土样分层装杯时，注意土中不能留有空隙。

（2）每种含水率设 3 个测点，取平均值作为这种含水率所对应土的圆锥入土深度，如三点下沉深度相差太大，则必须重新调试土样。

（四）计算与制图

1. 计算含水量

计算至 0.1%。

$$\omega = \frac{m_1 - m_2}{m_2 - m_0} \times 100\%$$

式中　ω——含水量；

　　m_1——称量盒加湿土质量，g；

　　m_2——称量盒加干土质量，g；

　　m_0——称量盒质量，g。

2. 绘制圆锥下沉深度 h 与含水量 ω 的关系曲线

以含水量为横坐标，圆锥下沉深度为纵坐标，在双对数纸上绘制 h-ω 的关系曲线。

（1）三点连一条直线（如附图 3.2 中 A 线）。

（2）当三点不在一直线上，通过高含水量的一点分别与其余两点连成两条直线，在圆锥下沉深度为 2mm 处查得相应的含水量，当两个含水量的差值小于 2％，应以该两点含水量的平均值与高含水量的点连成一线（如附图 3.2 中 B 线）。

（3）当两个含水量的差值不小于 2％时，应补做试验。

3. 确定液限、塑限

在圆锥下沉深度 h 和含水量 ω 关系图上，查得下沉深度为 17mm 所对应的含水量为液限 ω_L；查得下沉深度为 2mm 时所对应的含水量为塑限 ω_P，以百分数表示，准确至 0.1％。

4. 计算塑性指数和液性质数

塑性指数

$$I_P = \omega_L - \omega_P$$

液性指数

$$I_L = \frac{\omega - \omega_P}{I_P}$$

式中　ω、ω_L、ω_P——天然含水率、液限及塑限。

圆锥入土深度与含水率关系如附图 3.2 所示。

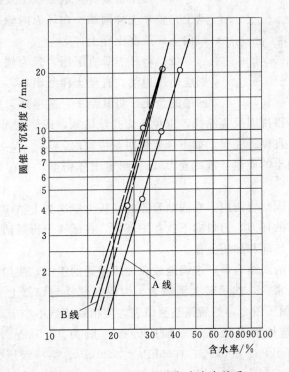

附图 3.2　圆锥入土深度与含水率关系

试验四 压缩试验（标准固结试验）

一、试验目的

压缩试验是将土样放在金属容器内，在有侧限的条件下施加压力，观察在不同压力下的压缩变形量，测定土的压缩系数、压缩模量、固结系数等有关压缩性指标，了解土的压缩性，作为设计计算的依据。

二、试验方法

压缩试验方法有两种：标准固结试验适用于饱和黏性土，当只进行压缩时，允许用于非饱和土；应变控制连续加荷固结试验适用于饱和细粒土。

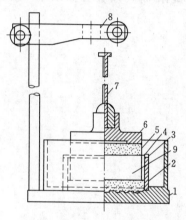

附图 4.1 压缩仪示意图
1—固结容器；2—下护环；3—环刀；
4—上护环；5—透石；6—加压
盖；7—量表套杆；8—量
表架；9—试样

三、仪器设备

（1）压缩仪，见附图 4.1，环刀内径 61.8mm，高 2cm。

（2）杠杆加压设备：力比为 1：12。

（3）天平：感量 0.01g 及 0.1g。

（4）测微表：最大量距 10mm，精度 0.01mm。

（5）其他：秒表、修土刀、钢丝锯、滤纸和凡士林等。

四、操作步骤

（1）按工程需要，取原状土或制备成所需状态的扰动土，整平土样两端。在环刀内壁抹一薄层凡士林，刀口向下，放在土样上。

（2）将环刀垂直下压，若为软土可一直压下去，否则应边压边削，直至土样凸出环刀为止，然后修去环刀两端的余土，将其刮平，擦净环刀外壁。注意：①刮平环刀两端余土时，不得用刀反复涂抹，以免土面孔隙堵塞，或使土面析水；②切得土样的四周应与环刀密合，且保持完整，如不合要求时，应重取。

（3）称取环刀加土的质量，准确至 0.1g。测定土样密度，并在余土中取代表性土样测定其含水率。

（4）将护环放入固结容器内，在固结容器的底板上顺次放上洁净而湿润的透水石和滤纸各一，将切好试样的环刀，刀口向下放在护环内，在试样上再置洁净而湿润的滤纸和透水石各一，最后放下导环和加压上盖。

（5）将装有试样的固结容器，准确地放在加压横梁的正中，使加压梁横上的螺栓与加压上盖上的凹部小孔密合，然后装上测微表。为保证试样与仪器上下各部件之间接触良好，应施加 1kPa 的预压压力，然后调整测微表，使指针读数不小于 8mm 的量程。

（6）确定需要施加的各级压力。加压等级一般为 12.5kPa、25.0kPa、50.0kPa、100kPa、200kPa、400kPa、800kPa、1600kPa、3200kPa。第一级压力的大小应视土的软硬程度而定，宜用 12.5kPa、25.0kPa 或 50.0kPa（第一级实加压力应减去预压压力）。最后一级的压力应大于上覆土层的计算压力 $100\sim200\mathrm{kPa}$。只需测定压缩系数时，最大压力不小于 $400\mathrm{kPa}$。

当不需要测定沉降速率时，稳定标准规定为每级压力下固结 24h。测记稳定读数后，再施加第二级压力。依次逐级加压至试验结束。只需测定压缩系数的试样，施加每级压力后，每小时变形达 $0.01\mathrm{mm}$ 时，测记稳定读数作为稳定标准。

此项试验由于受课时的限制，统一按 $50\mathrm{kPa}$、$100\mathrm{kPa}$、$200\mathrm{kPa}$、$400\mathrm{kPa}$ 等四级荷重顺序施加，每级荷重的历时为 $10\mathrm{min}$，即每加一级荷重经过 $10\mathrm{min}$，记下百分表的读数，然后加下一级荷重，余类推，直至第四级荷重施加完毕为止。

五、试验注意事项

（1）首先装好试样，再安装量表。在装量表的过程中，小指针需调至整数位，大指针调至零，量表杆头要有一定的伸缩范围，固定在量表架上。

（2）加荷时，应按顺序加砝码，应轻拿轻放；试验过程中不能卸载，百分表也不用归零。随时调整加压杠杆，使其保持平衡。

（3）加荷时不得对仪器产生震动，以免指针产生移动。试验完毕，卸下荷载，取出土样，把仪器打扫干净。

六、成果整理

（1）按下式计算试样的初始孔隙比 e_0，即

$$e_0 = \frac{G_\mathrm{s}(1+w)\rho_\mathrm{w}}{\rho} - 1$$

式中　e_0——试样初始孔隙比；

ρ_w——水的密度，$\mathrm{g/cm^3}$，一般取 1；

G_s——土粒相对密度；

w——压缩前试样的含水量，%；

ρ——压缩前试样的密度，$\mathrm{g/cm^3}$。

（2）按下式计算各级荷载下变形稳定后的孔隙比 e_i，即

$$e_i = e_0 - \frac{(1+e_0)h_i}{h_\mathrm{s}}$$

式中　e_i——某一荷载下变形稳定后的孔隙比；

e_0——试样初始孔隙比；

h_i——某一级荷载下的总变形量，mm；

h_s——试样原始高度，mm。

（3）按下式计算某一荷载范围内的压缩系数 α_{i-i+1}，即

$$\alpha_{i-i+1} = \frac{1000(e_i - e_{i+1})}{p_{i+1} - p_i}$$

式中　α_{i-i+1}——某一荷载范围内的压缩系数，$\mathrm{MPa^{-1}}$；

e_i——某一荷载下变形稳定后的孔隙比；

p_i——某一荷载值，kPa。

（4）按下式计算某一荷载范围内的压缩模量 $E_{\mathrm{s},i-i+1}$，即

$$E_{s,i-i+1} = \frac{1+e_i}{\alpha_{i-i+1}}$$

式中　$E_{s,i-i+1}$——某一荷载范围内的压缩模量，MPa；

　　　　e_i——某一荷载下变形稳定后的孔隙比；

　　　　α_{i-i+1}——某一荷载范围内的压缩系数，MPa^{-1}。

试验五　直接剪切试验

一、试验目的

直接剪切试验是测定土的抗剪强度，提供计算地基强度和稳定用的基本指标（内摩擦角和内聚力）。通常采用 4 个试样为一组，分别在不同的垂直应力 σ 下，施加水平剪应力进行剪切，求得破坏时的剪应力 τ，然后根据库仑定律确定土的内摩擦角 ϕ 和内聚力 c 与抗剪强度 τ 之间的关系，即

$$\tau = c + \sigma\tan\varphi$$

式中　τ——抗剪强度，即破坏剪应力，kPa；

　　　　σ——正应力，kPa；

　　　　φ——内摩擦角，（°）；

　　　　c——内聚力，kPa。

二、试验方法

直接剪切试验分为快剪（Q）、固结快剪（CQ）、慢剪（S）3 种试验方法。本试验采用快剪法。快剪法适用于渗透系数小于 10^{-6} cm/s 的细粒土。

快剪法：采用原状土样尽量接近现场情况，然后在试样上施加垂直压力后，立即快速施加水平剪应力，以 0.8～1.2mm/min 的速率剪切，一般使试样在 3～5min 内剪切破坏。在整个试验过程中，不允许试样的原始含水率有所改变。这种方法将使粒间有效应力维持原状，不受试验时外力的影响，由于这种粒间有效应力的数值无法求得，所以试验结果只能得出 $\sigma\tan\phi + c$ 的混合值。

三、仪器设备

（1）应变控制式直剪仪。主要部件包括剪切盒（上剪切盒、下剪切盒）、垂直加压框架、测力计、剪切传动装置及位移量测系统等。

（2）位移计（百分表）：量程 10mm，分度值 0.01mm。

（3）环刀：内径 6.18cm，高 2cm。

（4）其他：切土刀、钢丝锯等。

四、操作步骤

（1）切取试样。按工程需要用环刀切取一组试样，至少 4 个试样备用，并测相应的含水量和密度。

（2）安装试样。对准上下盒，插入固定销钉，在下盒放入一透水石，上覆一张隔水蜡纸。将带试样的环刀平口向下，对准上盒盒口放好，在试样上面放蜡纸一张，再放上透水石，然后将试样平稳推入剪切盒中，移去环刀，放上加压盖。

（3）施加垂直压力。移动传力装置，按顺时针方向徐徐转动手轮至上盒前端的钢珠刚好与量力环接触（即量力环内的测力计指针刚好开始移动），调整测力计读数为零。顺次加上盖板、钢珠压力框架。每组 4 个试样，分别在不同的垂直压力下进行剪切。其大小可视土的软硬程度或工程情况一般采用 25kPa、50kPa、100kPa、200kPa、300kPa、400kPa，或按设计要求，模拟实际加荷情况进行调整。由于试验教学时间的关系，本试验加荷顺序为 50kPa、100kPa、200kPa、400kPa。

（4）进行剪切。施加垂直压力后，立即拔去固定销钉，开动秒表，以 0.8mm/min 的剪切速度进行剪切，使试样在 3～5min 内剪损。如测力计中百分表的读数达到稳定（读数出现峰值）或有显著后退，表示试样已剪损。但一般宜继续剪至剪切变形达到 4 mm。若测力计百分表的读数继续增加（测力计读数无峰值），则剪切变形应达到 6mm 为止，同时记下测力计百分表的最大读数。

（5）拆卸试样。剪切结束后，吸去剪切盒中的积水，退去剪切力和垂直压力，移动加压框架，取出试样，测定试样含水率。

（6）重复上述步骤，做其他各垂直压力下的剪切试验。

五、试验注意事项

（1）先安装试样，再装量表。安装试样时要用透水石把土样从环刀推进剪切盒里，试验前量表中的大指针调至零。

（2）开始剪切时，一定要切记拔掉销钉；否则试样报废，而且会损坏仪器，若销钉弹出，还有伤人的危险。

（3）加荷时应轻拿轻放，避免冲击、震动。

（4）摇动手轮时应尽量做到匀速连续转动，切不可中途停顿。

六、成果整理

（1）按下式计算剪应力，即

$$\tau = CR$$

式中　τ——剪应力，kPa；

　　　R——量力环中测微表读数，0.01mm；

　　　C——量力环校正系数，kPa/0.01mm。

（2）按下式计算剪切位移，即

$$L = 20n - R$$

式中　L——剪切位移，0.01mm；

　　　n——手轮转数；

　　　R——量力环中测微表读数，0.01mm。

（3）绘制 τ_f - σ 曲线。以剪应力 τ 为纵坐标，垂直压应力 σ 为横坐标（注意纵、横坐标比例尺必须一致），绘制剪应力 τ 与垂直压应力 σ 的关系曲线（τ-σ 关系曲线），该直线的倾角即为土的内摩擦角 φ(°)，该直线在纵坐标上的截距即为土的黏聚力 c(kPa)，如附图 5.1 所示。

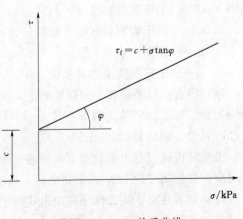

附图 5.1 τ-σ 关系曲线

试验六 击 实 试 验

一、试验目的

击实试验的目的是测定试样在一定击实次数下或某种压实功能下的含水率与干密度之间的关系，从而确定土的最大干密度和最优含水率，为施工控制填土密实度提供设计依据。

二、试验方法

本试验分轻型击实和重型击实。轻型击实试验适用于粒径小于 5mm 的黏性土；重型击实试验适用于粒径不大于 20mm 的土。采用三层击实时最大粒径不大于 40mm。

三、仪器设备

（1）击实仪。

（2）天平：称量 200g，感量 0.01g。

（3）台秤：称量 10kg，感量 1g。

（4）标准筛：孔径 5mm。

（5）其他：烘箱、干燥箱、金属盘、土铲、喷水设备、推土器、量筒、推土器、铝盒、削土刀、平直尺等。

四、操作步骤

（1）试样制备。试样制备分为干法和湿法两种。本试验采用湿法。湿法制备试样应按下列步骤进行：取天然含水率的代表性土样 20kg（重型为 50kg），碾碎，过筛 5mm 筛（重型过 20mm 或 40mm），将筛下土样拌匀，并测定土样的天然含水率。

（2）按四分法至少准备 5 个试样，根据土样的塑限预估最优含水率，并根据土的工程性质加入不同的水分（按 2%～3% 的含水率递增），将试样平铺于不吸水的平板上，按预定含水量用洒水壶喷洒所需的加水量，充分搅和并分别装入塑料袋中静置 24h 备用。按下式计算加水量。

可按下式计算所需的加水量，即

$$m_w = \frac{0.01m(\omega - \omega_h)}{1 + 0.01\omega_h}$$

式中 m_w——土样所需加水量，g；

m——风干含水量时的土样质量，g；

ω_h——风干含水量，%；

ω——土样所要求的含水量，%。

（3）将击实仪平稳置于刚性基础上，击实筒与底座连接好，安装好护筒，在击实筒内壁均匀涂一薄层润滑油。称取一定量试样，倒入击实筒内，分层击实，轻型击实试样为 2～5kg，分 3 层，每层 25 击。

击实时击锤应自由垂直落下，锤迹必须均匀分布于土样表面，一层击好，加下一层土样时应将接触面"拉毛"。击实完成后，超出击实筒顶的试样高度应小于 6mm。

（4）取下导筒，用刀修平超出击实筒顶部和底部的试样，擦净击实筒外壁，称击实筒与试样的总质量，准确至 1g。

（5）用推土器将试样从击实筒中推出，取两个代表性试样测定含水率，两个含水率的差值应不大于 1％。对不同含水率的试样依次击实。

（6）从击实筒中取出试样，并粉碎之，然后增加 2％ 的含水量，均匀拌和后重复上述试验，直至土的单位容重不再增加后再做两次为止。

五、试验注意事项

（1）试验前，击实筒内壁要涂一层凡士林。

（2）击实一层后，用刮土刀把土样表面刨毛，使层与层之间压密，同理，其他两层也是如此。

（3）如果使用电动击实仪，则必须注意安全。打开仪器电源后，手不能接触击实锤。

六、成果整理

（1）计算干密度（计算至 0.01g/cm³），即

$$\rho_d = \frac{\rho}{1+0.01\omega_i}$$

式中　ρ_d——干密度，g/cm³；

　　　ρ——密度，g/cm³；

　　　ω_i——某点试样的含水量，％。

（2）绘制干密度与含水量的关系曲线。以干密度为纵坐标，含水量为横坐标，在直角坐标纸上绘制干密度与含水量的关系曲线，曲线上峰点的坐标分别为土的最大干密度和最优含水量，如不能连成完整的曲线时，应进行补点试验，如附图 6.1 所示。

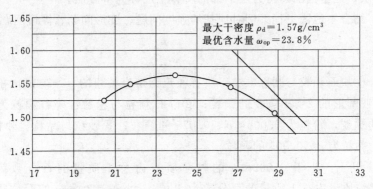

附图 6.1　干密度与含水量的关系曲线

（3）计算饱和含水量（ω_{sat}），即

$$\omega_{sat} = \left(\frac{\rho_w}{\rho_d} - \frac{1}{G}\right)$$

式中　ω_{sat}——饱和含水量，％；

　　　ρ_w——温度 4℃ 时水的密度，g/cm³；

　　　ρ_d——试样的干密度，g/cm³；

　　　G——土颗粒相对密度，g/cm³。

计算（或由图表查得）数个干密度下土的饱和含水量，以干密度为纵坐标，饱和含水量为横坐标，绘制饱和曲线。

习 题 参 考 答 案

0.1 答：土力学是从微观的角度出发研究土的强度、变形、稳定性和渗透性的一门学科。建筑物的全部荷载都由它下面的地层来承担，受建筑物影响的那一部分地层称为地基。建筑物向地基传递荷载的下部结构就是基础。

0.2 答：地基和基础是建筑物的根基，又属于地下隐蔽工程，它的勘察、设计和施工质量直接关系到建筑物的安危。地基按是否经过人工处理分为天然地基和人工地基。基础依据埋置深浅分为浅基础和深基础。地基应有足够的强度，控制基础的沉降不超过允许值。实践表明，许多建筑物的工程质量事故往往发生在地基基础之上，而且，一旦事故发生，补救并非易事。此外，随着城市的发展，高层建筑越来越多，基础的埋置深度越来越大，基础工程费用占建筑物总造价的比例越来越高，所以地基与基础在建筑工程中的重要性是显而易见。

0.3 答：基础下的地基可能有若干层，直接与基础接触的第一层土，并承受压力的土层称为持力层，地基范围内持力层下部的所有土层称为下卧层。

0.4 答：结合本地区工程案例对地基的强度问题、变形问题、渗透问题阐述。

项目 1

1.1 答：①块石颗粒与圆砾颗粒：块石颗粒为带有棱角的 $d > 200$mm 的颗粒，圆砾颗粒为圆形或亚圆形的 $2 < d \leqslant 60$ 的颗粒；②碎石颗粒与粉粒：碎石颗粒为带有棱角的 $60 < d \leqslant 200$ 的颗粒，粉粒为 $0.005 < d \leqslant 0.075$ 的颗粒；③砂粒与黏粒：砂粒为 $0.075 < d \leqslant 2$ 的颗粒，黏粒为 $d \leqslant 0.005$ 的颗粒。

1.2 答：甲土：小于 0.002mm 的颗粒质量占总土质量的百分数为 3%，小于 0.005mm 的颗粒质量占总土质量的百分数为 5.9%，小于 0.01mm 的颗粒质量占总土质量的百分数为 10%，小于 0.02mm 的颗粒质量占总土质量的百分数为 16%，小于 0.05mm 的颗粒质量占总土质量的百分数为 26.5%，小于 0.1mm 的颗粒质量占总土质量的百分数为 41.3%，小于 0.25mm 的颗粒质量占总土质量的百分数为 61.5%，小于 0.5mm 的颗粒质量占总土质量的百分数为 75.7%，小于 2mm 的颗粒质量占总土质量的百分数为 100%。$C_u = \dfrac{d_{60}}{d_{10}} = \dfrac{0.23}{0.01} = 23$，$C_c = \dfrac{d_{30}^2}{d_{60} d_{10}} = \dfrac{0.06^2}{0.23 \times 0.01} = 1.6$，所以甲土级配良好。

乙土：小于 0.002mm 的颗粒质量占总土质量的百分数为 9%，小于 0.005mm 的颗粒质量占总土质量的百分数为 21.4%，小于 0.01mm 的颗粒质量占总土质量的百分数为 40%，小于 0.02mm 的颗粒质量占总土质量的百分数为 72.9%，小于 0.05mm 的颗粒质量占总土质量的百分数为 90%，小于 0.1mm 的颗粒质量占总土质量的百分数为 95%，小于 0.25mm 的颗粒质量占总土质量的百分数为 100%。$C_u = \dfrac{d_{60}}{d_{10}} = \dfrac{0.014}{0.002} = 7$，$C_c = \dfrac{d_{30}^2}{d_{60}d_{10}} =$

$\dfrac{0.007^2}{0.014 \times 0.002} = 1.75$，所以乙土级配不好。

1.3　答：①ρ 与 ρ_s：ρ 为天然土的密度，ρ_s 为土粒的密度，两者单位相同，数值上 $\rho < \rho_s$；②ω 与 S_γ：ω 为含水量，是指土中水的质量与土粒质量之比，S_γ 为土的饱和度，是指土中被水充满的孔隙体积与孔隙总体积之比；③e 与 n：e 是孔隙比，是指土的孔隙比是土中孔隙体积与土粒体积之比，用小数表示，n 是孔隙率，是指土的孔隙率是土中孔隙体积与总体积之比，以百分数表示；④ρ_d 与 ρ'：ρ_d 是土的干密度，是指土单位体积中固体颗粒部分的质量，ρ' 是土的有效密度，是指单位土体积中土粒的有效质量；⑤ρ 与 ρ_{sat}：ρ 是天然土的密度，是指土单位体积的质量，ρ_{sat} 是土的饱和密度，是指土孔隙中充满水时的单位体积质量。

1.4　解：$\rho = \dfrac{m}{v} = \dfrac{170.5 - 41.36}{60} = 2.15 \text{g/cm}^3$

$$\omega = \dfrac{m_w}{m_s} \times 100\% = \dfrac{170.5 - 150.28}{150.28 - 41.36} \times 100\% = 18.56\%$$

$$S_r = \dfrac{d_s \omega}{e} \qquad 1 = \dfrac{2.74 \times 0.1856}{e} \qquad e = 0.51$$

$$\rho_d = \dfrac{\rho}{1 + \omega} = \dfrac{2.15}{1 + 0.1856} = 1.81 \text{g/cm}^3$$

1.5　解：$e = \dfrac{d_s \rho_w (1 + \omega)}{\rho} - 1 = \dfrac{2.71 \times (1 + 0.34)}{1.85} - 1 = 0.96$

$$\rho_{sat} = \dfrac{(d_s + e) \rho_w}{1 + e} = \dfrac{2.71 + 0.96}{1 + 0.96} = 1.87 \text{g/cm}^3$$

$$\gamma_{sat} = 18.7 \text{kN/m}^3$$

$$\rho' = \dfrac{(d_s - 1) \rho_w}{1 + e} = \dfrac{2.71 - 1}{1 + 0.96} = 0.87 \text{g/cm}^3$$

$$\gamma' = 8.7 \text{kN/m}^3$$

1.6　解：$e = \dfrac{d_s \rho_w (1 + \omega)}{\rho} - 1 = \dfrac{2.67 \times (1 + 0.098)}{1.77} - 1 = 0.66$

$$D_r = \dfrac{e_{max} - e}{e_{max} - e_{min}} = \dfrac{0.943 - 0.66}{0.943 - 0.461} = 0.59$$

该砂处于中密状态。

1.7　解：$S_r = \dfrac{d_s \omega}{e} \qquad 1 = \dfrac{2.73 \times 0.3}{e} \qquad e = 0.82$

$$e = \dfrac{d_s \rho_w}{\rho_d} - 1 \qquad 0.82 = \dfrac{2.73}{\rho_d} - 1 \qquad \rho_d = 1.5 \text{g/cm}^3$$

$$\rho_{sat} = \dfrac{(d_s + e) \rho_w}{1 + e} = \dfrac{2.73 + 0.82}{1 + 0.82} = 1.95 \text{g/cm}^3$$

$I_P = \omega_L - \omega_P = 33 - 17 = 16$，该土为粉质黏土。

$I_L = \dfrac{\omega - \omega_P}{I_P} = \dfrac{30 - 17}{16} = 0.8$，该土处于软塑状态。

1.8 答：分析不同的颗粒粒径分别占总质量的百分数如下：大于 2mm 者占 4.5%；大于 0.5mm 者占 16.9%；大于 0.25mm 者占 52.4%。该土为中砂。

项目 2

2.1 答：1、2、3、4 各点的自重应力分别为 275kPa、255kPa、205kPa、169.95kPa。

2.2 答：A 点的竖向附加应力为中心 O 点的 19.5%。

2.3 答：基底平均压力 p 为 125kPa，边缘最大压力 p_{max} 为 301kPa。

2.4 答：A 荷载面中心点以下深度 $z=2m$ 处的垂直向附加应力为 53.07kPa。

2.5 答：A、B、C、D 点的附加应力分别为 275kPa、255kPa、205kPa、95kPa。

项目 3

3.1 答：(1) 压缩系数为 0.7MPa^{-1}，高压缩性土。

(2) 土压缩模量 E_s 为 2.3MPa。

3.2 答：基础最终沉降量为 29mm。

3.3 答：基础最终沉降量为 68mm。

3.4 答：(1) 1 年后的基础沉降量为 144mm。

(2) 沉降量达 100mm 所需时间为 0.22 年。

项目 4

4.1 答：土的抗剪强度是指土中某一受剪面上抵抗剪切破坏的极限抵抗力。同一种土的抗剪强度并不是一个定值。

4.2 答：土的抗剪强度由剪切面上正应力产生的摩擦力和黏聚力两部分组成。$\tau = \sigma \tan\varphi + c$，其中 φ（内摩擦力）和 c（黏聚力）称为土的抗剪强度指标。

4.3 答：影响土的抗剪强度的因素有很多，其中主要的因素有：①土的组成；②土的状态；③土的结构；④土形成环境和应力历史；⑤土的密实度；⑥土的含水量；⑦试验仪器的种类和试验方法等。

4.4 答：土体发生剪切破坏的平面并不是最大剪应力面。理论上只有当土为非常软的软土 φ（0）时破裂面与最大剪应力面一致。一般情况下破裂面与大主应力面成 $\alpha = 45° + \dfrac{\varphi}{2}$。

4.5 答：当 $\tau = \tau_f$ 时，或莫尔圆与库伦线相切时，或土中一点某一面上的剪应力和抗剪强度正好相等时，说明土达到了极限平衡状态。其条件为

$$\begin{cases} \sigma_1 = \sigma_3 \tan^2\left(45° + \dfrac{\varphi}{2}\right) + 2c\tan\left(45° + \dfrac{\varphi}{2}\right) \\ \sigma_3 = \sigma_1 \tan^2\left(45° - \dfrac{\varphi}{2}\right) - 2c\tan\left(45° - \dfrac{\varphi}{2}\right) \end{cases}$$

4.6 答：当莫尔圆与抗剪强度线（库伦定律）相切时土中该点达到极限状态，而莫尔圆是以 $\left(0, \dfrac{\sigma_1 + \sigma_3}{2}\right)$ 为圆心、$\dfrac{\sigma_1 - \sigma_3}{2}$ 为半径的圆。因此，当 σ_1 不变时，σ_3 越小其直径越大；而当 σ_3 不变时，σ_1 越大其直径越大；直径越大圆越大，与抗剪线相切越容易，故该点

越易破坏。

4.7　答：土的试验方法不同，土体所在的应力和影响因素都在发生变化，因而土的抗剪强度也就不同，可根据工程实际选择试验方法：

（1）若地基土排水条件不好，工程工期要求紧（荷载集中施加）的情况可选择不排水抗剪强度（快剪）指标。

（2）地基排水条件好，工期不紧，荷载缓慢施力的情况下，可选择排水抗剪强度（慢剪）指标。

（3）其他情况下，可选择固结不排水（固结快剪）指标。

4.8　答：地基变形可分为以下几个阶段：

（1）直线变形阶段（压密阶段）：此时 P-S 曲线接近直线关系，此阶段荷载较小（$P < P_{cr}$）地基中各点的剪应力均小于土的抗剪强度，地基处于弹性平衡状态。

（2）塑性变形阶段：P-S 曲线不再是线性关系（发生向下弯曲）荷载（$P_{cr} \leqslant P < P_u$），地基土在局部区发生剪切破坏，土体出现局部塑性变形区。

（3）失稳阶段（完全破坏阶段）：此时荷载（$P \geqslant P_u$）地基变形增大，地基中的塑性变形区已经形成于地面贯通的连续滑运面。土向基础的一侧或两侧挤出、地面隆起。

4.9　答：三者的关系：$P_{cr} < P_{\frac{1}{4}(\frac{1}{3})} < P_u$。

4.10　答：地基承载力特征值是指由荷载试验测定的地基土压力变形曲线线性变形段内规定的变形所对应的压力值，其最大值为比例界限值。

4.11　解：由 $\alpha = 45° + \dfrac{\varphi}{2}$

可得：$60° = 45° + \dfrac{\varphi}{2}$，$\varphi = 30°$

由 $\sigma = \dfrac{\sigma_1 + \sigma_3}{2} + \dfrac{\sigma_1 - \sigma_3}{2}\cos 2\alpha = \dfrac{600 + 100}{2} + \dfrac{600 - 100}{2}\cos(2 \times 60°) = 225\text{kPa}$

$\tau = \dfrac{\sigma_1 - \sigma_3}{2}\sin 2\alpha = 250\sin 120° = 216.5\text{kPa}$

此时　　　　　　　　　$\tau = \tau_f = \sigma\tan\varphi + c = 225\tan 30° + c$

　　　　　　　　$c = \tau - 225\tan 30° = 216.5 - 225\tan 30° = 86.7\text{kPa}$

4.12　解：因地基土为砂土 $c = 0$，$\varphi = 30°$，可得：

　　　　　　　　　$\tau_f = \sigma\tan\varphi = 100\tan 30° = 57.7\text{kPa}$

若 $\tau_{xz} = 40\text{kPa} < \tau_f$（弹性状态）。

若 $\tau_{xz} = 60\text{kPa} > \tau_f$（已破坏）。

4.13　解：$c = 25\text{kPa}$，$\varphi = 25°$，$\sigma_3 = 100\text{kPa}$

（1）$\tau_{1f} = \sigma_3\tan^2\left(45° + \dfrac{\varphi}{2}\right) + 2c\tan\left(45° + \dfrac{\varphi}{2}\right) = 324.5\text{kPa}$。

（2）$\alpha_f = 45° + \dfrac{\varphi}{2} = 57.5\text{kPa}$。

（3）$\sigma_1 = 300\text{kPa}$ 时，由于 $\sigma_1 < \sigma_{1f}$（324.5kPa），故该点处于弹性平衡状态。

项目 5

5.1　答：（1）可行性研究阶段勘察。可行性研究阶段勘察应对拟选场址的稳定性和适宜性做出工程地质评价。

（2）初步勘察。初步勘察应符合初步设计要求，其目的在于对场地内各建筑地段的稳定性和地基的岩土技术条件做出岩土工程评价，为确定建筑总平面布置、选择建筑物地基基础设计方案和不良地质现象的防治对策进行论证。

（3）详细勘察。详细勘察应符合施工图设计要求，应按单体建筑物或建筑群提出详细的岩土工程资料和设计、施工所需的岩土参数；对建筑物地基做出岩土工程评价，并对地基类型、基础形式、地基处理、基坑支护、工程降水和不良地质作用的防治等提出建议。

（4）施工勘察。施工勘察的目的和任务就是配合设计、施工单位进行勘察，解决与施工有关的岩土工程问题，并提出相应的勘察资料。

5.2　答：主要有钻探、坑探和触探。

5.3　答：报告由图表和文字阐述两部分组成，其中的图表部分给出场地的地层分布、岩土原位测试和室内试验的数据；文字阐述部分给出分析、评价和建议。

5.4　答：验槽为基础施工现场基槽检验的简称。验槽的目的主要有以下几点：

（1）检验工程地质勘察成果及结论建议是否与基槽开挖后的实际情况一致，是否正确。

（2）挖槽后地层的直接揭露，可为设计人员提供第一手的工程地质和水文地质资料，对出现的异常情况及时分析，提出处理意见。

（3）当对勘察报告有疑问时，解决此遗留问题，必要时布置施工勘察，以便进一步完善设计，确保施工质量。

验槽需组织勘察、设计、施工、监理建设单位一起到现场进行验槽。

验槽的重点主要包括：

（1）校核基槽开挖的平面位置与基槽标高是否符合勘察、设计要求。

（2）检验槽底持力层土质与勘察报告是否相同，参加验槽的五方代表要下到槽底，依次逐段检验，若发现可疑之处，应用铁铲铲出新鲜土面，用野外土的鉴别方法进行鉴定。

（3）当发现基槽平面土质显著不均匀，或局部存在古井、菜窖、坟穴、河沟等不良地基时，可用钎探查明平面范围与深度。

（4）检查基槽钎探情况。

项目 6

6.1　答：随挡土墙可能位移的方向分为主动土压力、静止土压力、被动土压力三种。

6.2　答：仰斜墙背主动土压力最小，墙身截面经济，墙背可与开挖的临时边坡紧密贴合，但墙后填土的压实较为困难，因此多用于支挡挖方工程的边坡；俯斜墙背主动土压力最大，但墙后填土施工较为方便，易于保证回填土质量而多用于填方工程；直立墙背介于前两者之间，且多用于墙前原有地形较陡的情况，如山坡上建墙，因仰斜墙身较高而入土较浅，仰斜墙则土压力较大。

6.3 答：抗倾覆稳定性验算结果不满足要求时，可采取以下措施：

(1) 增大断面尺寸，增加挡土墙自重，使抗倾覆力矩增大，但同时工程量随之加大。

(2) 将墙背仰斜，以减小土压力。

(3) 选择衡重式挡土墙或带卸荷台的挡土墙，均可起到减小总土压力，增大抗倾覆能力的作用。

若验算结果不能满足要求时，可采取以下措施：

(1) 增大挡土墙断面尺寸，增加墙身自重以增大抗滑力。

(2) 在挡土墙基底铺砂石垫层，提高摩擦系数 μ，增大抗滑力。

(3) 将挡土墙基底做成逆坡，利用滑动面上部分反力抗滑。

(4) 在墙踵后加钢筋混凝土拖板，利用拖板上的填土自重增大抗滑力。

6.4 答：(1) 稳定性验算。稳定性验算包括抗倾覆稳定性验算和抗滑移稳定性验算。

(2) 地基承载力验算。地基承载力验算与一般偏心受压基础验算方法相同。

(3) 墙身材料强度验算。墙身材料验算应符合《混凝土结构设计规范》和《砌体结构设计规范》的规定。

6.5 答：挡土墙墙背垂直、光滑；挡土墙墙后填土表面水平；土体为均质的各向同性体。

6.6 答：(1) 边坡坡角 β。坡角 β 越小愈安全，但是采用较小的坡角 β，在工程中会增加挖填方量，不经济。

(2) 坡高 H。H 越大越不安全。

(3) 土的性质。γ、φ 和 c 大的土坡比 γ、φ 和 c 小的土坡更安全。

(4) 地下水的渗透力。当边坡中有地下水渗透时，渗透力与滑动方向相反时，土坡则更安全；如两者方向相同时，土坡稳定性就会下降。

(5) 震动作用的影响。如地震、工程爆破、车辆震动等。

(6) 人类活动和生态环境的影响。

6.7 答：由于土坡稳定性受到多方面因素的影响，因此，土坡稳定性必须保证在一定的安全范围内，根据土坡稳定安全系数的定义，可根据建筑物等级、土的性质的可靠程度及地区经验等因素综合考虑确定，工程上常取稳定安全系数在 1.1~1.5 之间。

6.8 答：无黏性土土坡稳定性主要受内摩擦角的影响，而黏性土土坡稳定性还与黏聚力有关系，在稳定性公式中，坡高是不能够被约去的。

6.9 答：边坡稳定安全系数变小。

6.10 答：勘察资料、水文资料等资料的收集，基坑支护类型的选择，设计原则（设计年限、满足的功能要求、支护结构的安全等级、应满足极限状态设计要求、应满足下列主体地下结构的施工要求），抗剪强度指标的选择，支护结构水平荷载计算与结构分析。

6.11 答：土钉依靠与土体之间的界面黏结力（或摩擦力），使土钉沿全长与周围土体紧密连接成为一个整体，形成一个类似于重力式挡土墙结构，抵抗墙后传来的土压力和其他荷载，从而保证开挖面的安全。

6.12 答：利用水泥材料为固化剂，采用特殊机械（如深层搅拌机和高压旋喷机）将其与原状土强制拌和，形成具有一定强度、整体性和水稳定性的圆柱体（柔性桩），将其相互搭接，形成具有一定强度和整体结构的水泥土墙，以保证基坑边坡的稳定。由于水泥土墙与一般重力式挡土墙相比，埋置深度相对较大，而墙体本身刚度不大，所以实际工程中变形也较大，其变形规律介于刚性挡土墙和柔性支挡结构之间。

6.13 答：（1）基坑整体稳定性。

（2）基坑底部抗隆起稳定性。

（3）基坑渗流稳定性。

（4）支护结构踢脚稳定性。

（5）墙身材料的应力超过抗拉、抗压和抗剪强度而使墙体断裂。

6.14 答：土钉墙的施工工艺如下图。

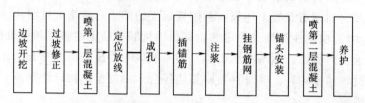

6.15 答：下面的混凝土初凝后对上面的起到一种支撑作用，上面的不易坍落。避免赤脚，穿裙子现象，同时增加边坡稳定性。

6.16 答：土钉的倾角宜为 $5°\sim20°$，这样利于土钉充分发挥受力作用。

锚杆支护与土钉支护的区别如下：

（1）锚杆支护式是主动支护，土钉、锚喷支护是被动支护。

（2）土钉一般不施加预应力、锚杆施加预应力。

（3）土钉应力沿全长都变化，锚杆应力在自由段上相同。

（4）土钉全长注浆，锚杆分自由端和锚固端。

（5）土钉一般要求坡面有倾角（就是坡面不立直），而锚杆坡面一般都立直。

（6）锚杆和土钉的力学作用原理不同。锚杆基本上是反力进行平衡；土钉是和土体形成整体，可以看成是提高土的性质的作用，所以作用比较有限。

（7）现场施工不同，土钉一般都是先成孔，再挂网，放土钉注浆；而锚杆基本边钻孔进锚杆，同时注浆。

（8）土钉是一种土体加筋技术，以密集排列的加筋体作为土体补强手段，提高被加固土体的强度与自稳能力；锚杆是一种锚固技术，通过拉力杆将表层不稳定岩土体的荷载传递至岩土体深部稳定位置，从而实现被加固岩土体的稳定。

项目7

7.1 答：天然地基浅基础的设计，应根据上述资料和建筑物的类型、结构特点，按下列步骤进行：

（1）选择基础的材料和构造形式。

（2）确定基础的埋置深度。

（3）确定地基土的承载力特征值。

（4）确定基础底面尺寸，必要时进行下卧层强度验算。

（5）规范要求做地基变形的建筑物，进行地基变形验算。

（6）对建于斜坡上的建筑物和构筑物及经常承受较大水平荷载的高层建筑和高耸结构，进行地基稳定性验算。

（7）确定基础的剖面尺寸。

（8）绘制基础施工图。

7.2　答：无筋扩展基础，是指由砖、毛石、混凝土或毛石混凝土、灰土和三合土等材料组成而且不配置钢筋的条形基础或独立基础。无筋扩展基础都是用抗弯性能较差的材料建造的，在受弯时很容易因弯曲变形过大而拉坏。因此，必须限制基础的悬挑长度。无筋扩展基础适用于多层民用建筑和轻型厂房。

7.3　答：如何确定基础的埋置深度，应综合考虑下列因素：

（1）建筑物用途，有无地下室、设备基础和地下设施，基础的型式及构造。

（2）作用在地基土的荷载大小和性质。

（3）工程地质和水文地质条件。

（4）相邻建筑物的基础埋深。

（5）地基土冻胀和融陷的影响。

7.4　答：扩展基础指墙下钢筋混凝土条形基础和柱下独立基础。

（1）锥形基础的边缘高度不宜小于 200mm；顶部做成平台，每边从柱边缘放出不少于 50mm，以便于柱支模。

（2）阶梯形基础的每阶高度值为 300～500mm。当基础高度 $h \leqslant 500$mm 时，宜用一阶；当基础高度 500mm$<h \leqslant 900$mm 时，宜用两阶；当 $h > 900$mm 时，宜用三阶。阶梯形基础尺寸一般采用 50mm 的倍数。由于阶梯形基础的施工质量容易保证，宜优先考虑采用。

7.5　答：轴心荷载作用下基础底面积的确定，依据的公式就是基础底面处的平均压应力值应小于或等于修正后的地基承载力特征值，即

$$P_K = \frac{F_K + G_K}{A} = \frac{F_K + \gamma_G A \bar{h}}{A} \leqslant f_a$$

可得基础底面积：

$$A \geqslant \frac{F_K}{f_a - r_G \bar{h}}$$

（1）对于独立基础，基础底面积 $A = l \times b$，l 及 b 分别为基础长度及宽度。一般来说轴心荷载作用下的基础都采用正方形基础，即 $A = b^2$。可得：

$$b \geqslant \sqrt{\frac{F_K}{f_a - r_G \bar{h}}}$$

如因场地限制等原因有必要采用长方形基础时，则取适当的 l/b（l/b 一般小于 2），即可求得基础底面尺寸。

（2）对于条形基础，长度取 $l = 1$m 为计算单元，即 $A = b$，可得：

$$b \geqslant \frac{F_K}{f_a - r_G \bar{h}}$$

偏心荷载作用下的基础，由于有弯矩或剪力的存在，基础底面受力不均匀，需要加大基础底面积。基础底面积通常采用试算的方法确定，其具体步骤如下：

（1）先假定基础底宽 $b < 3m$，进行地基承载力特征值深度修正，得到修正后的地基承载力特征值。

（2）按轴心荷载作用，初步算出基础底面积 A_0。

（3）考虑偏心荷载的影响，根据偏心距的大小，将基础底面积 A_0 扩大 10%～40%，即 $A = (1.1 - 1.4) A_0$。

（4）按适当比例确定基础长度 l 及宽度 b。

（5）将得到的基础底面积 A 用下述承载力条件验算：

$$P_{Kmax} \leqslant 1.2 f_a$$
$$P_K \leqslant f_a$$

如果不满足地基承载力要求，需重新调整基底尺寸，直到符合要求为止。

7.6 答：对于一个基础，基底反力就是上部结构传下来的内力＋基础和基础上覆土的自重；而地基净反力就仅仅是上部结构传下来的内力。

在地基净反力 P_j 作用下，基础底板在两个方向均发生向上的弯曲，底部受拉，顶部受压。在危险截面内的弯曲应力超过底板的受弯承载力时，底板就会发生弯曲破坏，为了防止这种破坏，需要在基础底板下部配置钢筋。

7.7 答：现浇注的基础，其插筋的数量、直径以及钢筋种类应与柱内纵向受力钢筋相同。插筋的锚固长度应满足上述要求，插筋与柱内纵向受力钢筋的连接方法，应符合现行《混凝土结构设计规范》的规定。插筋的下端宜作成直钩放在基础底板钢筋网上。当符合下列条件之一时，可仅将四角的插筋伸至底板钢筋网，其余插筋锚固在基础顶面下 l_a 或 l_{aE} 处。

7.8 答：（1）建筑措施：①建筑体型力求简单；②设置沉降缝；③相邻建筑物基础间的净距；④控制建筑物标高。

（2）结构措施：①减轻结构自重；②加强基础整体刚度；③控制建筑物的长高比；④设置圈梁和钢筋混凝土构造柱。

（3）施工措施：在软弱地基上开挖基槽和砌筑基础时，如果建筑物各部分荷载差异较大，应合理地安排施工顺序。即先施工重、高建筑物，后施工轻、低建筑物；或先施工主体部分，再施工附属部分，可调整一部分沉降差。

7.9 答：根据实验表明：冻胀力与冻胀量在冻深范围内，并不是均匀分布；而是随深度增加而减小。靠地表的上部冻土称为有效冻胀区。当基础埋深超过有效冻胀区的深度时，尽管基底下还残留少量冻土层，但其冻胀力与冻胀量很小，不影响建筑使用。此残留的冻土层厚度称为基底下允许残留冻土层厚度 h_{max}。应根据土的冻胀性、基础形式、采暖情况、基底平均压力等条件确定 h_{max}。

7.10 答：修正后的地基承载力特征值 $f_a = 208.8kPa$；地基承载力满足要求。

7.11 答：修正后的地基承载力特征值 $f_a = 188.04kPa$；按轴心荷载作用估算出基础底面积 $A_0 \geqslant 5m^2$，将基础扩大后可设 $b = l = 2.4m$，经过验算后满足要求。

7.12 答：该墙下条形基础 $b \geqslant 1.35m$ 即可，可取 $b = 1.4m$。

项目 8

8.1 答：（1）按承载性状分类，可分为摩擦桩、端承摩擦桩、摩擦端承桩、端承桩。

（2）按使用功能分类，竖向抗压桩、竖向抗拔桩、水平受荷桩、复合受荷桩。

（3）按桩身材料分类，可分为混凝土桩、钢桩、组合材料桩。

（4）按成桩方法分类，可分为非挤土桩、部分挤土桩和挤土桩。

（5）按桩径大小分类，可分为小桩、中等直径桩、大直径桩。

摩擦型桩是指在竖向极限荷载的作用下，桩顶荷载全部或主要由桩侧阻力承受。端承型桩是指在竖向极限荷载的作用下，桩顶荷载全部或主要由桩端阻力承受。

呼和浩特地区沉管灌注桩使用较为广泛。

8.2 答：单桩竖向承载力，是指单桩在外荷载作用下，不丧失稳定，不产生过大变形所能承受的最大荷载。静载试验法、静力触探法、按土的物理指标确定单桩极限承载力标准值，静载试验是确定单桩竖向承载力的基本标准，其他方法是静载试验的补充。

8.3 答：（1）作荷载-沉降（$Q-s$）曲线和其他辅助分析所需的曲线。

（2）当陡降段明显时，取相应于陡降段起点的荷载值。

（3）当 $\dfrac{\Delta s_{n+1}}{\Delta s_n} \geqslant 2$，且经 24h 尚未达到稳定时，取前一级荷载值。

（4）$Q-s$ 曲线呈缓变形时，取桩顶总沉降量 $s=40\text{mm}$ 所对应的荷载值，当桩长大于 40m 时，宜考虑桩身的弹性压缩。

（5）当按上述方法判断有困难时，可结合其他辅助分析方法综合判定、对桩基沉降有特殊要求者，应根据具体情况选取。

8.4 答：一般桩基设计按下列步骤进行：

（1）调查研究、收集相关的设计资料。

（2）根据工程地质勘探资料、荷载、上部结构的条件要求等确定桩基持力层。

（3）选定桩材、桩型、尺寸、确定基本构造。

（4）计算并确定单桩承载力。

（5）根据上部结构及荷载情况，初拟桩的平面布置和数量。

（6）根据桩的平面布置拟定承台尺寸和底面高程。

（7）桩基础验算。

（8）桩身、承台结构设计。

（9）绘制桩基（桩和承台）的结构施工图。

对于承受竖向偏心荷载的桩基，各桩受力不均匀，先按下式估算桩数，待桩布置完以后，再根据实际荷载（复合荷载）确定受力最大的桩并验算其竖向承载力，最后确定桩数。

$$n \geqslant \mu \frac{F_{\text{K}}+G_{\text{K}}}{R_{\text{a}}}$$

式中　μ——桩基偏心增大系数，通常取 1.1～1.2。

若不能满足验算要求，则需重新确定桩的数量 n，并进行验算，直至满足要求为止。

项目 9

9.1 答：地基处理的目的：建筑物可能出现的地基问题主要有强度及稳定性、压缩及不均匀沉降、液化、渗漏等。地基处理的目的就是针对上述问题，采取相应的措施，改善地基条件，以保证建筑物的安全与正常使用。

地基处理基本方法按加固机理不同，可分为碾压夯实法、排水固结法、换填垫层法、挤密振密法、化学加固法和土工合成材料加固法等多种。

9.2 答：强夯法设计要满足有效加固深度的原则。其设计要点包括：单击夯击能、夯击遍数、间隔时间、加固范围、夯点布置等。

9.3 答：垫层的质量检验必须分层进行，即每夯压完一层，检验该层平均压实系数。当其干密度或压实系数符合设计要求后铺填上层。当采用环刀法检验垫层的质量时，取样点应选择位于每层垫层厚度的 2/3 深度处。对条形基础下垫层每 10～20m 应不少于 1 个点；独立基础、单个柱基基础下垫层不应少于 1 个点，其他基础下垫层每 50～100m² 应不少于 1 个检验点。采用标准贯入试验或动力触探法检验垫层的施工质量时，每分层平面上检验点的间距不应大于 4m。

9.4 答：先在地面设一层透水的砂及砾石，形成竖向砂井与水平砂和砾石的排水层的有效连接，并在水平砂砾层上覆盖不透气的薄膜材料如橡皮布、塑料布、黏土或沥青等，然后用射流泵抽气使透水材料中保持较高的真空度，使土体排水固结。

真空预压法相对于堆载预压法具有降水快、分层加压可控性好、减少堆载工程量的优点。

9.5 答：高压喷射注浆法的特点包括：

（1）能够比较均匀地加固透水性很小的细粒土，成为复合地基，可提高其承载力，降低压缩性。

（2）可控制加固体的形状，形成连续墙可防止渗漏和流砂。

（3）施工设备简单、灵活，能在室内或洞内净高很小的条件下对土层深部进行加固。

（4）不污染环境，无公害。

高压喷射注浆法适合于处理淤泥、淤泥质土、流塑、软塑或可塑黏性土、粉土、砂土、黄土、素填土和碎石土等地基。当土中含有较多的大粒径块石、坚硬黏性土、大量植物根茎或有过多的有机质时，应根据现场试验结果确定。也可用于既有建筑和新建建筑的地基处理、深基坑侧壁挡土或挡水、基坑底部加固、防止管涌与隆起、坝的加固与防水帷幕等工程。对地下水流速过大和已涌水的工程，应慎重使用。

9.6 答：深层搅拌法主要可以用来提高地基土的承载力，基坑开挖止水帷幕的作用。

9.7 答：填土厚度过薄，在机械碾压时，形成起皮现象，反而压不实。

9.8 答：换土垫层地基施工中，影响压实效果的主要因素有：压实功、含水率、压实厚度等。其中，压实功体现在压实重力和压实遍数上，在其他条件不变的条件下，土体在开始被压实的过程中，土的密度随着压实遍数的增加而迅速增大，但达到一定压实遍数后，土的密度则变化不大，说明压实遍数并不是越多，压实效果越好。

9.9 答：土体的压密过程中，需要沉降固结，快速集中填土，土体没有固结的时间，后期会产生大量沉降。压实土体不做防雨、防冻，土体会在雨水渗入和冻胀的作用下，土体变得松软或密度减小。

9.10　答：饱和黏土不可以用强夯法，因为黏土渗透能力小，排水固结过程太长。

9.11　答：夯锤的势能转化成动能，根据冲量定律，在极短的作用时间内，产生较大的作用力，将土中孔隙中的空气和水排挤出去，将土体压密。

9.12　答：目的是将松动的表层土夯实。

9.13　答：无黏性土的透水能力较强，粉土和黏性土的透水能力差。

9.14　答：重锤夯实法与强夯法夯击能范围不同，重锤夯实的夯击能小于等于1000kN·m，强夯法的夯击能大于等于1000kN·m。

9.15　答：换填土层适用于浅基础，超过3.0m，就可以考虑其他地基处理的方案是否比换填土层更为经济。

9.16　答：矿渣、砂土垫层施工时不能使用羊足碾压实，羊足碾反而会使压实的土体翻松。砂垫层采用水撼法是将砂土体在振动作用下，将松散的土颗粒重新排列振密，重新进行排水固结，以提高其地基承载能力。

9.17　答：土体出现超密现象，需要考虑土的击实试验的标准得到的土体密度是否过低。

9.18　答：排水固结法的加固原理可以用有效应力原理进行解释。预压法理论上可以用于砂土地基加固，砂土的排水能力较强，与其他的地基处理方案相比，不经济，工程上不采用预压法加固砂土地基。

9.19　答：排水带是矩形截面，排水效果需要按照等量面积的圆形进行简化。

砂井的深度应根据建筑物对地基的稳定性和变形的要求确定，对以变形控制的建筑工程，竖井深度应根据在限定的预压时间内需完成的变形量确定；竖井宜穿透受压土层。

9.20　答：密封膜宜铺设3层，最上层和最下层容易被刺破破坏，中间一层容易保护完整，从而有效保证抽气形成膜内负压。

9.21　答：对于高含水量的淤泥类土固结需要的时间比一般软黏土的固结时间长。

9.22　答：土具有触变性。

9.23　答：CFG桩是否有挤密作用与施工方法有关。如长螺旋钻孔灌注成桩属于非挤土成桩，适用于地下水位以上的黏土、粉土、素填土、中等密实以上的砂土；长螺旋钻孔管内泵压混合料灌注成桩也属于非挤土成桩法，适用于黏土、粉土、砂土以及对噪音或泥浆污染要求严格的场地；振动沉管灌注成桩属于挤土成桩法，适用于黏土、粉土、素填土地基。泥浆护壁成孔灌注成桩，适用于地下水位以下的黏土、粉土、砂土、填土、碎石土及风化岩层等地基。目前较为常用的是振动沉管灌注成桩法和长螺旋钻孔管内泵压混合料灌注成桩。

9.24　答：在复合地基中，一根桩和它所承担的桩间土体为一复合土体单元，在这一复合土体单元中，桩的断面面积和复合土体单元面积之比，称为面积置换率。

9.25　答：施工桩顶标高宜高出设计桩顶标高不少于0.5m，是因为桩基施工时，桩顶上部受到的重力较小，形成的桩体密度小，同时混入了大量的土体，导致桩体材料土体的含量较大，降低了桩体的强度，从而降低的其承载力，故需要剔除。

9.26 答：长螺旋钻孔管内泵压混合料灌注成桩虽然是非挤土成桩，但无论桩距大小，均不宜从四周向圈内推进施工，容易造成土体大面积隆起，甚至发生断桩现象。可采用由中心向外推进或一边向另一边推进的方案。当地下出现软弱层，发生窜孔现象时，可采用隔桩跳打法作业，待相邻位置混合料凝固后，再钻相邻桩位。

9.27 答：单液水泥浆液不如水泥和水玻璃的双液型混合浆液的加固效果好，凝结较慢，在地下水流动的条件时，更稀释了浆液浓度，无法提升地基强度。

9.28 答：当地面冒浆量过大时，且冒浆量大于灌浆量的 20％ 时，可采用提高喷射压力、缩小喷嘴直径、加快提升速度和旋转速度等措施。

9.29 答：地基处理中深层搅拌法与水泥土撞墙支护结构中的两者的设计是一样的，两者需要满足的工程条件是不同的。

项目 10

10.1 答：具有天然含水量的黄土，如未受水浸湿，一般强度较高，压缩性较小。在覆盖土层的自重应力或自重应力和建筑物附加应力的综合作用下受水浸湿，使土的结构迅速破坏而发生显著的附加下沉（其强度也随着迅速降低），称为湿陷性黄土。

湿陷性黄土是一种特殊性质的土，其土质较均匀、结构疏松、孔隙发育。在未受水浸湿时，一般强度较高，压缩性较小。当在一定压力下受水浸湿，土结构会迅速破坏，产生较大附加下沉，强度迅速降低。

10.2 答：黄土是否具有湿陷性，可以用湿陷系数值 δ_s 来进行判定。$\delta_s < 0.015$，为非湿陷性黄土，$\delta_s \geqslant 0.015$，为湿陷性黄土。

湿陷性黄土地基的湿陷等级，应根据基底下各土层累计的总湿陷量和计算自重湿陷量的大小等因素判定。

10.3 答：《湿陷性黄土地区建筑规范》规定：对自基础底面算起（初步勘察时，自地面下 1.5m 算起）的 10m 内土层，该压力应用 200kPa，10m 以下至非湿陷性土层顶面应用其上覆土的饱和自重压力（当大于 300kPa 时，仍应用 300kPa）。如基底压力大于 300kPa 时，宜用实际压力。对压缩性较高的新近堆积黄土，基底下 5m 以内的土层宜用 100～150kPa 压力，5～10m 和 10m 以下至非湿陷性黄土层顶面，应分别用 200kPa 和上覆土的饱和自重压力。

10.4 答：膨胀土的特征：膨胀土的黏粒含量一般很高，其中粒径小于 0.002mm 的胶体颗粒含量一般超过 20％。其液限 ω_L 大于 40％，塑性指数 I_P 大于 17，且多数在 22～35 之间。自由膨胀率一般超过 40％（红黏土除外）。膨胀土的天然含水量接近或略小于塑限，液性指数常小于零，土的压缩性小，多属低压缩性土。任何黏性土都有胀缩性，问题在于这种特性对房屋安全的影响程度。

影响土胀缩变形的主要内在因素有：①矿物成分；②微观结构特征；③黏粒的含量；④土的密度和含水量；⑤土的结构强度。影响土胀缩变形的主要外部因素有：①气候条件是首要的因素；②地形地貌等因素。

发生变形破坏的建筑物，多数为一、二层的砖木结构房屋。因为这类建筑物的重量轻，整体性差，基础埋置较浅，地基土易受外界因素的影响而产生胀缩变形，故极易裂损。

10.5 答：自由膨胀率 δ_{ef}：指研磨成粉末的干燥土样（结构内部无约束力），浸泡于水中，经充分吸水膨胀后所增加的体积与原土体积的百分比。

膨胀率 δ_{ep}：指不同压力作用下，处于侧限条件下的原状土样在浸水后，其单位体积的膨胀量（以百分数表示）。

线缩率 δ_s：指土的垂直收缩变形与原始高度之百分比。

我国《膨胀土地区建筑技术规范》规定以 50kPa 压力下测定的土的膨胀率，计算地基分级变形量，作为划分胀缩等级的标准。

10.6 答：包括设计和施工措施。

10.7 答：红黏土地区常存在岩溶、土洞或土层不均匀等不利因素的影响，应对地基、基础或上部结构采取适当措施，如换土、填洞、加强基础和上部结构的刚度、采用桩基等。

10.8 答：山区地基有以下特点：①存在较多不良物理地质现象，如滑坡、崩塌、断层、岩溶、土洞以及泥石流等。这些不良物理地质现象的存在，对建筑物构成直接的或潜在的威胁，给地基处理带来困难，处理不当就有可能带来严重损害；②岩土性质比较复杂，如山顶的残积层、山麓的坡积层、山谷沟口的洪积和冲击层，西南山区局部存在第四纪冰川形成的冰渍区，这些岩土力学性质差别很大，软硬不均，分布厚度也不均匀，构成山区不均匀岩土地基；③水文地质条件特殊；④地形高差起伏较大，沟谷纵横，陡坡很多，平整场地时土石方工程大，给地基处理带来很多困难。

10.9 答：软土的工程性质主要包括：①触变性；②流变性；③高压缩性；④低强度；⑤低透水性；⑥不均匀性。

10.10 答：冻土地基的特点：①冻土具有物质迁移特性和热物理特性；②冻土具有流变特性。措施：略。

参 考 文 献

［1］ 李侠. 土力学与基础工程 ［M］. 成都：西南交通大学出版社，2012.

［2］ 陈兰云. 土力学及地基基础 ［M］. 北京：机械工业出版社，2013.

［3］ 中华人民共和国住房和城乡建设部. 岩土工程勘察规范 （GB 50021—2001） ［S］. 北京：中国建筑工业出版社，2009.

［4］ 中华人民共和国住房和城乡建设部. 建筑地基基础设计规范 （GB 50007—2011） ［S］. 北京：中国计划出版社，2012.

［5］ 中华人民共和国住房和城乡建设部. 建筑抗震设计规范 （GB 50011—2010） ［S］. 北京：中国建筑工业出版社，2010.

［6］ 中华人民共和国住房和城乡建设部. 建筑地基处理技术规范 （JGJ 79—2012） ［S］. 北京：中国建筑工业出版社，2013.

［7］ 中华人民共和国住房和城乡建设部. 砌体结构设计规范 （GB 50003—2011） ［S］. 北京：中国计划出版社，2012.

［8］ 中华人民共和国住房和城乡建设部. 建筑结构荷载规范 （GB 50009—2012） ［S］. 北京：中国建筑工业出版社，2012.

［9］ 中华人民共和国住房和城乡建设部. 混凝土结构设计规范 （GB 50010—2010） ［S］. 北京：中国建筑工业出版社，2011.

［10］ 中华人民共和国住房和城乡建设部. 高层建筑筏形与箱形基础技术规范 （JGJ 6—2011） ［S］. 北京：中国建筑工业出版社，2011.

［11］ 中华人民共和国住房和城乡建设部. 建筑桩基技术规范 （JGJ 94—2008） ［S］. 北京：中国建筑工业出版社，2008.

［12］ 郑俊杰. 地基处理技术 ［M］. 武汉：华中科技大学出版社，2004.

［13］ 滕延京. 建筑地基基础设计规范理解与应用. 北京：中国建筑工业出版社，2011.

［14］ 韩晓雷. 地基与基础 ［M］. 北京：中国建筑工业出版社，2011.

［15］ 孙维东. 土力学与地基基础 ［M］. 北京：机械工业出版社，2009.

［16］ 罗国强，罗刚. 建筑施工中的结构问题 ［M］. 北京：中国建筑工业出版社，1997.

［17］ 赵明华. 土力学地基与基础疑难释义 ［M］. 北京：中国建筑工业出版社，1998.

［18］ 孙维东. 土力学地基基础 ［M］. 北京：机械工业出版社，2011.

［19］ http：//course. cug. edu. cn/tulixue/COURSE/CHAPTER6/Chap6 _ 6. htm.

［20］ http：//www. guizhifeng. com/geoxaut/newsshow. asp? id＝323＆bigclassname.